上机练习——海报文字

实例操作001——倒影效果的制作

实例操作002——掉落的壁画

实例操作003——产品展示效果

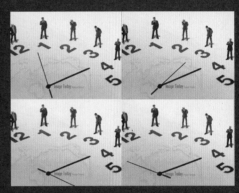

上机练习——旋转的钟表

上机练习——照片剪切效果

实例操作001——旋转的文字

实例操作002——人物投影

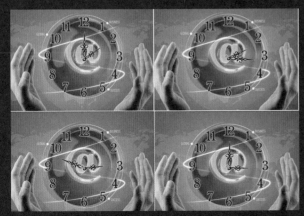

实例操作001——时钟旋转动画

实例操作002——点击图片动画

上机练习—科技信息展示

实例操作001—火焰文字

实例操作002—烟雾文字

实例操作003—积雪文字

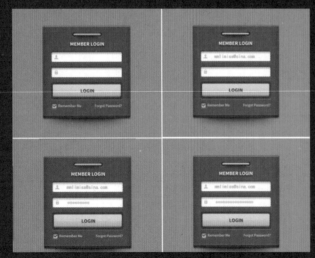

上机练习—打字效果

实例操作001—星球运行效果

实例操作002—书写文字效果

上机练习—动态显示图片

上机练习—季节变换效果

实例操作001—绿色健康图像

实例操作002—飞机轰炸短片

上机练习—雷雨效果

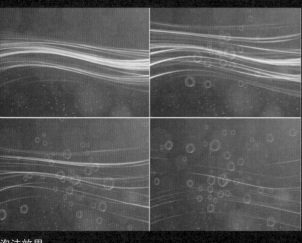

泡沫效果

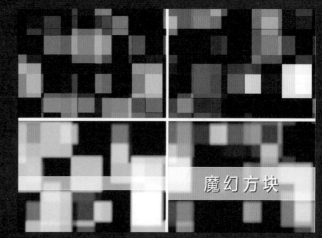

魔幻方块

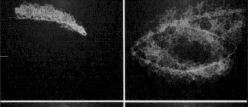

粒子运动

项目指导—餐厅电子菜单

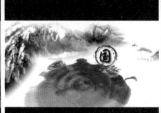

项目指导—水墨江南

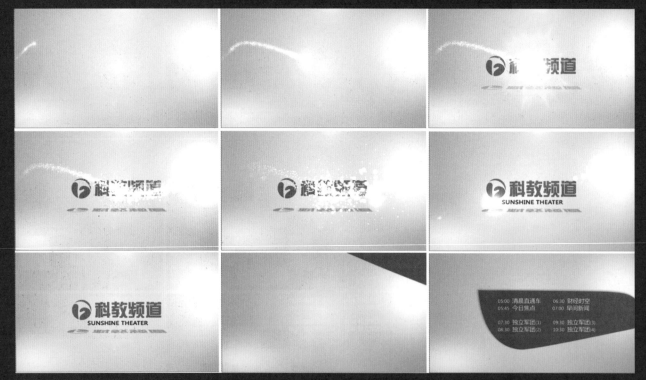

项目指导—影视节目预告

高等院校电脑美术教材

After Effects CC 2018
基础教程（第3版）

臧运凤　编著

清华大学出版社

北　京

内 容 简 介

本书以影视片头的制作与设计为主线，从实战角度介绍After Effects CC 2018软件在相关行业的具体应用。

本书采用了"软件知识+实例操作+上机练习+项目指导"的形式详细介绍After Effects CC 2018软件的基础知识和使用方法。全书在结构上分为三大部分：一是基础；二是针对软件命令及功能的**实战**；三是软件在不同行业领域中的应用，即项目指导。每一章最后都制作了一个涵盖本章内容的实例，以帮助读者巩固本章所学的知识。

本书在内容上按照软件学习规律和应用层面划分为14个章节，分别包括初识Adobe After Effects CC 2018、基础操作、图层与矢量图形、三维合成、关键帧动画与高级运动控制、文字与表达式、蒙版与蒙版特效、色彩控制与抠像特效、仿真特效、渲染输出，最后通过四个项目指导案例进行综合练习，使读者在制作学习过程中能够融会贯通。

本书的最大特点是内容实用，精选案例覆盖当前的各种典型应用，读者从中学到的不仅仅是软件的用法，更重要的是用软件完成实际项目的方法、技巧和流程，同时也能从中获知视频编辑理论。本书的第二大特点是轻松易学，步骤讲解非常清晰，图文并茂，一看就懂。

本书可作为大专院校相关专业的教材和参考用书，以及各类社会培训班的培训教材，同时也可供广大从事非线性编辑的专业人员、广告设计人员、电脑视频设计制作人员，以及多媒体制作人员参考。

图书在版编目（CIP）数据

After Effects CC 2018基础教程 / 臧运凤编著. —3版. —北京：清华大学出版社，2020.1
高等院校电脑美术教材
ISBN 978-7-302-54044-1

Ⅰ.①A… Ⅱ.①臧… Ⅲ.①图象处理软件—高等学校—教材 Ⅳ.①TP391.413

中国版本图书馆 CIP 数据核字（2019）第 249725 号

责任编辑：张彦青 杨作梅
封面设计：李 坤
责任校对：周剑云
责任印制：丛怀宇

出版发行：清华大学出版社
　　　　　网　　　址：http://www.tup.com.cn，http://www.wqbook.com
　　　　　地　　　址：北京清华大学学研大厦 A 座　　　　　邮　　编：100084
　　　　　社 总 机：010-62770175　　　　　邮　　购：010-62786544
　　　　　投稿与读者服务：010-62776969，c-service@tup.tsinghua.edu.cn
　　　　　质 量 反 馈：010-62772015，zhiliang@tup.tsinghua.edu.cn
印 装 者：涿州汇美亿浓印刷有限公司
经　　销：全国新华书店
开　　本：210mm×260mm　　　印　　张：19.75　　　字　　数：632 千字
版　　次：2012 年 7 月第 1 版　　　2020 年 1 月第 3 版　　　印　　次：2020 年 1 月第 1 次印刷
定　　价：98.00 元

产品编号：084448-01

前言

After Effects CC 2018中文版简介

After Effects CC 2018是为动态图形图像、网页设计人员以及专业的电视后期编辑人员提供的一款功能强大的影视后期特效软件。其简单友好的工作界面、方便快捷的操作方式，使得视频编辑进入家庭成为可能。从普通的视频处理到高端的影视特技，After Effects都能应对自如。

After Effects CC 2018可以帮助用户高效、精确地创建无数种引人注目的动态图形和视觉效果。利用与其他Adobe软件的紧密集成，高度灵活的2D、3D合成，以及数百种预设的效果和动画，能为电影、视频、DVD和Macromedia Flash作品增添令人激动的效果。其全新设计的流线型工作界面，全新的曲线编辑器都将给人带来耳目一新的感觉。

After Effects CC 2018较之旧版本而言有了较大的升级，为了使读者能够更好地掌握它，我们对本书进行了详尽的编排，采用基础知识与实例相结合的方式进行介绍。

本书内容介绍

本书以循序渐进的方式，全面介绍After Effects CC 2018中文版的基本操作和功能，详尽说明各种工具的使用，全面解析视频的制作及创作技巧。本书实例丰富、步骤清晰，与实践结合非常密切，具体内容如下。

第1章简单介绍After Effects的应用领域与就业范围、After Effects CC 2018的启动与退出等内容。

第2章主要介绍After Effects CC 2018的基础操作，如项目操作、合成操作、导入素材文件等。这些操作都是在使用After Effects CC 2018进行复杂合成制作之前所必须掌握的。

第3章主要介绍图层与矢量图形的操作。图层是进行特效添加和合成设置的场所，大部分的视频编辑都是在图层上完成的，它的主要功能是方便图像处理操作以及显示或隐藏当前图像文件中的图像，还可以进行图像透明度、模式设置以及图像特殊效果的处理等。

第4章介绍After Effects CC 2018的三维合成功能。在After Effects CC 2018中，可以将二维图层转换为3D图层，这样可以更好地把握画面的透视关系和最终的画面效果。

第5章主要介绍关键帧在视频动画中的创建、编辑和应用，以及与关键帧动画相关的动画控制功能。

第6章介绍文字的创建及使用。文字在视频制作过程中有着重要的作用，文字不仅起着标题、说明性文字的作用，而且通过添加绚丽的文字动画还能丰富视频画面，吸引人们的眼球。

第7章主要介绍蒙版的创建、编辑蒙版的形状、【蒙版】属性设置以及蒙板特效的使用。

第8章主要讲解色彩控制与抠像特效。在影视制作中，处理图像时经常需要对图像颜色进行调整，以便更好地控制影片的色彩信息，制作出更加理想的视频画面效果。抠像是通过一定的特效手段，对素材进行整合的一种手段。

第9章主要介绍After Effects CC 2018中的【仿真】特效，该特效功能强大、参数众多，可制作多种逼真的效果。

第10章主要介绍如何渲染输出动画。After Effects提供了多种输出格式，方便用户将制作的影片应用到不同的地方。渲染的效果直接影响最终输出的影片效果，用户一定要熟练掌握渲染技术，做出精彩的效果。

第11章到第14章通过介绍综合案例的制作，让读者学会一种创作思路，可以根据要求制作出不同的作品。

本书主要有以下几大优点。

- 内容全面。几乎介绍了After Effects CC 2018中文版软件的所有选项和命令。

- 语言通俗易懂，讲解清晰，前后呼应。以最小的篇幅、最易读懂的语言来讲述每一项功能和每一个实例。
- 实例丰富，技术含量高，与实践紧密结合。每一个实例都倾注了作者多年的实践经验，每一个功能都经过实践认证。
- 版面美观，图例清晰，并具有针对性。每一个图例都经过作者精心策划和编辑。只要仔细阅读本书，就会发现从中能够学到很多知识和技巧。

　　一本书的出版可以说凝结了许多人的心血、凝聚了许多人的汗水和思想。在这里衷心感谢为本书付出辛勤劳动的出版社的各位老师。

　　本书主要由潍坊工商职业学院的臧运凤老师编写，同时参与本书编写的还有朱晓文、刘蒙蒙、李少勇、陈月娟、陈月霞、刘希林，谢谢你们在书稿前期材料的组织、版式设计、校对、编排以及大量图片的处理中所做的工作。

　　本书总结了作者多年的影视编辑的实践经验，目的是帮助想从事影视制作行业的广大读者迅速入门并提高学习和工作效率，同时对有一定视频编辑经验的朋友也有很好的参考作用。由于时间仓促，疏漏之处在所难免，恳请读者和专家指教。

本书约定

　　本书以Windows 7为操作平台进行介绍，不涉及在苹果机上的使用方法。但基本功能和操作，苹果机与PC相同。为便于阅读理解，本书作如下约定。

- 本书中出现的中文菜单和命令将用"【】"括起来，以区分其他中文信息。
- 用"+"号连接的两个或三个键，表示组合键，在操作时表示同时按下这两个或三个键。例如，Ctrl+V是指在按下Ctrl键的同时，按下V字母键；Ctrl+Alt+F10是指在按下Ctrl和Alt键的同时，按下功能键F10。
- 在没有特殊指定时，单击、双击和拖动是指用鼠标左键单击、双击和拖动；右击是指用鼠标右键单击。

素 材 文 件

总目录

第1章 初识Adobe After Effects CC 2018

第2章 After Effects CC 2018基础操作

第3章 图层与矢量图形

第4章　三维合成

第5章　关键帧动画与高级运动控制

第6章　文字与表达式

第7章　蒙版与蒙版特效

第8章　色彩控制与抠像特效

第9章　仿真特效

第10章　渲染输出

第11章 项目指导——常用特效的制作与技巧

第12章 项目指导——餐厅电子菜单

第13章 项目指导——水墨江南

第14章 项目指导——影视节目预告

附录 参考答案

第1章

初识Adobe After Effects CC 2018

  After Effect简称AE，是Adobe公司开发的一个视频剪辑及设计软件，是制作动态影像设计不可或缺的辅助工具，是视频后期合成处理的专业非线性编辑软件。

  After Effects是一款专业的特效合成软件。与Adobe Premiere等基于时间轴的视频编辑程序不同的是，After Effect提供了一条基于帧的视频设计途径。它借鉴了许多优秀软件的成功之处，将视频特效合成上升到了新的高度。After Effects几经升级，功能越来越强大，本书所要介绍的是After Effects CC 2018。

1.1 After Effects的应用领域与就业范围

After Effects的应用范围很广，涵盖影片、电影、广告、多媒体以及网页等领域，时下最流行的一些电脑游戏的CG动画，很多都是用它进行后期合成制作的。

在影视后期处理方面，利用After Effects可以对拍摄完成的影视作品进行后期合成处理，制作出天衣无缝的合成效果。

在制作CG动画方面，AE对控制高级的二维或三维动画游刃有余，并可以确保输出高质量视频。

在制作特效效果方面，AE令人眼花缭乱的特技系统可以实现使用者的一切创意。

- 自主创业（建立工作室） 团队协作
- 特效公司
- 电视台
- 威客
- 剧组或电影公司
- 动画公司
- 广告公司（传媒公司，影视公司）
- 婚庆公司

1.2 后期合成技术初步了解

1.2.1 后期合成技术概貌

随着影视媒体技术的进步和发展，影视媒体深入我们生活的各个角落，从家里电视播放的影视节目到街头随处可见的电子广告牌中的广告，时刻体现了影视媒体在我们生活中的作用。与此同时，影视后期合成技术也有了巨大的飞跃，平日里看到的电影、广告、天气预报等都有着后期合成的影子。例如，被很多电影爱好者及影视后期制作者所津津乐道的《钢铁侠》，其很多特效画面就是通过后期合成技术制作的，如图1-1所示。

过去，在制作影视节目时需要价格昂贵的专业硬件设备及软件。非专业人员很难有机会见到这些设备，个人也很难有能力去购买这些设备。因此，影视制作对很多非专业人员来说成了既不可望又不可及的事情。

如今，随着PC性能的不断提高，价格的不断降低，以及很多影视制作软件的价格平民化，影视制作已开始向PC平台转移。影视制作不再高不可攀，任何一位影视制作爱好者都可在自己的电脑上制作出属于自己的影视

节目。

很多影视节目在制作过程中都经过了后期合成的处理，才得以实现精彩的效果。那么，什么是后期合成呢？

理论上，影视制作分为前期和后期两个部分，前期工作主要是对影视节目的策划、拍摄以及三维动画的创作等。前期工作完成后，我们要对前期制作所得到的这些素材和半成品进行艺术加工、组合，这就是后期合成工作。

图1-1 《钢铁侠》中的剧照

1.2.2 线性编辑与非线性编辑

线性编辑与非线性编辑是两种不同的视频编辑方式。对于即将跨入影视制作这个行业的读者朋友们来说，线性编辑与非线性编辑都要有所了解。

1. 线性编辑

传统的视频剪辑采用了录像带剪辑的方式。简单地说，就是在制作影视节目时，视频剪辑人员将含有不同素材内容的多个录像带按照预定好的顺序重新进行组合。

录像带剪辑又包括机械剪辑和电子剪辑两种方式。

机械剪辑是指对录像带胶片进行物理方式的切割和黏合，从而制作出所需要的节目。这种剪辑方式有一个弊端，就是当视频磁头在录像带上高速运行时，录像带的表面必须是光滑的。但是使用机械剪辑的方法在对录像带进行切割、黏合时会产生粗糙的接头。这种方式不能满足电视节目录像带的剪辑要求，于是人们又找到了一种更好的剪辑方式。

电子剪辑，又称为线性录像带电子编辑。它按照电子编辑的方法将录像带中的信息以一个新的顺序重新录制。在进行剪辑时，一台录像机作为源录像机装有原始的录像带，录像带上的信息按照预定好的顺序重新录制到另一台录像机（编辑录像机）的空白录像带上。这样，既制作出了新的录像带，又可保证原始录像带上的信息不被改变。

但是，电子编辑十分复杂、烦琐，并不能删除、缩短

或加长内容。而且电子编辑面临一个重要的问题，在制作节目时需反复地对素材进行查找、翻录，这就导致了母带的磨损，从而画面的清晰度就会降低。而且每当插入一段内容时，就需要进行翻录。

传统的线性编辑需要的硬件多，价格昂贵，多个硬件设备之间不能很好地兼容，对硬件性能有很大的影响。

线性编辑的诸多不便，使剪辑技术急待改革。

2. 非线性编辑

在传统的线性编辑不能满足视频编辑需要的情况下，非线性编辑应运而生。

非线性编辑是相对于线性编辑而言的，非线性编辑是直接从计算机的硬盘中以帧或文件的方式迅速、准确地存取素材，进行编辑的方式。它是以计算机为平台的专用设备，可以实现多种传统电视制作设备的功能。

非线性编辑不再像线性编辑那样在录像带上做文章，而是将各种模拟量素材进行A/D（模/数）转换，并将其存储于计算机的硬盘中，再使用非线性编辑软件（如After Effects、Premiere）进行后期的视音频剪辑、特效合成等工作，最后进行输出得到所要的影视效果。

非线性编辑的实现，要依靠软件与硬件的支持，这就构成了非线性编辑系统。一个非线性编辑系统从硬件上看，可由计算机、视频卡或IEEE1394卡、声卡、高速AV硬盘、专用板卡（如特技加卡）以及外围设备构成。为了直接处理来自高档数字录像机的信号，有的非线性编辑系统还带有SDI标准的数字接口，以充分保证数字视频的输入、输出质量。其中，视频卡用来采集和输出模拟视频，也就是承担A/D和D/A的实时转换。从软件上看，非线性编辑系统主要由非线性编辑软件以及二维动画软件、三维动画软件、图像处理软件和音频处理软件等外围软件构成。随着计算机硬件性能的提高，视频编辑处理对专用器件的依赖越来越小，软件的作用则更加突出。因此，掌握像Premiere Pro之类的非线性编辑软件，就成为关键。

非线性编辑有很大的灵活性，不受节目顺序的影响，可按任意顺序进行编辑。并可反复修改，而不会造成图像质量的降低。

非线性编辑需要专用的编辑软件、硬件组成的非线性编辑系统的支持下，才能实现视音频编辑的非线性，如图1-2所示。

非线性编辑系统是指把输入的各种视音频信号进行A/D（模/数）转换，采用数字压缩技术将其存入计算机硬盘中。非线性编辑没有采用磁带，而是使用硬盘作为存储介质，记录数字化的视音频信号，由于硬盘可以满足在1/25 s（PAL）内完成任意一副画面的随机读取和存储，因此可以实现视音频编辑的非线性。

图1-2　非线性编辑系统

1.3 影视制作基础

色彩的编辑和图像的处理是影视制作的基础，要想成为视频编辑人员，色彩的编辑和图像的处理是必须要掌握的，另外还需了解一些基本的影视编辑术语。

1.3.1 影视色彩与常用图像文件格式

在影视编辑中，图像的色彩处理是必不可少的。作为视频编辑人员必须要了解自己所处理的图像素材的色彩模式、图像类型及分辨率等有关信息。这样在制作中才能知道，需要什么样的素材，搭配什么样的颜色，从而做出最好的效果。

1. 色彩模式

计算机中表现的色彩，是依靠不同的色彩模式来实现的。下面将对几种常用的色彩模式进行讲解。

1）RGB色彩模式

RGB是由自然界中红、绿、蓝三原色组成的色彩模式。图像中所有的色彩都是由R（红）、G（绿）、B（蓝）三原色组合而来的。

RGB色彩模式包含R、G、B三个单色通道和一个由它们混合而成的彩色通道。可以通过调整R、G、B三个通道的数值，来调整对象色彩。三原色中的每一种色彩都有一个0～255的取值范围，值为0时亮度级别最低，值为255时亮度级别最高。当三个值都为0时，图像为黑色，当三个值都为255时，图像为白色，如图1-3所示。

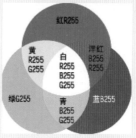

图1-3　RGB色彩模式

2）CMYK色彩模式

印刷品一般采用CMYK色彩模式一般用于印刷类，比如画报、杂志、报纸、宣传画册等。该模式是一种依附反光的色彩模式，需要外界光源的帮助。它由青（Cyan）、洋红（Magenta）、黄（Yellow）、黑（Black）四种颜色混合而成。CMYK模式的图像包含C、M、Y、K四个单色通道和一个由它们混合而成的彩色通道。CMYK模式的图像中，某种颜色的含量越多，那么它的亮度级别就越低，在其结果中这种颜色就越暗，这与RGB模式的颜色混合效果是相反的，如图1-4所示。

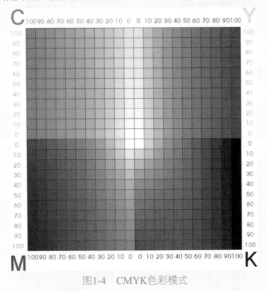

图1-4　CMYK色彩模式

3）Lab色彩模式

Lab模式是唯一不依赖外界设备而存在的色彩模式。Lab模式是以一个亮度分量L及两个颜色分量a和b来表示颜色的。其中，L的取值范围是0~100，a分量代表由绿色到红色的光谱变化，而b分量代表由蓝色到黄色的光谱变化，a和b的取值范围均为-120~120。Lab模式在理论上包括人眼可见的所有色彩，它弥补了CMYK模式和RGB模式的不足。在一些图像处理软件中，对RGB模式与CMYK模式进行转换时，通常先将RGB模式转成Lab模式，然后再转成CMYK模式。这样能保证在转换过程中所有的色彩不会丢失或被替换。

4）HSB色彩模式

HSB模式是基于人眼对色彩的观察来定义的，人类的大脑对色彩的直觉感知，首先是色相，即红、橙、黄、绿、青、蓝、紫等，然后是它的深浅度。这种色彩模式比较符合人的主观感受，可让使用者觉得更加直观。

在此模式中，所有的颜色都用色相或色调（H）、饱和度（S）、亮度（B）三个特性来描述。色相的意思是纯色，即组成可见光谱的单色。红色为0度，绿色为120度，

蓝色为240度；饱和度指颜色的强度或纯度，表示色相中灰色成分所占的比例，用0~100%（纯色）来表示；亮度是颜色的相对明暗程度，通常用0（黑）~100%（白）来度量，最大亮度是色彩最鲜明的状态。

HSB模式可由底与底对接的两个圆锥体立体模型来表示。其中轴向表示亮度，自上而下由白变黑。径向表示色饱和度，自内向外逐渐变高。而圆周方向则表示色调的变化，形成色环，如图1-5所示。

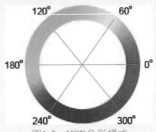

图1-5　HSB色彩模式

5）灰度模式

灰度模式属于非彩色模式，它通过256级灰度来表现图像，只有一个Black通道。灰度图像的每一个像素有一个0（黑色）~255（白色）的亮度值，图像中所表现的各种色调都是由256种不同亮度值的黑色所表示的。灰度图像中每个像素的颜色都要用8位二进制数字存储。

这种色彩在将彩色模式的图像转换为灰度模式时，会丢掉原图像中所有的色彩信息。需要注意的是，尽管一些图像处理软件可以把灰度模式的图像重新转换成彩色模式的图像，但转换不可能将原先丢失的颜色恢复。所以，在将彩色图像转换为灰度模式的图像时，最好保存一份原件。

6）Bitmap（位图模式）

位图模式的图像只有黑色和白色两种像素。每个像素用"位"来表示。"位"只有两种状态：0表示有点，1表示无点。位图模式主要用于早期不能识别颜色和灰度的设备。如果需要表示灰度，则需要通过点的抖动来模拟。位图模式通常用于文字识别。如果需要使用OCR（光学文字识别）技术识别图像文件，需要将图像转化为位图模式。

7）Duotone（双色调）

双色调模式采用2~4种彩色油墨来创建由双色调、三色调和四色调混合其色阶组成的图像。在将灰度模式的图像转换为双色调模式的过程中，可以对色调进行编辑，产生特殊的效果。

2. 图形

计算机图形分为位图图形和矢量图形两种。

1）位图图形

位图图形也称为光栅图形或点阵图形，由排列为矩形网格形式的像素组成，用图像的宽度和高度来定义，以像

素为量度单位，每个像素包含的位数表示像素包含的颜色数。当放大位图时，可以看见构成整个图像的无数单个方块，如图1-6所示。

图1-6 位图像素

2）矢量图形

矢量图形是与分辨率无关的图形，在数学上定义为一系列由线连接的点。在矢量图形中，所有的内容都是由数学定义的曲线（路径）组成的，这些路径曲线放在特定位置并填充有特定的颜色。它具有颜色、形状、轮廓、大小和屏幕位置等属性，移动、缩放图片或更改图片的颜色都不会降低图形的品质，图1-7所示为原大小（左图）和放大后（右图）的矢量图形。另外，矢量图形还具有文件数据量小的特点。

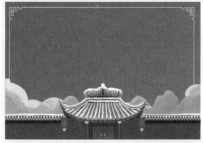

图1-7 矢量图原图与放大后的效果

3. 像素

像素，又称为画素，是图形显示的基本单位。每个像素都含有各自的颜色值，可分为红、绿、蓝三种子像素。在单位面积中含有的像素越多，图像的分辨率越高，图像就会越清晰。

将图像放大数倍后，会发现这些连续色调其实是由许多色彩相近的小方点组成的，这些小方点就是构成影像的最小单位"像素"（Pixel）。这种最小的图形在屏幕上放大显示后是单个的色点，越高位的像素，其拥有的色彩也就越丰富，越能体现颜色的真实感。

4. 分辨率

分辨率，图像的像素尺寸，以ppi（像素/英寸）为单位，它能够影响图像的细节程度。通常尺寸相同的两幅图像，分辨率高的图像所包含的像素比分辨率低的图像要多，而且分辨率高的图像细节质量要好一些。

分辨率也代表着显示器所能显示的点数的多少，由于屏幕上的点、线和面都是由点组成的，显示器可显示的点数越多，画面就越精细，同样的屏幕区域内能显示的信息也越多，所以分辨率是个非常重要的性能指标之一。

5. 色彩深度

色彩深度又叫色彩位数，表示图像中每个像素所能显示出的颜色数。表1-1所示为不同色彩深度的表现能力和灰度表现。

表1-1 不同色彩深度的表现能力和灰度表现

色彩深度	表现能力	灰度表现
24 bits	1677 万种色彩	256 阶灰阶
30 bits	10.7 亿种色彩	1024 阶灰阶
36 bits	687 亿种色彩	4096 阶灰阶
42 bits	4.4 千化种色彩	16 384 阶灰阶
48 bits	28.1 万亿亿种色彩	65 536 阶灰阶

1.3.2 常用影视编辑基础术语

进行影视编辑工作经常会用到一些专业术语，本节将对一些常用的术语进行讲解。了解影视编辑术语的含义有助于读者对后面内容的理解。

1. 帧

帧是影片中的一个单独的图像。无论是电影或者电视，都是利用动画的原理使图像产生运动的。动画是一种将一系列差别很小的画面以一定速率放映而产生动态画面的技术。根据人类的视觉暂留现象，连续的静态画面可以产生运动效果。构成动画的最小单位为帧（Frame），一帧就是一幅静态画面。

2. 帧速率

帧速率是指视频中每秒包含的帧数。物体在快速运动时，人眼对于时间上每一个点的状态有短暂的保留现象。例如，在黑暗的房间中晃动一支发光的电筒，由于视觉暂留现象，看到的不是一个亮点沿弧线运动，而是一道道的弧线。这是由于电筒在前一个位置发出的光还在人眼中短暂保留，它与当前电筒的光芒融合在一起，因此组成一段弧线。由于视觉暂留的时间非常短，为10^{-1}秒数量级，所以为了得到平滑连贯的运动画面，必须使画面的更新速度达到一定标准，即每秒钟所播放的画面要达到一定数量，这就是帧速率。PAL制影片的帧速率是25帧/秒，MTSC制影片的帧速率是29.97帧/秒，电影的帧速率是24帧/秒，二维动画的帧速率是12帧/秒。

3. 像素长宽比

一般我们都知道DVD的分辨率是720像素×576像素或720像素×480像素，屏幕宽高比为4：3或16：9，但不是所有人都知道像素宽高比（Pixel Aspect Ratio）的概念。4：3或16：9是屏幕宽高比，但720像素×576像素或720像素×480像素如果纯粹按正方形像素算，屏幕宽高比却

不是4∶3或16∶9。之所以会出现这种情况，是因为人们忽略了一个重要概念：即所使用的像素不是正方形的，而是长方形的！这种长方形像素也有一个宽高比，叫像素宽高比（Pixel Aspect Ratio）。这个值随制式不同而不同，常见的像素宽高比如下。

- PAL窄屏（4∶3）模式（720像素×576像素），像素宽高比=1.067。所以，720×1.067∶576约等于4∶3。
- PAL宽屏（16∶9）模式（720×576），像素宽高比=1.422，同理，720×1.422∶576＝16∶9。
- NTSC窄屏（4∶3）模式（720×480），像素宽高比=0.9，同理，720×0.9∶480＝4∶3。
- NTSC宽屏（16∶9）模式（720×480），像素宽高比=1.2，同理，720×1.2∶480＝16∶9。

4. 场

电视荧光屏上的扫描频率（即帧频）有30 Hz（美国、日本等，帧频为30 fps的称为NTFS制式）和25 Hz（西欧、中国等，帧频为25 fps的称为PAL制式）两种，即电视每秒钟可传送30帧或25帧图像，30 Hz和25 Hz分别与相应国家电源的频率一致。电影每秒钟放映24个画格，这意味着每秒传送24幅图像，与电视的帧频24 Hz意义相同。电影和电视确定帧频的共同原则是为了使人们在银幕上或荧屏上能看到动作连续的活动图像，这要求帧频在24 Hz以上。为了使人眼看不出银幕和荧屏上的亮度闪烁，放映电影时，每个画格停留期间遮光一次，换画格时遮光一次，于是在银幕上亮度每秒钟闪烁48次。电视荧光屏的亮度闪烁频率必须高于48 Hz才能使人眼觉察不出闪烁。由于受信号带宽的限制，电视采用隔行扫描的方式满足这一要求。每帧分两场扫描，每个场消隐期间荧光屏不发光，于是荧屏亮度每秒闪烁50次（25帧）和60次（30帧）。这就是电影和电视帧频不同的原因。但是电影的标准在世界上是统一的。

场是因隔行扫描系统而产生的，两场为一帧，目前我们所看到的普通电视的成像，实际上是由两条叠加的扫描折线组成的。

现在，随着器件的发展，逐行扫描系统也应运而生了，因为它的每幅画面不需要第二次扫描，所以场的概念也就可以忽略了，同样是在单位时间内完成的事情，由于没有时间的滞后及插补的偏差，逐行扫描的质量要好得多，这就是大家要求弃场的原因了。当然代价是，要求硬件（如电视）有双倍的带宽，和线性更加优良的器件，如行场锯齿波发生器及功率输出级部件，其特征频率必然至少要增加一倍。当然，由于逐行生成的信号源（碟片）具有先天优势，所以同为隔行的电视播放，效果也是有显著差异的。

5. 电视的制式

制式就是指传送电视信号所采用的技术标准，如图1-8所示。基带视频是一个简单的模拟信号，由视频模拟数据和视频同步数据构成，用于接收端正确地显示图像，信号的细节取决于应用的视频标准或者制式（NTSC/PAL/SECAM）。

6. 视频时间码

时间码是摄像机在记录图像信号的时候，针对每一幅图像记录的唯一的时间编码。图1-9所示为一种应用于流的数字信号。该信号为视频中的每个帧都分配一个数字，用以表示小时、分钟、秒钟和帧数。现在所有的数码摄像机都具有时间码功能，而模拟摄像机基本没有此功能。

图1-8　电视的制式　　　　图1-9　时间码

▶ 1.3.3　镜头的一般表现手法

一个完整的影视作品，是由一个个影视创作的基本单位——镜头组合完成的，离开独立的镜头，也就没有了影视作品。所以说，镜头的应用技巧也直接影响影视作品的最终效果。下面来详细讲解常用镜头的表现手法。

1. 推镜头

推镜头是比较常用的一种拍摄手法，主要是利用摄影机前移或变焦来完成，逐渐靠近要表现的主体对象，使人感觉一步步走进要观察的事物，近距离观看某个事物。它可以表现同一个对象从远到近的变化，也可以表现从一个对象到另一个对象的变化。这种镜头的运用，主要突出要拍摄的对象或是对象的某个部分，从而更清楚地看到细节的变化。

2. 移镜头

移镜头也叫移动拍摄，它是将摄影机固定在移动的物体上来拍摄不动的物体，使不动的物体产生运动效果，摄像时将拍摄画面逐步呈现，形成巡视或展示的视觉感受。它将一些对象连贯起来加以表现，形成动态效果而组成影视动画展现出来，可以表现出逐渐认识的效果，并能使主题逐渐明了。比如我们坐在奔驰的车上，看窗外的景物，景物本来是不动的，但却感觉景物在动。

3. 跟镜头

跟镜头也称为跟拍，即在拍摄过程中找到兴趣点，然后跟随目标进行拍摄。比如在一个酒店，开始拍摄的只是

整个酒店中的大场面,然后跟随一个服务员从一个位置开始拍摄在桌子间走来走去的镜头。跟镜头一般要表现的对象在画面中的位置保持不变,只是跟随它所走过的画面有所变化,就如跟着另一个人穿过大街小巷一样,周围的事物在变化,而本身的跟随是没有变化的。跟镜头也是影视拍摄中比较常见的一种方法,它可以很好地突出主体,表现主体的运动速度、方向及体态等信息,给人一种身临其境的感觉。

4. 摇镜头

摇镜头也称为摇拍,在拍摄时相机不动,只摇动镜头作左右、上下、移动或旋转等运动,使人感觉从对象的一个部位到另一个部位逐渐观看,就好像一个人站立不动转动脖子来观看事物。我们常说的环视四周,其实就是这个道理。

摇镜头也是影视拍摄中经常用到的,比如电影中出现一个洞穴,然后上下、左右或环周拍摄应用的就是摇镜头。摇镜头主要用来表现事物的逐渐呈现,一个又一个的画面从渐入镜头到渐出镜头来展现整个事物的发展。

5. 旋转镜头

旋转镜头是指被拍摄对象呈旋转效果的画面,镜头沿镜头光轴或接近镜头光轴的角度旋转拍摄,摄像机快速做超过360度的旋转拍摄。这种拍摄手法多表现人物的眩晕感觉,是影视拍摄中常用的一种拍摄手法。

6. 拉镜头

拉镜头和推镜头正好相反,它主要是利用摄影机后移或变焦来完成的,逐渐远离要表现的主体对象,使人感觉正一步步远离要观察的事物。这种镜头的应用,主要突出要拍摄对象与整体的效果,把握全局。

7. 甩镜头

甩实际上是摇的一种,具体操作是在前一个画面结束时,镜头快速转向另一个方向。在甩的过程中,画面变得非常模糊,等镜头稳定时才出现一个新的画面。它的作用是表现事物、时间、空间的急剧变化,造成人们心理的紧迫感。

运用快速运动拍摄时,在运动的起点与终点处要留有一段稳定时间,叫做起幅和落幅。同时还要注意运动速度对画面节奏造成的影响,不同的速度会造成完全不同的感觉。

慢速运动拍摄,犹如从容叙述,给观众的感觉是一种悠然、自信、洒脱的抒情,也可以是一种庄严、肃穆的情绪。急速运动适合表现明快、欢乐、兴奋的情绪,还可以产生强烈的震动感和爆发感。

8. 晃镜头

晃镜头相对于前面几种方式的应用要少一些,它主要应用在特定的环境中,让画面产生上下、左右或前后等

摇摆效果,主要用于表现精神恍惚、头晕目眩、乘车船等摇晃效果。比如表现一个喝醉酒的人物场景时,就要用到晃镜头;再比如表现坐车时在不平道路上所产生的颠簸效果。

 1.4 **After Effects CC 2018的启动与退出**

▶ 1.4.1 启动After Effects CC 2018

如果要启动After Effects CC 2018,可选择【开始】|【所有程序】|Adobe After Effects CC 2018命令,如图1-10所示。除此之外,用户还可在桌面上双击该程序的图标,或双击与After Effects CC 2018相关的文档。

图1-10 选择Adobe After Effects CC 2018命令

) 1.4.2 退出After Effects CC 2018

如果要退出After Effects CC 2018，可在程序窗口中单击【文件】菜单，在弹出的下拉菜单中选择【退出】命令，如图1-11所示。

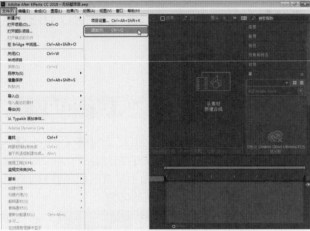

图1-11 选择【退出】命令

用户还可以通过双击程序窗口左上角的图标、单击程序窗口右上角的【关闭】按钮、按Alt+F4组合键、按Ctrl+Q组合键等操作退出 After Effects CC 2018。

1.5 思考与练习

1. 简述非线性编辑的概念。
2. 什么是分辨率？
3. 如何启动After Effects CC 2018？

第2章

After Effects CC 2018基础操作

本章主要介绍After Effects CC 2018的工作界面和工作区，以及一些基本的操作，使用户逐渐熟悉这款软件。

2.1 After Effects CC 2018的工作界面

Adobe After Effects CC 2018软件的工作界面给人的第一感觉就是界面更暗，去掉了面板的圆角，使人感觉更紧凑。界面依然采用面板随意组合、泊靠的模式，为用户操作带来很大的便利。

在Windows 7操作系统下，选择【开始】|【所有程序】|Adobe After Effects CC 2018命令，或在桌面上双击该软件的图标 ，即可运行Adobe After Effects CC 2018程序。它的启动界面如图2-1所示。

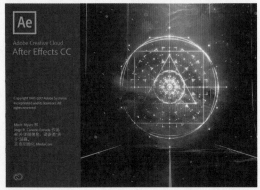

图2-1　Adobe After Effects CC 2018的启动界面

启动After Effects CC 2018后，会弹出【开始】对话框，用户可以通过该对话框新建项目、打开项目等，如图2-2所示。

图2-2　【开始】对话框

After Effects CC 2018的默认工作界面主要包括菜单栏、工具栏、【项目】面板、【合成】面板、【图层】面板、【时间轴】面板、【信息】面板、【音频】面板、【预览】面板、【效果和预设】和【流程图】面板，如图2-3所示。

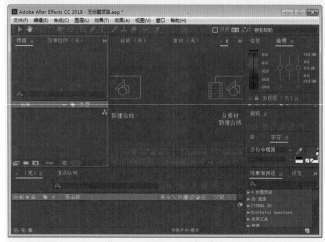

图2-3　After Effects CC 2018的工作界面

2.2 After Effects CC 2018的工作面板及工具栏

在深入学习After Effects CC 2018之前，首先要熟悉After Effects CC 2018的工作面板以及工具栏中的各个工具。本节将简单介绍After Effects CC 2018的工作面板和工具栏。

▶ 2.2.1 【项目】面板

【项目】面板用于管理导入到After Effects CC 2018中的各种素材以及通过After Effects CC 2018创建的图层，如图2-4所示。

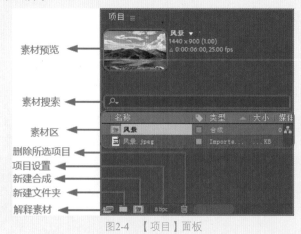

图2-4　【项目】面板

- 素材预览：在【项目】面板中选择某一个素材后，都会在预览框中显示当前素材的画面，在预览框右侧会显示当前选中素材的详细资料，包括文件名、文件类型等。
- 素材搜索：当【项目】面板中存在很多素材时，查找素材的功能就变得很有用了。如在当前查找框内输入B，那么在素材区就只会显示名字中包含字母B的素材。输入的字母是不区分大小写的。
- 素材区：所有导入的素材和在After Effects CC 2018中建立的图层都会在这里显示。应该注意的是，合成也会出现在这里，也就是说合成也可以作为素材被其他合成使用。
- 【删除所选项目项】：使用该按钮删除素材的方法有两种：一种是将想要删除的素材拖曳到这个按钮上，另一种就是选中想要删除的素材，然后单击该按钮。
- 【项目设置】 8 bpc ：单击该按钮，可以弹出【项目设置】对话框，在该对话框中可以对项目进行个性化的设置，时间码的显示风格、颜色深度、音频的设置都可以在这里找到。
- 【新建合成】：要开始工作就必须先建立一个合成，合成是开始工作的第一步，所有的操作都是在合成里面进行的。
- 【新建文件夹】：为了更方便地管理素材，需要对素材进行分类管理。文件夹就为分类管理提供了方便，可以把相同类型的素材放进一个单独的文件夹里面。
- 【解释素材】：当导入一些比较特殊的素材时，比如带有Alpha通道、序列帧图片等，需要单独对这些素材进行一些设置。在After Effects CC 2018中这种素材叫作解释素材。

提示：如果删除一个【合成】面板中正在使用的素材，系统会提示该素材正被使用，如图2-5所示。单击【删除】按钮将从【项目】面板中删除素材，同时该素材也将从【合成】面板中删除；单击【取消】按钮，将取消删除该素材文件。

图2-5 提示对话框

2.2.2 【合成】面板

【合成】面板是查看合成效果的地方，也可以在这里对图层的位置等属性进行调整，以便达到理想的状态，如图2-6所示。

1.认识【合成】面板中的控制按钮

在【合成】面板的底部是一些控制按钮，如图2-7所示。下面对其进行介绍。

- 【始终预览此视图】：总是显示该视图。
- 【放大率弹出式菜单】 33.3% ：单击该按钮，在弹出的下拉列表中可选择素材的显示比例。

图2-6 【合成】面板

图2-7 【合成】面板中的控制按钮

提示：用户也可以通过滚动鼠标中键实现放大或是缩小素材的显示比例。

- 【选择网格和参考线选项】：单击该按钮，在弹出的下拉列表中可以选择要开启或关闭的辅助工具，如图2-8所示。

图2-8 【选择网格和参考线选项】下拉列表

- 【切换蒙版和形状路径可见性】：如果图层中存在路径或遮罩，通过单击

该按钮可以选择是否在【合成】面板中显示。

- 【当前时间（单击可编辑）】 0:00:00:00：显示当前时间标尺停留的时间。单击该按钮，可以弹出【转到时间】对话框，通过在该对话框中输入时间，可快速地到达某一个时间刻度，如图2-9所示。

图2-9　【转到时间】对话框

- 【拍摄快照】 📷：当需要在两种效果之间进行对比时，通过快照可以先把前一个效果暂时保存在内存中，再调整下一个效果，然后进行对比。
- 【显示快照】 ✂：单击该按钮，After Effects CC 2018会显示上一次通过快照保存下来的效果，以方便对比效果。
- 【显示通道及色彩管理设置】 💧：单击该按钮，可以在弹出的下拉列表中选择一种模式，如图2-10所示，当选择一种通道模式后，将只显示当前通道效果。当选择Alpha通道模式时，图像中的透明区域将以黑色显示，不透明区域将以白色显示。

图2-10　【显示通道及色彩管理设置】下拉列表

- 【分辨率/向下采样系数弹出式菜单】 完整 ⌄：单击该按钮，在弹出的下拉列表中选择面板中图像显示的分辨率。其中包括二分之一、三分之一、四分之一等，如图2-11所示。分辨率越高，图像越清晰；分辨率越低，图像越模糊，但可以减少预览或渲染的时间。
- 【目标区域】 ▣：单击该按钮，然后再拖动鼠标，可以在【合成】面板中绘制一个矩形区域，系统将只显示该区域内的图像内容，如图2-12所示。将鼠标指针放在矩形区域边缘，当指针变为 ▸ 样式时，拖曳矩形区域可以移动矩形区域的位置。拖曳矩形边缘的控制手柄时，可以缩放矩形区域的大小。使用该功能可以加速预览的速度，在渲染图

层时，只有该目标区域内的屏幕进行刷新。

图2-11　图像显示分辨率选项

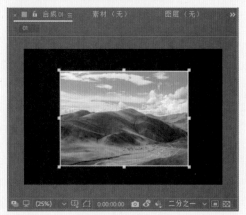

图2-12　显示目标区域

- 【切换透明网格】 ▨：该按钮控制着【合成】面板中是否启用棋盘格透明背景功能。默认状态下，【合成】面板的背景为黑色，激活该按钮后，该面板的背景将被设置为棋盘格透明模式，如图2-13所示。

图2-13　显示透明网格

- 【3D 视图弹出式菜单】 活动摄像机 ⌄：单击该按钮，在弹出的下拉列表中可以选择各种视图模式。这些视图在做

三维合成的时候很有用，如图2-14所示。

图2-14　3D 视图下拉列表

- 【选择视图布局】 1个 ：单击该按钮，在弹出的下拉列表中可以选择视图的显示布局，如【1个视图】、【2个视图-水平】等，如图2-15所示。

图2-15　【选择视图布局】下拉列表

- 【切换像素长宽比校正】 ：激活该按钮时，素材图像可以被压扁或拉伸，从而矫正图像中非正方形的像素。
- 【快速预览】 ：单击该按钮，在弹出的下拉列表中可以选择一种快速预览选项。
- 【时间轴】 ：单击该按钮，可以直接转换到【时间轴】面板。
- 【合成流程图】 ：单击该按钮，可以切换到【流程图】面板。
- 【重置曝光度（仅影响视图）】 ：调整【合成】面板的曝光度。

2. 向【合成】面板中加入素材

在【合成】面板中添加素材的方法非常简单，可以在【项目】面板中选择素材（一个或多个），然后执行下列操作之一。

- 将当前所选定的素材直接拖至【合成】面板中。
- 将当前所选定的素材拖至【时间轴】面板中。
- 将当前所选定的素材拖至【项目】面板中【新建合成】按钮 的上方，如图2-16所示，然后释放鼠标，即可以该素材文件新建一个合成文件并将其添加至【合成】面板中，如图2-17所示。

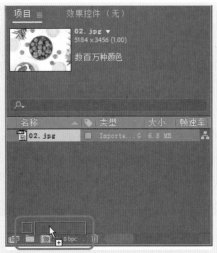

图2-16　将素材拖至【新建合成】按钮

图2-17　添加至【合成】面板中后的效果

提示　当将多个素材一起通过拖曳的方式添加到【合成】面板中时，它们的排列顺序将以【项目】面板中的顺序为基准，并且这些素材中也可以包含其他的合成影像。

▶ 2.2.3　【图层】面板

只要将素材添加到【合成】面板中，然后在【合成】面板中双击，该素材层就可以在【图层】面板中打开，如图2-18所示。在【图层】面板中，可以对【合成】面板中的素材层进行剪辑、绘制遮罩、移动滤镜效果控制点等操作。

在【图层】面板中可以显示素材在【合成】面板中的遮罩、滤镜效果等设置。在【图层】面板中可以调节素材的切入点和切出点，及其在【合成】面板中的持续时间、遮罩设置、滤镜控制点等。

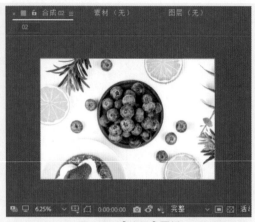

图2-18 【图层】面板

▶ 2.2.4 【时间轴】面板

在【时间轴】面板中可新建不同类型的图层、关键帧动画、图层特性控制的开关及其调整，如图2-19所示。

图2-19 【时间轴】面板

▶ 2.2.5 工具栏

工具栏中罗列了各种常用的工具，单击工具图标即可选中该工具，某些工具右边的小三角形符号表示还存在其他的隐藏工具，将鼠标放在该工具上方按住鼠标左键不动，稍后就会显示其隐藏的工具，然后移动鼠标到所需工具上方释放鼠标即可选中该工具，也可通过连续按该工具的快捷键循环选择其中的隐藏工具。使用快捷键Ctrl+1可以显示或隐藏工具栏，如图2-20所示。

图2-20 工具栏

自左向右依次为：【选取工具】▶、【手形工具】🖐、【缩放工具】🔍、【旋转工具】🔄、【统一摄像机工具】📷、【向后平移（锚点）工具】🔲、【矩形工具】▢、【钢笔工具】🖋、【横排文字工具】T、【画笔工具】🖌、【仿制图章工具】🔖、【橡皮擦工具】◆、【Roto 笔刷工具】🖌、【控制点工具】📌。

▶ 2.2.6 【信息】面板

在【信息】面板中以R、G、B值记录【合成】面板中的色彩信息以及以X、Y值记录鼠标位置，数值随鼠标在【合成】面板中的位置实时变化。按Ctrl+2键即可显示或隐藏【信息】面板，如图2-21所示。

图2-21 【信息】面板

▶ 2.2.7 【音频】面板

在播放或音频预览过程中，【音频】面板显示音频播放时的音量级。利用该面板，用户可以调整选取层的左、右音量级，并且通过【时间轴】面板的音频属性可以为音量级设置关键帧。如果【音频】面板是不可见的，可在菜单栏中执行【面板】|【音频】命令，或按Ctrl+4组合键，即可打开【音频】面板，如图2-22所示。

图2-22 【音频】面板

用户可以改变音频层的音量级，以特定的质量进行预览，识别和标记位置。通常情况下，音频层与一般素材层不同，它们包含不同的属性。但是，却可以用同样的方法修改它们。

▶ 2.2.8 【预览】面板

在【预览】面板中提供了一系列预览控制选项，用于播放素材、前进一帧、退后一帧、预演素材等。按Ctrl+3组合键可以显示或隐藏【预览】面板。

单击【预览】面板中的【播放/暂停】▶按钮或按空格键，即可一帧一帧地演示合成影像。如果想终止演示，再次按空格键或在After Effects中的任意位置单击鼠标即可。

【预览】面板如图2-23所示。

图2-23 【预览】面板

> 提示 在低分辨率下，合成影像的演示速度比较快。但是，速度的快慢主要还是取决于用户操作系统的快慢。

2.2.9 【效果和预设】面板

通过【效果和预设】面板可以快速地为图层添加效果。预置效果是Adobe After Effects CC 2018编辑好的一些动画效果，可以直接应用到图层上，从而产生动画效果，如图2-24所示。

图2-24 【效果和预设】面板

● 搜索区：可以在搜索框中输入某个效果的名字，Adobe After Effects CC 2018会自动搜索出该效果。这样可以方便用户快速地找到需要的效果。
● 创建新动画预设：当用户在合成中调整出一个很好的效果，并且不想每次都重新制作时，便可以把这个效果作为一个动画预置保存下来，以便以后用到时调用。

2.2.10 【流程图】面板

【流程图】面板是指显示项目流程的面板，在该面板中以方向线的形式显示合成影像的流程。流程图中合成影像和素材的颜色以它们在【项目】面板中的颜色为准，并且以不同的图标表示不同的素材类型。创建一个合成影像以后，可以利用【流程图】面板观察素材之间的流程。

打开当前项目中所有合成影像的【流程图】面板的方法如下。

● 在菜单栏中执行【合成】|【合成流程图】命令，如图2-25所示。
● 在菜单栏中执行【面板】|【流程图】命令，即可打开【流程图】面板。
● 在【项目】面板中单击【项目流程图查看】按钮，即可弹出【流程图】面板，如图2-26所示。

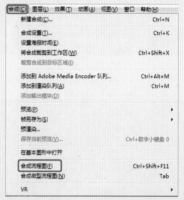

图2-25 选择【合成流程图】命令

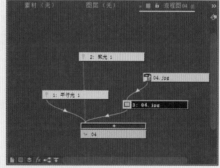

图2-26 【流程图】面板

2.3 界面的布局

在工具栏中单击右侧的按钮，在弹出的快捷菜单中会显示After Effects CC 2018中预置的几种工作界面方案，如同2-27所示。各界面的功能如下。

● 【所有面板】：设置此界面后，将显示所有可用的面板。
● 【效果】：设置此界面后，将显示【效果控件】面板，如图2-28所示。
● 【文本】：适用于创建文本效果。

- 【标准】：使用标准的界面模式，即默认的界面。
- 【浮动面板】：单击每个面板上的 ▤ 按钮，选择【浮动面板】时，【信息】面板、【字符】面板和【音频】面板将独立显示，如图2-29所示。

图2-27　工作界面方案

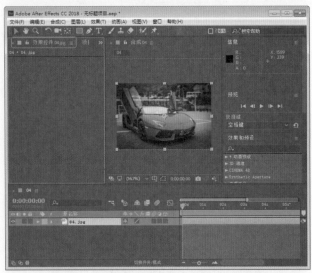

图2-28　【效果】工作界面

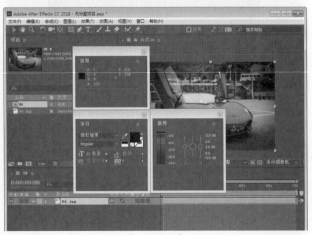

图2-29　【浮动面板】工作界面

- 【简约】：该工作界面包含的界面元素最少，仅有【合成】面板与【时间轴】面板，如图2-30所示。

图2-30　【简约】工作界面

- 【绘画】：适用于创作绘画作品。
- 【运动跟踪】：该工作界面适用于关键帧的编辑处理。

2.4 设置工作界面

对于After Effects CC 2018的工具界面，用户可以根据自己的需要进行设置，下面介绍设置工作界面的一些方法。

▶ 2.4.1 调整面板的大小

After Effects CC 2018中拥有太多的面板，在实际操作使用时，经常需要调节面板的大小。例如，想要查看【项目】面板中素材文件的更多信息，可将【项目】面板放大；当【时间轴】面板中的层较多时，将【时间轴】面板的高度调高，以便能看到更多的层。

改变面板大小的操作方法如下。

01 导入随书配套资源"素材\Cha02\04.jpg"素材文件，将鼠标指针移至【信息】面板与【合成】面板之间，这时鼠标指针会发生变化，如图2-31所示。

02 按住鼠标左键，并向左拖动鼠标，即可将【合成】面板缩小，如图2-32所示。

03 将鼠标指针移至【项目】面板、【合成】面板和【时间轴】面板之间，当鼠标指针变为 ⊕ 时，按住鼠标左键并拖动鼠标，可改变这3个面板的大小，如图2-33所示。

图2-31 将鼠标指针放置在两个面板的中间

图2-32 缩小【合成】面板

图2-33 纵向、横向同时调节面板大小

▶ 2.4.2 浮动或停靠面板

自After Effects 7.0版本以来，After Effects改变了之前

版本中面板与浮动面板的界面布局，将所有面板连接在一起，作为一个整体存在。After Effects CC 2018沿用了这种界面布局，并保存了面板浮动的功能。

在After Effects CC 2018的工作界面中，面板和面板之间既可分离又可停靠，其操作方法如下。

01 导入随书配套资源"素材\Cha02\04.jpg"素材文件，将素材文件添加至【时间轴】面板中，单击【合成】面板右上角的▤按钮，在弹出的下拉菜单中选择【浮动面板】命令，如图2-34所示。

图2-34 选择【浮动面板】命令

02 执行操作后，【合成】面板将会独立显示出来，效果如图2-35所示。

图2-35 浮动面板

分离后的面板可以重新放回原来的位置。以【合成】面板为例，在【合成】面板的上方选择拖动点，按下鼠标左键拖动【合成】面板至【项目】面板的右侧，此时【合成】面板会变为半透明状，且在【项目】面板的右侧出现紫色阴影，如图2-36所示。这时松开鼠标，即可将【合成】面板放回原位置。

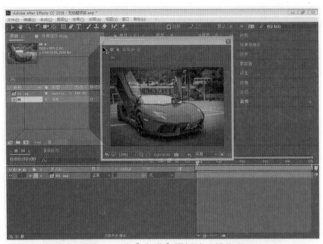

图2-36 将【合成】面板放回原位置

2.4.3 实战：自定义工作界面

After Effects CC 2018中除了自带的几种界面布局外，还有自定义工作界面的功能。用户可将工作界面中的各个面板随意搭配，组合成新的界面风格，并可以保存新的工作界面，方便以后的使用。

用户自定义工作界面的操作方法如下。

01 首先设置好自己需要的工作界面布局。

02 在菜单栏中选择【窗口】|【工作区】|【另存为新工作区】命令，如图2-37所示。

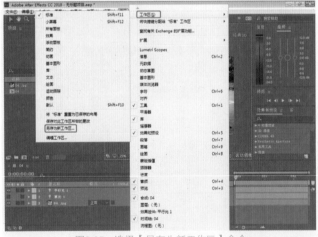

图2-37 选择【另存为新工作区】命令

03 弹出【新建工作区】对话框，在该对话框的【名称】文本框中输入名称，如图2-38所示。

04 设置完成后单击【确定】按钮，在工具栏中单击右侧的>>按钮，将显示新建的工作区类型，如图2-39所示。

图2-38 【新建工作区】对话框

图2-39 显示新建的工作区

2.4.4 删除工作界面方案

在After Effects CC 2018中，用户也可以将不需要的工作界面删除。在工具栏中单击右侧的>>按钮，选择【编辑工作区】命令，如图2-40所示。在弹出的【编辑工作区】对话框中选中要删除的对象，单击【删除】按钮，如图2-41所示。单击【确定】按钮，即可删除选中的工作区，如图2-42所示。

> 提示 在删除界面方案时，当前使用的界面方案不可以被删除。如果要将其删除，可先切换到其他的界面方案，然后再将其删除。

图2-40 选择【编辑工作区】命令

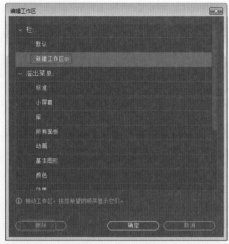

图2-41　选择要进行删除的工作区

图2-42　删除工作区后的效果

▶ 2.4.5　实战：为工作界面设置快捷键

在After Effects CC 2018中，用户可为工作界面指定快捷键，方便工作界面的改变。为工作界面设置快捷键的方法如下。

01 导入随书配套资源"素材\Cha02\04.jpg"素材文件，将素材文件添加至【时间轴】面板中，并调整工作界面中的面板，如图2-43所示。

02 在菜单栏中选择【窗口】|【工作区】|【另存为新工作区】命令，在打开的【新建工作区】对话框中使用默认名称，然后单击【确定】按钮。

03 在菜单栏中选择【窗口】|【将快捷键分配给"未命名工作区"工作区】命令，在弹出的子菜单中有3个命令，可选择其中任意一个，例如选择【Shift+F11（替换"标准"）】命令，如图2-44所示。这样将Shift+F11作为【未命名工作区】工作界面的快捷键。在其他工作界面下，按Shift+F11组合键，即可快速切换到【未命名工作区】工作界面。

图2-43　调整工作区

图2-44　选择要替换的快捷键

👆 实例操作001——为工作区设置快捷键

本例将讲解如何为工作区设置快捷键，主要通过更换软件自带的工作区快捷键，来为需要设置快捷键的工作区设置快捷键，具体操作方法如下。

01 启动软件后，在菜单栏中选择【窗口】|【工作区】|【简约】命令，如图2-45所示。

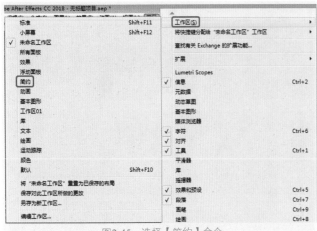

图2-45 选择【简约】命令

02 执行上一步操作后，将切换至【简约】工作界面，在菜单栏中选择【窗口】|【将快捷键分配给"简约"工作区】|【Shift+F10（替换"默认"）】命令，如图2-46所示。

图2-46 选择【Shift+F10（替换"默认"）】命令

03 执行上一步操作后，即可将【默认】工作区的快捷键分配给【简约】工作区，如图2-47所示。

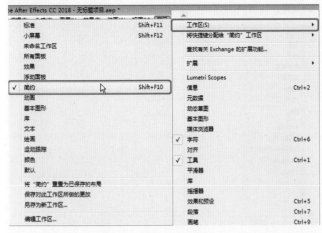

图2-47 分配快捷键后的效果

2.5 项目操作

启动After Effects CC 2018后，如果要进行影视后期编辑操作，首先需要创建一个新的项目文件或打开已有的项

目文件。这是After Effects进行工作的基础，没有项目是无法进行编辑工作的。

2.5.1 新建项目

每次启动After Effects CC 2018软件后，系统都会新建一个项目文件。用户也可以自己重新创建一个项目文件。

在菜单栏中选择【文件】|【新建】|【新建项目】命令，如图2-48所示，即可新建一个项目文件。

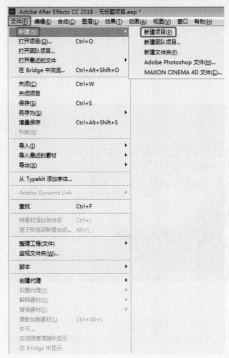

图2-48 选择【新建项目】命令

除此之外，用户还可以按Ctrl+Alt+N组合键来新建项目文件。如果用户没有对当前打开的文件进行保存，用户在新建项目时会弹出如图2-49所示的提示对话框。

图2-49 提示对话框

2.5.2 实战：打开已有项目

用户经常会需要打开原来的项目文件进行查看或编辑，这是一项很基本的操作，其操作方法如下。

01 在菜单栏中选择【文件】|【打开项目】命令，或按Ctrl+O组合键，弹出【打开】对话框。

02 选择随书配套资源"素材\Cha02\素材01.aep"文件，如图2-50所示，单击【导入】按钮，即可打开选择的项目文件。

图2-50 选择项目文件

知识链接 替换丢失的素材文件

如果要打开最近使用过的项目文件，可在菜单栏中选择【文件】|【打开最近使用项目】命令，在其子菜单中会列出最近打开的项目文件，然后单击要打开的项目文件即可。

当打开一个项目文件时，如果该项目所使用的素材路径发生了变化，需要为其指定新的路径。丢失的文件会以彩条的形式显示。为素材重新指定路径的操作方法如下。

01 在菜单栏中选择【文件】|【打开项目】命令，在弹出的对话框中选择一个改变了素材路径的项目文件，将其打开。

02 在该项目文件打开的同时会弹出如图2-51所示的对话框，提示最后保存的项目中缺少文件。

图2-51 提示对话框

03 单击【确定】按钮，打开项目文件，可看到丢失的文件以彩条显示，如图2-52所示。

04 在【项目】面板中双击要重新指定路径的素材文件，打开【替换素材文件（0.3.jpg）】对话框，在其中选择替换的素材，如图2-53所示。

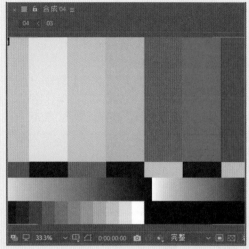

图2-52 以彩条显示丢失的文件

图2-53 选择替换的素材

05 单击【导入】按钮即可替换素材，效果如图2-54所示。

图2-54 替换素材后的效果

2.5.3 保存项目

编辑完项目后，要对其进行保存，以方便以后使用。保存项目文件的操作方法如下。

在菜单栏中选择【文件】|【保存】命令，打开【另存为】对话框。在该对话框中选择文件的保存路径，并输入名称，最后单击【保存】按钮即可，如图2-55所示。

图2-55 【另存为】对话框

如果当前文件保存过，再次对其保存时不会弹出【另存为】对话框。

在菜单栏中选择【文件】|【另存为】命令，打开【另存为】对话框，将当前的项目文件另存为一个新的项目文件，而原项目文件的各项设置不变。

2.5.4 关闭项目

如果要关闭当前的项目文件，可在菜单栏中选择【文件】|【关闭项目】命令，如图2-56所示，如果当前项目没有保存，则会弹出如图2-57所示的提示对话框。

图2-56 选择【关闭项目】命令

图2-57 提示对话框

单击【保存】按钮，可保存文件；单击【不保存】按钮，则不保存文件；单击【取消】按钮，则会取消关闭项目操作。

2.6 合成操作

合成是在一个项目中建立的，是项目文件中重要的部分。After Effects的编辑工作都是在合成中进行的，当新建一个合成后，会激活该合成的【时间轴】面板，然后在其中进行编辑工作。

2.6.1 新建合成

在一个项目中要进行操作，首先需要创建合成。其创建方法如下。

01 在菜单栏中选择【文件】|【新建】|【新建项目】命令，新建一个项目。

02 执行下列操作之一。

- 在菜单栏中选择【合成】|【新建合成】命令。
- 单击【项目】面板底部的【新建合成】按钮 。
- 右击【项目】面板的空白区域，在弹出的快捷菜单中选择【新建合成】命令，如图2-58所示。
- 在【项目】面板中选择目标素材（一个或多个），将其拖曳至【新建合成】按钮 上释放鼠标进行创建。
- 执行操作后，在弹出的【合成设置】对话框中可对创建的合成进行设置，如设置持续时间、背景色等，如图2-59所示。

图2-58 选择【新建合成】命令

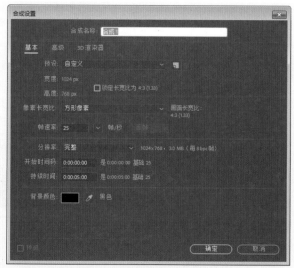

图2-59 【合成设置】对话框

03 设置完成后，单击【确定】按钮即可。

> 提示 当通过将素材文件拖曳至【新建合成】按钮上创建合成时，将不会弹出【合成设置】对话框。

2.6.2 合成的嵌套

在一个项目中，合成是独立存在的。不过在多个合成之间也存在着引用的关系，一个合成可以像素材文件一样导入另一个合成中，形成合成之间的嵌套关系，如图2-60所示。

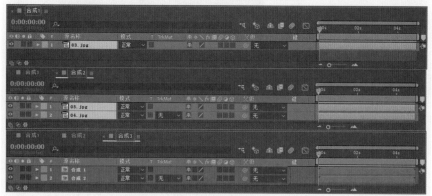

图2-60 合成嵌套

合成之间不能相互嵌套，只能是一个合成嵌套另一个合成。使用流程图可方便地查看它们之间的关系，如图2-61所示。

合成的嵌套在后期合成制作中起着很重要的作用，因为并不是所有的制作都在一个合成中完成，在制作一些复杂的效果时可能用到合成的嵌套。在对多个图层应用相同设置时，可通过合成嵌套，为这些图层所在的合成进行设置，以提高工作效率。

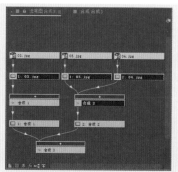

图2-61 通过流程图查看嵌套关系

2.7 在项目中导入素材

在After Effects CC 2018中，虽然能够使用矢量图形制作视频动画，但是丰富的外部素材才是制作视频动画的基础元素，比如视频、音频、图像、序列图片等，所以如何导入不同类型的素材，才是制作视频动画的关键。

2.7.1 导入素材的方法

在进行影片的编辑时，一般首要任务是导入要编辑的素材文件。素材的导入主要是将素材导入【项目】面板中或相关文件夹中。向【项目】面板中导入素材的方法有以下几种。

- 执行菜单栏中的【文件】|【导入】|【文件】命令，或按Ctrl+I组合键，在打开的【导入文件】对话框中选择要导入的素材，然后单击【导入】按钮。
- 在【项目】面板的空白区域右击，在弹出的快捷菜单中选择【导入】|【文件】命令，在打开的【导入文件】对话框中选择需要导入的素材，然后单击【导入】按钮。
- 在【项目】面板的空白区域双击鼠标，在打开的【导入文件】对话框中选择需要导入的素材，然后单击【导入】按钮。
- 在Windows的资源管理器中选择

需要导入的文件，然后直接将其拖动到After Effects CC 2018软件的【项目】面板中。

▶ 2.7.2 实战：导入单个素材文件

在After Effects CC 2018中，导入单个素材文件是素材导入的最基本操作，其操作方法如下。

01 在【项目】面板的空白区域右击，在弹出的快捷菜单中选择【导入】|【文件】命令，如图2-62所示。

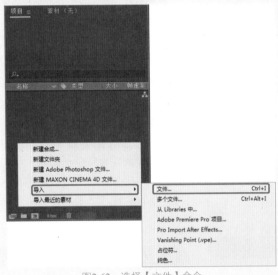

图2-62 选择【文件】命令

02 在弹出的【导入文件】对话框中选择随书配套资源 "素材\Cha02\03.jpg" 文件，如图2-63所示。单击【导入】按钮，即可导入素材。

图2-63 选择素材文件

▶ 2.7.3 实战：导入多个素材文件

同时导入多个文件的操作方法如下。

01 在菜单栏中选择【文件】|【导入】|【文件】命令，打开【导入文件】对话框。

02 在该对话框中选择需要导入的素材文件，按住Ctrl键或Shift键的同时单击要导入的文件，如图2-64所示。

图2-64 选择素材文件

03 选择完成后，单击【导入】按钮，即可将选中的素材导入【项目】面板中，如图2-65所示。

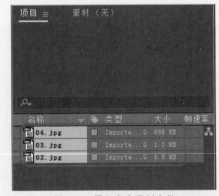

图2-65 导入多个素材文件

如果要导入的素材全部存在于一个文件夹中，可在【导入文件】对话框中选择该文件夹，然后单击【导入文件夹】按钮，将其导入【项目】面板中。

▶ 2.7.4 实战：导入序列图片

在使用三维动画软件输出作品时，经常会将其渲染成

序列图像文件。序列文件是指由若干张按顺序排列的图片组成的一个图片序列，每张图片代表一帧，记录运动的影像。下面将介绍如何导入序列图片，其具体操作步骤如下。

01 在菜单栏中选择【文件】|【导入】|【文件】命令，打开【导入文件】对话框。

02 在该对话框中选择"素材\Cha02文件，在该文件夹中选择01~05.jpg"序列图片，然后选中【Importer JPEG序列】复选框，如图2-66所示。

图2-66 选择序列素材文件

03 单击【导入】按钮，即可导入序列图片，如图2-67所示。

图2-67 导入序列文件后的效果

04 在【项目】面板中双击序列文件，在【素材】面板中将其打开，按空格键可进行预览，效果如图2-68所示。

图2-68 预览效果

2.7.5 导入Photoshop文件

After Effects与Photoshop同为Adobe公司开发的软件，两款软件各有所长，且After Effects对Photoshop文件有很好的兼容性。使用Photoshop来处理After Effects所需的静态图像元素，可拓展思路，创作出更好的效果。在将Photoshop文件导入After Effects中时，有多种方法，产生的效果也有所不同。

1. 以合并层方式导入Photoshop文件

01 按Ctrl+I组合键，在弹出的对话框中选择随书配套资源"素材\Cha02\06.psd"素材文件，如图2-69所示。

图2-69 选择素材文件

02 单击【导入】按钮，在弹出的对话框中使用其默认参数，如图2-70所示。

图2-70 06.psd 对话框

03 单击【确定】按钮，即可将选中的素材文件导入软件中，如图2-71所示。

图2-71 导入素材文件

2. 导入Photoshop文件中的某一层

01 按Ctrl+I组合键，在弹出的对话框中继续选中06.psd素材文件，单击【导入】按钮，在弹出的对话框中选中【选择图层】单选按钮，将图层设置为【背景】，如图2-72所示。

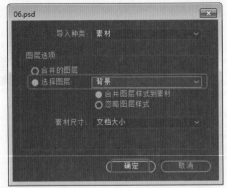

图2-72 选择导入图层

02 设置完成后，单击【确定】按钮，即可导入选中图层，如图2-73所示。

3. 以合成方式导入Photoshop文件

除了上述两种方法外，用户还可以将Photoshop文件以合成文件的方式导入软件中，在导入06.psd对话框中将【导入种类】设置为【合成】，如图2-74所示，单击【确定】按钮，即可以合成方式导入Photoshop文件。

图2-73 导入选中图层

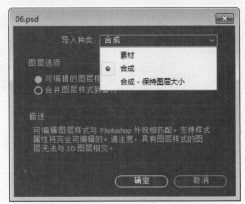

图2-74 设置导入类型

实例操作002——导入PSD分层素材

本例将讲解导入PSD分层素材的方法，主要利用软件的导入命令对PSD素材进行导入，具体操作如下。

01 启动软件后选择【文件】|【导入】|【文件】命令，也可以按Ctrl+I组合键，如图2-75所示，打开【导入文件】对话框。

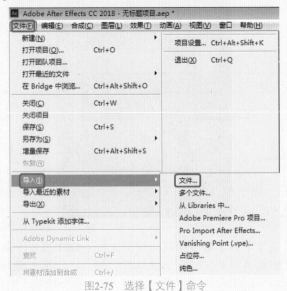

图2-75 选择【文件】命令

02 在【导入文件】对话框中，选择素材07.psd文件，单击【导入】按钮弹出如图2-76所示对话框，使用其默认设置，单击【确定】按钮。

图2-76 导入素材文件

知识链接 **PSD格式**

PSD是Adobe公司的图形设计软件Photoshop的专用格式。PSD文件可以存储成RGB或CMYK模式，能够自定义颜色数并加以存储，还可以保存Photoshop的层、通道、路径等信息，是目前唯一支持全部图像色彩模式的格式。

03 将图像导入【项目】面板中，该图像是一个合并图层的文件，双击该文件，在【素材】面板中可以查看该素材文件，如图2-77所示。

图2-77 导入素材后的效果

04 选中【项目】面板中的素材，按Delete键删除，再次使用【导入文件】命令，导入上一步导入的素材。在打开的对话框中，选择【图层选项】选项组中的【选择图层】单选按钮，并单击右侧的下三角按钮，从中选择【背景】选项，单击【确定】按钮，如图2-78所示。

05 将图层导入【项目】面板中，双击该图层文件，在【素材】面板中可以查看该图层文件，如图2-79所示。

提示 导入psd多图层的文件，其颜色模式必须为RGB模式，才可以弹出图2-78所示的对话框。

图2-78 选择背景

图2-79 查看效果

2.8 **上机练习——海报文字**

本例将讲解如何利用文字图层制作海报文字。首先导入素材，然后在时间轴面板中进行创建，具体操作方法如下，效果如图2-80所示。

图2-80 利用文字图层制作的海报文字

01 启动软件后，按Ctrl+I组合键，打开【导入】对话框，选择"场景\Cha02\利用文字图层制作海报文字.jpg"文件，单击【导入】按钮，如图2-81所示。

02 将素材导入【项目】面板后，使用鼠标指针将素材图片拖至【时间轴】面板中，即可新建合成，并在【合成】面板中显示效果，如图2-82所示。

图2-81　选择素材

图2-82　在【合成】面板中显示效果

03 在【时间轴】面板中右击，从弹出的快捷菜单中选择【新建】|【文本】命令，如图2-83所示。

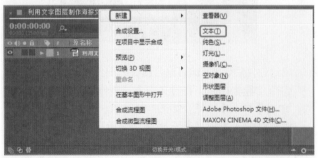

图2-83　选择【文本】命令

04 执行上一步操作后，即可开始输入文字"新春钜惠"，在工作界面右侧的【字符】面板中将【字体系列】设置为【汉仪菱心体简】，将颜色设置为#ED6E00，将【字体大小】设置为1000，设置所选字符的字符间距为-53，单击【仿斜体】按钮，如图2-84所示。

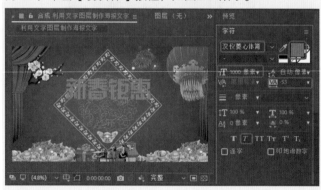

图2-84　输入并设置文字

知识链接　**文本图层**

在After Effects中可以使用文本图层向合成中添加文本。文本图层有许多用途，包括动画标题、下沿字幕、参与人员名单与动态排版等。

After Effects 包含两种类型的文本：点文本和段落文本。点文本适用于输入单个词或一行字符；段落文本适用于将文本输入和格式转化为一个或多个段落。

在After Effects中可以为整个文本图层的属性或单个字符的属性（如颜色、大小和位置）设置动画。还可以使用文本动画器属性和选择器创建文本动画。除此之外，在After Effects中还可以将文本图层设置为3D文本图层，3D文本图层包含3D子图层，每个字符都有一个子图层。

文本图层是合成图层，这意味着文本图层不使用素材项目作为其来源，但可以将来自某些素材项目的信息转换为文本图层。文本图层也是矢量图层。与形状图层和其他矢量图层一样，文本图层也是始终连续地栅格化，因此在缩放图层或改变文本大小时，它会保持清晰、不依赖于分辨率的边缘。文本图层无法在【图层】面板中打开，仅可以在【合成】面板中进行操作。

05 按Ctrl+D组合键，复制文字图层并调整它的位置，然后更改文字内容，如图2-85所示。

06 根据前面介绍的方法，多次复制文字图层，并更改文字内容，将最顶端的文字颜色设置为黄色#FFFC00，效果如图2-86所示。

07 以上操作完成后，将场景保存即可。

图2-85　复制并调整文字

图2-86　多次复制文字并更改顶端文字颜色

 2.9　思考与练习

1. 在【项目】面板中删除正在使用的素材，对合成影片是否产生影响？

2. 简述自定义工作界面的方法。

3. 如何导入序列图片？

第3章
图层与矢量图形

在After Effects CC 2018中，图层是进行特效添加和合成设置的场所，大部分的视频编辑工作都是在图层上完成的。图层的主要功能是方便图像处理操作以及显示或隐藏当前图像文件中的图像，还可以进行图像透明度、模式设置以及图像特殊效果的处理等，使设计者对图像的组合一目了然。除此之外，本章还介绍了矢量图形的创建与调整，矢量图形是由直线或曲线构成的，矢量图形无论放大、缩小或旋转都不会失真。

3.1 图层的概念

After Effects引用了Photoshop中图层的概念，不仅能够导入Photoshop产生的图层文件，还可以在合成中创建图层文件。将素材导入合成中，素材会以合成中一个图层的形式存在，将多个图层进行叠加制作便得到最终的合成效果。

图层的叠加就像是将有透明部分的胶片叠在一起，上层的画面遮住下层的画面，而上层的透明部分可显示出下层的画面，多层重叠在一起就可以得到完整的画面。

3.2 图层的基本操作

图层是After Effects CC软件中重要的组成部分，基本上所有的特效及动画效果都是在图层中完成的。图层的基本操作包括创建图层、选择图层、删除图层等，只有掌握这些基本操作，才能制作出更好的影片。

▶ 3.2.1 创建图层

若要创建图层，只需要将导入【项目】面板中的素材文件拖曳到【时间轴】面板中即可，如图3-1和图3-2所示。如果同时拖动多个素材到【项目】面板中，就可以创建多个图层。

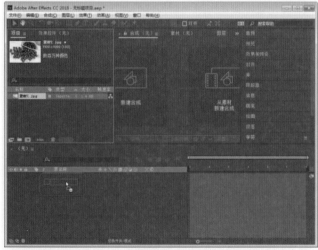

图3-1 将素材文件拖曳到【时间轴】面板中

▶ 3.2.2 选择图层

在编辑图层之前，首先要选择图层，选择图层可以在

【时间轴】面板或【合成】面板中完成。

图3-2 创建图层

在【时间轴】面板中直接单击图层的名称，或在【合成】面板中单击图层中的任意素材图像。如果需要选择多个连续的图层时，可在【时间轴】面板中按住Shift键进行选择。除此之外，用户还可以按住Ctrl键选择不连续的图层。

如果要选择全部图层，可以在菜单栏中单击【编辑】命令，在弹出的下拉菜单中选择【全选】命令，如图3-3所示。除此之外，用户还可以按Ctrl+A组合键选择全部图层。

▶ 3.2.3 删除图层

删除图层的方法十分简单，首先选择要删除的图层，然后在菜单栏中单击【编辑】命令，在弹出的下拉菜单中选择【清除】命令，如图3-4所示。除此之外，用户还可以在【时间轴】面板中选择需要删除的层，按键盘上的Delete键即可进行删除。

▶ 3.2.4 复制图层与粘贴图层

若要重复使用相同的素材，可以使用【复制】命令。选择要复制的图层后，在菜单栏中单击【编辑】命令，在弹出的下拉菜单中选择【复制】命令，或按Ctrl+C键进行复制。

在需要的合成中，选择【粘贴】命令，或按Ctrl+V键进行粘贴，粘贴的图层将位于当前选择图层的上方，如图3-5所示。

图3-3 选择【全选】命令　　　图3-4 选择【清除】命令

图3-5 复制图层

另外，还可以应用【重复】命令复制图层。在菜单栏中单击【编辑】命令，在弹出的下拉菜单中选择【重复】命令，或按Ctrl+D组合键，可以快速复制一个位于所选图层上方的同名重复层。

 3.3 图层的管理

在After Effects中对合成进行操作时，每个导入合成图像的素材都会以图层的形式出现。当制作一个复杂效果时，往往会用到大量的图层，为使制作更顺利，我们需要学会在【时间轴】面板中对图层执行移动、标记、设置属性等管理操作。

3.3.1 调整图层的顺序

新创建的图层一般都位于所有图层的上方，但有时根据场景的安排，需要将图层进行前后移动，这时就要调整图层的顺序。在【时间轴】面板中，通过拖动可以调整图层的顺序。选择某个图层后，按住鼠标左键将其拖曳到需

要的位置，当在移至的位置上出现一条黑线后，如图3-6所示，释放鼠标即可调整图层的顺序，效果如图3-7所示。

除此之外，用户还可以在菜单栏中单击【图层】命令，在弹出的下拉菜单中选择【排列】命令，在此菜单命令中包含四种移动层的命令，如图3-8所示。

图3-6 拖曳图层至合适的位置

图3-7 调整后的效果

将图层置于顶层	Ctrl+Shift+]
使图层前移一层	Ctrl+]
使图层后移一层	Ctrl+[
将图层置于底层	Ctrl+Shift+[

图3-8 【排列】菜单命令

使用快捷键也可对当前选择的图层进行移动。

- 图层移到顶层：Ctrl+ Shift+]。
- 图层前移：Ctrl+]。
- 图层后移：Ctrl+ [。
- 图层移到底层：Ctrl+Shift+[。

3.3.2 为图层添加标记

标记功能对于声音来说有着特殊的意义，例如，在某个高音处或鼓点处设置图层标记，在整个创作过程中，可以快速而准确地了解某个时间位置发生了什么。层标记有合成时间标记和层时间标记两种方式。

1. 合成时间标记

合成时间标记是在【时间轴】面板中显示时间的位置创建的。在【时间轴】面板中，用鼠标左键按住右侧的【合成标记素材箱】按钮，并向左拖曳至时间轴上，这样，标记就会显示出数字1，如图3-9所示。

图3-9　标记

如果要删除标记，可以采用以下三种方法。

- 选中创建的标记，然后将其拖曳到创建标记的【合成标记素材箱】按钮上。
- 在要删除的标记上右击，在弹出的快捷菜单中选择【删除此标记】命令，如图3-10所示，则会删除选定的标记。如果要删除所有的标记，可在弹出的快捷菜单中选择【删除所有标记】命令，如图3-11所示。

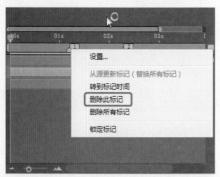

图3-10　选择【删除此标记】命令

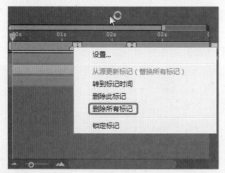

图3-11　选择【删除所有标记】命令

- 按住Ctrl键，将鼠标指针放置在需要删除的标记上，当指针变为剪刀的形状时，单击鼠标左键，即可将该标记删除，如图3-12所示。

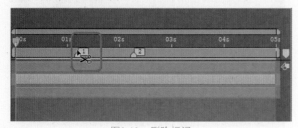

图3-12　删除标记

2. 图层时间标记

图层时间标记是在图层上添加的标记，它在图层上的显示方式为一个小三角形按钮。在图层上添加图层时间标记的方法如下。

选定要添加标记的图层，然后将时间标签移动到需要添加标记的位置，在菜单栏中单击【图层】命令，在弹出的下拉菜单中选择【添加标记】命令或按小键盘上的*键，即可在该图层上添加标记，如图3-13所示。

图3-13　为图层添加标记

若要对标记时间进行精确定位，还可以双击图层标记，或在标记上右击，在弹出的快捷菜单中选择【设置】命令，如图3-14所示。执行操作后，即可弹出【图层标记】对话框，用户可以在【时间】文本框中输入确切的目标时间，以更精确地修改图层标记时间的位置，如图3-15所示。

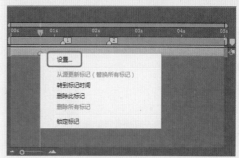

图3-14　选择【设置】命令

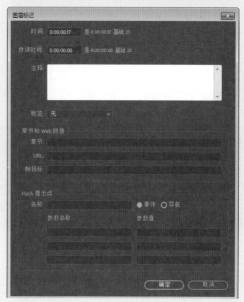

图3-15　【图层标记】对话框

另外，可以给标记添加注释以更好地识别各个标记。双击标记图标，弹出【图层标记】对话框，在【注释】文本框中输入需要说明的文字，单击【确定】按钮，即可为该标记添加注释，如图3-16所示。

如果用户想要锁定标记，可在需要锁定标记图标上右击，在弹出的快捷菜单中选择【锁定标记】命令，如图3-17所示。锁定标记后，用户不能再对其进行设置、删除等操作。

图3-16　添加注释

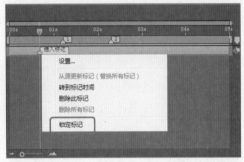

图3-17　选择【锁定标记】命令

▶ 3.3.3　注释图层

在进行复杂的合成制作时，为了分辨众多图层各自的作用，可以为图层添加注释。在【注释】栏下，单击鼠标左键，可打开输入框，在其中输入相关信息即可，如图3-18所示。

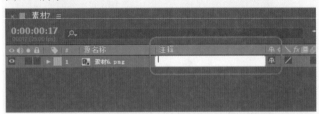

图3-18　输入注释

提示　如果注释栏没有显示出来，可在【时间轴】面板中单击按钮☰，在弹出的下拉菜单中选择【列数】|【注释】命令，如图3-19所示。

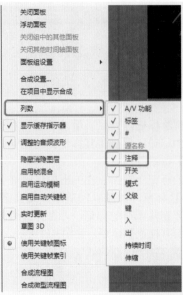

图3-19　选择【注释】命令

▶ 3.3.4　显示／隐藏图层

在制作过程中为方便观察下面的图层，通常要将上面的图层隐藏。下面就介绍几种不同情况的图层隐藏。

● 当用户想要暂时取消一个图层在【合成】面板中的显示时，可在【时间轴】面板中单击该图层前面的【视频】按钮◉，该图标消失，在【合成】面板中该图层就不会显示，如图3-20所示；再次单击，该图标显示，图层也会在【合成】面板中显示。

图3-20　在【合成】面板中显示/隐藏图层

若将【时间轴】面板中不需要的图层隐藏，单击要隐藏图层的【消隐】按钮，按钮图标会转换为。然后，单击【隐藏】按钮，这样图层将在【时间轴】面板中隐藏，如图3-21所示。

图3-21 在【时间轴】面板中隐藏图层

- 当需要单独显示一个图层，而将其他图层全部隐藏时，在【独奏】栏下相应的位置单击，出现图标。这时会发现【合成】面板中的其他图层已全部隐藏，如图3-22所示。

图3-22 单独显示图层

提示 在使用【独奏】方法隐藏其他图层时，摄像机层和照明层不会被隐藏。

▶ 3.3.5 实战：设置隐藏图层

下面练习隐藏图层的操作。

01 运行After Effects CC 2018软件，执行【文件】|【打开项目】命令，打开随书配套资源"素材\Cha03\隐藏层项目.aep项目"文件，如图3-23

所示。

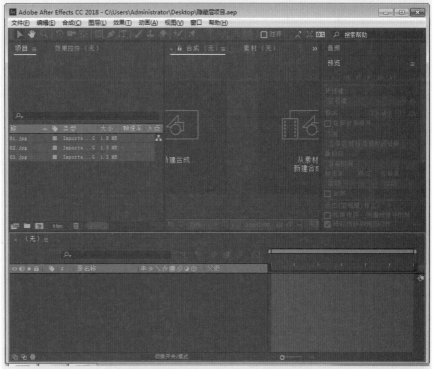

图3-23 打开素材文件

02 将【项目】面板中的3个素材文件拖入【时间轴】面板中，在弹出的【基于所选项新建合成】对话框中，选中【序列图层】和【重叠】复选框，如图3-24所示。

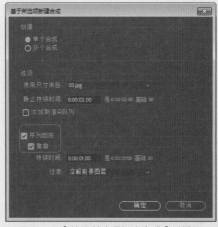

图3-24 【基于所选项新建合成】对话框

03 单击【确定】按钮，在【时间轴】面板中将时间设置为0:00:02:00，如图3-25所示。

04 在【时间轴】面板中同时选择第一个层和第二个层，然后单击【消隐】按钮，将按钮转换为状态，如图3-26所示。

05 单击【隐藏】按钮，将选中的图层在【时间轴】面板中隐藏，如图3-27所示。

图3-25　设置时间

图3-26　设置消隐

图3-27　设置隐藏

06 选择第三个层，在【独奏】栏下相应的位置单击，出现 图标，将其他图层隐藏，在【合成】面板中只显示第三个层，如图3-28所示。

图3-28　只显示第三个层

▶ 3.3.6　重命名图层

在制作合成过程中，对图层进行复制或分割等操作后，会产生名称相同或

相近的图层。为方便区分这些重名的图层，用户可对图层进行重命名。

在【时间轴】面板中选择一个图层，按主键盘区的Enter键，使图层的名称处于可编辑状态，如图3-29所示。输入一个新的名称，再次按主键盘区的Enter键，完成重命名。也可以右击要重命名的图层名称，在弹出的快捷菜单中选择【重命名】命令，即可对图层重命名。

图3-29　重命名图层

> **提示**　在【时间轴】面板中为素材重命名时，改变的是素材的图层名称，原素材的名称并未改变。单击图层名称上方的名称，可使图层名称在【源名称】与【图层名称】之间切换，如图3-30所示。

图3-30　名称切换

实例操作001——倒影效果的制作

本例将讲解倒影效果的制作。在制作过程首先使用【梯度渐变】制作出背景，然后加入素材，通过3D图层

的设置，制作出两个相同的对象，为其中一个对象添加【线性擦除】特效使其呈现出倒影的效果，文字动画起辅助作用。具体操作方法如下，完成后的效果如图3-31所示。

图3-31 倒影效果

01 启动软件后，按Ctrl+N组合键，弹出【合成设置】对话框，将【合成名称】设置为"倒影"，在【基本】选项组中，将【宽度】和【高度】分别设置为1024 px和768 px，将【像素长宽比】设置为【方形像素】，将【帧速率】设置为25帧/秒，将【持续时间】设置为0:00:05:00，单击【确定】按钮，如图3-32所示。

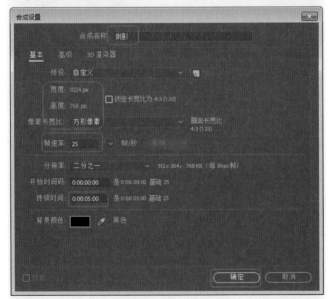

图3-32 【合成设置】对话框

知识链接 帧速率

　　帧速率是指每秒钟刷新图片的帧数，也可以理解为图形处理器每秒钟能够刷新几次。对影片内容而言，帧速

率指每秒所显示的静止帧格数。要生成平滑连贯的动画效果，帧速率一般不小于8 fps；而电影的帧速率为24 fps。捕捉动态视频内容时，此数字愈高愈好。

02 切换到【项目】面板，在该面板中双击，弹出【导入文件】对话框。在该对话框中，选择"001.png"文件，然后单击【导入】按钮，如图3-33所示。

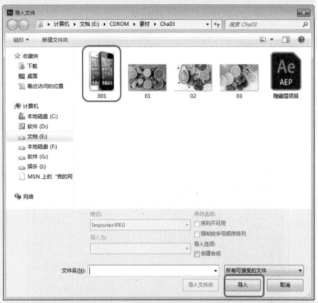

图3-33 选择素材文件

03 在【项目】面板中，查看导入的素材文件，如图3-34所示。

图3-34 查看导入的素材图片

提示 用户还可以在【项目】面板中右击，在弹出的快捷菜单中选择【导入】|【文件】命令，或按Ctrl+I组合键导入素材。

04 在【倒影】时间轴上右击，在弹出的快捷菜单中选择【新建】|【纯色】命令，如图3-35所示。

图3-35 选择【纯色】命令

05 弹出【纯色设置】对话框，将【名称】设置为"背景"，将【宽度】和【高度】分别设置为1027像素和768像素，【颜色】设置为白色，如图3-36所示。

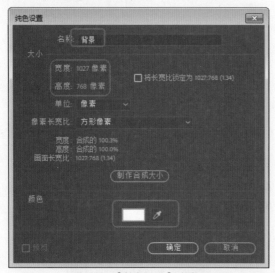

图3-36 【纯色设置】对话框

06 按Ctrl+5组合键，打开【效果和预设】面板，在搜索框中输入"梯度渐变"字符，此时会在【效果和预设】面板中显示搜索的效果，如图3-37所示。

图3-37 搜索梯度渐变

07 选择【梯度渐变】效果，将其添加到【背景】图层上，激活【效果控件】面板，将【起始颜色】的RGB值设为175、175、175，如图3-38所示。

08 在【项目】面板中选择"001.png"素材文件，将其拖至时间轴中的【背景】图层上方，并将其【位置】设置为521，284，将【缩放】都设置为35%，如图3-39所示。

09 在时间轴中选择"001.png"图层，按Ctrl+D组合键对其进行复制，并将复制的图层的名称设置为"倒影"，单击【3D图层】按钮，开启3D图层，如图3-40所示。

图3-38 设置效果

图3-39 设置【位置】和【缩放】参数

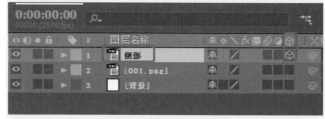

图3-40 复制"倒影"图层

10 在时间轴中展开【倒影】图层的【变换】组，将【位置】设为522.5，656，0，将【X轴旋转】设为0x+180°，如图3-41所示。

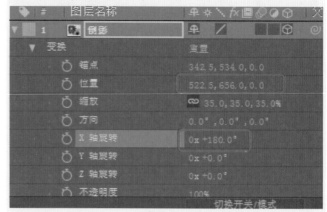

图3-41 设置倒影的位置和旋转

11 设置完成后，在【合成】面板中查看效果，如图3-42所示。

图3-42 查看效果

⑫ 在【效果和预设】面板中搜索【线性擦除】效果,将其添加到【倒影】对象上。在【效果控件】面板中,将【过渡完成】设置为83%,将【擦除角度】设置为0x-180°,将【羽化】设置为421,如图3-43所示。

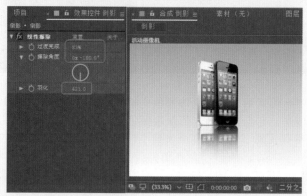

图3-43 设置线性擦除

知识链接 线性擦除

　　按指定方向对图层执行简单的线性擦除。使用"草图"品质时,擦除的边缘不会消除锯齿;使用"最佳"品质时,擦除的边缘会消除锯齿且羽化是平滑的。

⑬ 在工具栏中选择【横排文字工具】,在【合成】面板中输入IPhone,在【字符】面板中将【字体】设置为【微软雅黑】,将【字体颜色】设置为黑色,将【字体大小】设置为63像素,如图3-44所示。

⑭ 在【效果和预设】面板中,搜索【百叶窗】特效,并将其添加到文字图层上。将【当前时间】设置为0:00:00:00,在【效果控件】面板中单击【过渡完成】左侧的关键帧,将【过渡完成】设置为100%,将【方向】设置为0×22.0°,将【宽度】设置为30,将【当前时间】设置为0:00:04:24,将【过渡完成】设置为0。在【合成】面板中,查看效果如图3-45所示。

图3-44 设置文字属性

图3-45 查看添加的效果

3.4 图层的模式

　　在After Effects CC中进行合成制作时,面对众多的图层,图层之间可以通过切换层模式来控制上层与下层的融合效果。在【模式】栏中可以选择图层模式的类型,如图3-46所示。

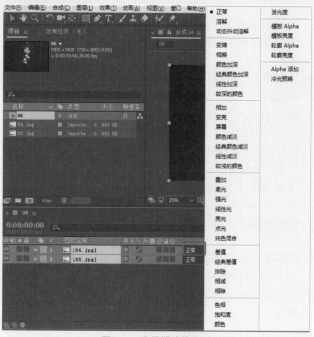

图3-46 选择模式的类型

图层的模式改变了图层上某些颜色的显示，下面就来介绍图层混合模式的类型。

- 【正常】：当透明度设置为100%时，此合成模式将根据Alpha通道正常显示当前层，并且此层的显示不受其他层的影响；当透明度设置为小于100%时，当前图层每一个像素点的颜色都将受到其他图层的影响。图3-47所示为不透明度为40%时的效果。

图3-47 【正常】模式

- 【溶解】：选择【溶解】混合模式并降低当前图层的不透明度时，可以使半透明区域上的像素离散，产生点状颗粒，如图3-48所示。

- 【动态抖动溶解】：该模式与【溶解】模式的原理相同，唯一不同的是该模式可以随着时间而变化。透明度参数不同时的效果如图3-49所示。

- 【变暗】：该模式用于查看每个颜色通道中的颜色信息，并选择原色或混合色中较暗的颜色作为结果色，比混合色亮的像素将被替换，而比混合色暗的像素保持不变，效果如图3-50所示。

- 【相乘】：该模式为一种减色模式，将底色与层颜色相乘，就好像光线透过两张叠加在一起的幻灯片，会呈现出一种较暗的效果。任何颜色与黑色相乘都产生黑色，与白色相乘则保持不变。当透明度由小到大时会产生如图3-51所示的效果。

图3-48 【溶解】模式

图3-49 【动态抖动溶解】模式　　　　图3-50 【变暗】模式

图3-51 【相乘】模式

- 【颜色加深】：该混合模式可以让底层的颜色变暗，有点类似于【相乘】混合模式，但不同的是，它会根据叠加的像素颜色相应地增加底层的对比度，和白色混合时没有效果。当透明度由大到小时会产生如图3-52所示的效果。

图3-52 【颜色加深】模式

- 【经典颜色加深】：该模式通过增加对比度，使基色变暗以反映混合色，优于【颜色加深】模式。当不透明度为50%时会产生如图3-53所示的效果。

- 【线性加深】：在该模式下，可以查看每个通道中的颜色信息，并通过减小亮度使当前层变暗以反映下一层的颜色。下一层与当前层上的白色混合后将不会产生变化，与黑色混合后将显示黑色。当不透明度为50%时会产生如图3-54所示的效果。

- 【较深的颜色】：该模式用于显示两个图层色彩暗的部分，如图3-55所示。

- 【相加】：该模式将基色与层颜色相加，得到更明亮的颜色。层颜色为纯黑或基色为纯白时，都不会发生变化，如图3-56所示。

图3-53　【经典颜色加深】模式

图3-54　【线性加深】模式

图3-55　【较深的颜色】模式

图3-56　【相加】模式

- 【变亮】：该模式与【较深的颜色】混合模式相反。使用该模式时，比较相互混合的像素亮度，选择混合颜色中较亮的像素保留起来，而其他较暗的像素则被替代。透明度不同时的效果如图3-57所示。

图3-57　【变亮】模式

- 【屏幕】：该模式可制作出与【相乘】混合模式相反的效果。在图像中，白色的部分在结果中仍是白色，黑色的部分在结果中显示为另一幅图像相同位置的部分，效果如图3-58所示。
- 【颜色减淡】：该模式通过减小对比度，使基色变亮以反映混合色。如果混合色为黑色则不产生变化，画面整体变亮，如图3-59所示。

图3-58　【屏幕】模式

图3-59　【颜色减淡】模式

- 【经典颜色减淡】：该模式通过减小对比度，使基色变亮以反映混合色，优于【颜色减淡】模式。不透明度为70%时的效果如图3-60所示。
- 【线性减淡】：该模式用于查看每个通道中的颜色信息，并通过增加亮度使基色变亮以反映混合色。与黑色混合后不发生变化。不透明度为40%时的效果如图3-61所示。

图3-60　【经典颜色减淡】模式

图3-61　【线性减淡】模式

- 【较浅的颜色】：该模式用于显示两个图层中亮度较大的色彩，如图3-62所示。
- 【叠加】：复合或过滤颜色，具体取决于基色。颜色在现有像素上叠加，同时保留基色的明暗对比。不替换基色，但基色与混合色相混以反映原色的亮度或暗度。该模式对于中间色调影响较明显，对于高亮度区域和暗调区域影响不大。不透明度为50%时的效果如图3-63所示。

图3-62　【较浅的颜色】模式

图3-63　【叠加】模式

- 【柔光】：使颜色变亮或变暗，具体取决于混合色。如果混合色比50%灰色亮，则图像变亮，就像被减淡了一样。如果混合色比50%灰色暗，则图像变暗，就像被加深了一样。用纯黑色或纯白色绘画会产生明显较暗或较亮的区域，但不会产生纯黑色或纯白色，如图3-64所示。
- 【强光】：模拟强光照射，复合或过滤颜色，具体取决于混合色。如果混合色比50%灰色亮，则图像变亮，就像过滤后的效果。这对于向图像中添加高光非常有用。如果混合色比50%灰色暗，则图像变暗，就像复合后的效果。这对于向图像添加暗调非常有用。用纯黑色或纯白色绘画会产生纯黑色或纯白色，如图3-65所示。

图3-68　【点光】模式

图3-64　【柔光】模式

图3-65　【强光】模式

图3-69　【纯色混合】模式

- 【线性光】：通过减小或增加亮度来加深或减淡颜色，具体取决于混合色。透明度不同时的效果如图3-66所示。

图3-66　【线性光】模式

图3-70　【差值】模式

- 【亮光】：该模式通过减小或加深对比度来加深或减淡颜色，具体取决于混合色。如果混合色比50%的灰色亮，则通过减小对比度来使图像变亮；如果混合色比50%的灰色暗，则通过增加对比度来使图像变暗。透明度不同时的效果如图3-67所示。

图3-67　【亮光】模式

图3-71　【经典差值】模式

- 【点光】：通过增加或减小对比度来加深或减淡颜色，具体取决于混合色。不透明度为80%时的效果如图3-68所示。
- 【纯色混合】：该模式产生一种强烈的色彩混合效果，图层中亮度区域颜色变得更亮，暗调区域颜色变得更深。不透明度为30%时的效果如图3-69所示。
- 【差值】：从基色中减去混合色，或从混合色中减去基色，具体取决于亮度值大的颜色。与白色混合基色值会反转，与黑色混合不会产生变化。不透明度为30%时的效果如图3-70所示。
- 【经典差值】：从基色中减去混合色，或从混合色中减去基色，优于【插值】模式。不透明度为30%时的效果如图3-71所示。

- 【排除】：该模式与【差值】模式相似，但对比度要更低一些。不透明度为50%时的效果如图3-72所示。

图3-72　【排除】模式

- 【相减】：对黑色、灰色部分进行加深，完全覆盖白色。不透明度为30%时的效果如图3-73所示。

图3-73 【相减】模式

- 【相除】：用白色覆盖黑色，把灰度部分的亮度相应提高。不透明度为70%时的效果如图3-74所示。

- 【色相】：用基色的亮度和饱和度以及混合色的色相创建结果色，效果如图3-75所示。

图3-74 【相除】模式

图3-75 【色相】模式

- 【饱和度】：该模式用基色的亮度和色相，以及层颜色的饱和度创建结果色。如果底色为灰度区域，用此模式不会引起变化。不透明度为60%时的效果如图3-76所示。

- 【颜色】：用基色的亮度以及混合色的色相和饱和度创建结果色，保留了图像中的灰阶，可用于单色图像上色和彩色图像着色。不透明度

为90%时的效果如图3-77所示。

图3-76 【饱和度】模式

图3-77 【颜色】模式

- 【发光度】：用基色的色相和饱和度以及混合色的亮度创建结果色。透明度不同时的效果如图3-78所示。

图3-78 【发光度】模式

- 【模板Alpha】：该模式可以使模板层的Alpha通道影响下方的层。图层含有透明度信息，当应用【模板Alpha】模式后，其下方的图层也具有了相同的透明度信息，效果如图3-79所示。

- 【模板亮度】：该模式通过模板层的像素亮度显示多个层。使用该模式，层中较暗的像素比较亮的像素更透明，效果如图3-80所示。

图3-79 【模板Alpha】模式

图3-80 【模板亮度】模式

- 【轮廓Alpha】：下层图像将根据模板层的Alpha通道生成图像的显示范围。不透明度为30%时的效果如图3-81所示。

- 【轮廓亮度】：在该模式下，层中较亮的像素会比较暗的像素透明。不透明度为70%时的效果如图3-82所示。

图3-81 【轮廓Alpha】模式

图3-82 【轮廓亮度】模式

- 【Alpha添加】：底层与目标层的Alpha通道共同建立一个无痕迹的透明区域。透明度为70%时的效果如图3-83所示。
- 【冷光预乘】：该模式可以将层的透明区域像素和底层作用，使Alpha通道具有边缘透镜和光亮效果。透明度为30%时的效果如图3-84所示。

图3-83　【Alpha添加】模式　　　图3-84　【冷光预乘】模式

> 提示　层模式不能设置关键帧动画。如果需要在某个时间上改变层模式，则需要在该时间点将层分割，对分割后的层应用新的模式。

3.5　图层的基本属性

在【时间轴】面板中，每个层都有相同的基本属性设置，在【时间轴】面板中的【变换】组下，可看到图层的属性，如图3-85所示。不同类型的层，它们的属性大致相同，具体如下。

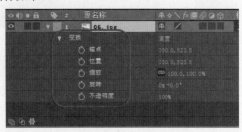

图3-85　图层的属性

- 【锚点】：设置锚点的位置。锚点控制图层的旋转或移动中心。
- 【位置】：设置层的位置。
- 【缩放】：设置层的比例大小。
- 【旋转】：设置层的旋转。
- 【不透明度】：设置层的透明度。

实例操作002——掉落的壁画

本例的制作过程主要是关键帧的应用，通过为3D图层添加关键帧，使其呈现出动画效果。具体操作方法如下，完成后的效果如图3-86所示。

图3-86　掉落的壁画

01　启动软件后，按Ctrl+N组合键，弹出【合成设置】对话框，将【合成名称】设置为"掉落的壁画"，在【基本】选项卡中，将【宽度】和【高度】均设置为800 px，将【像素长宽比】设置为【方形像素】，将【帧速率】设置为25帧/秒，将【持续时间】设置为0:00:03:00，单击【确定】按钮，如图3-87所示。

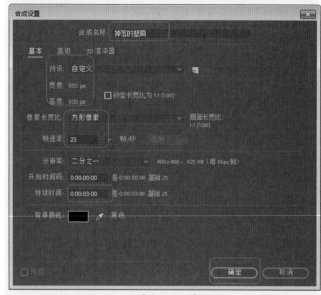

图3-87　【合成设置】对话框

02　切换到【项目】面板，在该面板中双击，弹出【导入文件】对话框。在该对话框中，选择"壁画.png"和"墙壁.jpg"文件，然后单击【导入】按钮，如图3-88所示。

03　打开【项目】面板，查看导入的素材文件，如图3-89所示。

图3-88 选择素材文件

图3-89 查看导入的素材文件

04 在【项目】面板中选择"墙壁.jpg"素材文件,将其拖至时间轴上,如图3-90所示。

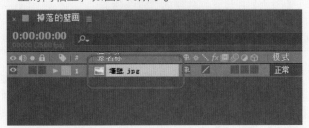

图3-90 将"墙壁.jpg"文件添加到时间轴

05 在【项目】面板中选择"壁画.png"素材文件,将其拖至【时间轴】面板上,放置到【墙壁】图层的上方,并单击【3D图层】按钮，如图3-91所示。

06 将当前时间设置为0:00:00:00,在【时间轴】面板中,单击【位置】前面的【添加关键帧】按钮,并将其设置为544,297,0,然后单击【X轴旋转】前面的【添加关

键帧】按钮,添加关键帧,如图3-92所示。

图3-91 设置3D图层

图3-92 设置关键帧

07 将当前时间设置为0:00:00:11,在【时间轴】面板中将【位置】设置为544,504,0,将【X轴旋转】设置为0x+169°,如图3-93所示。

图3-93 添加关键帧

08 将当前时间设置为0:00:01:02,在【时间轴】面板中将【位置】设置为544,623,0,将【X轴旋转】设置为0x+124°,如图3-94所示。

图3-94 添加关键帧

09 将当前时间设置为0:00:01:20,在【时间轴】面板中将【位置】设置为544,829,0,将【X轴旋转】设置为1x+0°,如图3-95所示。

图3-95　添加关键帧

3.6 图层的类型

在After Effects CC中可以创建不同类型的图层，对于不同类型的图层，其作用也不相同。在【时间轴】面板的空白处右击，在弹出的快捷菜单中选择【新建】命令，在弹出的下一级快捷菜单中，将显示可以创建的图层类型，如图3-96所示。下面将对这些图层类型进行介绍。

图3-96　图层的类型

3.6.1 文本

文本层主要用于输入文本和设置文本动画效果，在【字符】面板和【段落】面板中可以对文本的字体、大小、颜色和对齐方式等属性进行设置，如图3-97所示。在【时间轴】面板的空白处右击，在弹出的快捷菜单中选择【新建】|【文本】命令，即可创建文本层。

图3-97　【字符】和【段落】面板

3.6.2 纯色

纯色层是一个单一颜色的静态层，主要用于制作蒙版、添加特效或合成的动态背景。在【时间轴】面板的空白处右击，在弹出的快捷菜单中选择【新建】|【纯色】命令，将弹出【纯色设置】对话框，如图3-98所示。在此对话框中可以对以下参数进行设置。

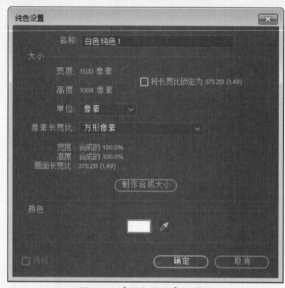

图3-98　【纯色设置】对话框

- 【名称】：设置纯色层的名称。
- 【宽度】：设置纯色层的宽度。
- 【高度】：设置纯色层的高度。
- 【将长宽比锁定为】：设置是否将纯色层的长宽比锁定。
- 【单位】：设置宽高的尺寸单位。
- 【像素长宽比】：设置像素比的类型。
- 【制作合成大小】：使纯色层的大小与创建的合成相同。
- 【颜色】：设置纯色层的背景颜色。

3.6.3 灯光

在制作三维合成时，为增强合成的视觉效果，需要创建灯光来添加照明效果，这时需要创建【灯光】层。在【时间轴】面板的空白处右击，在弹出的快捷菜单中选择【新建】|【灯光】命令，将弹出【灯光设置】对话框，如图3-99所示，在此对话框中可以对其参数进行设置。

> 提示　【灯光】层只能用于3D图层，在使用时需要将要照射的图层转换为3D图层。选择要转换的图层，在菜单栏中选择【图层】|【3D图层】命令，即可将图层转换为3D图层。

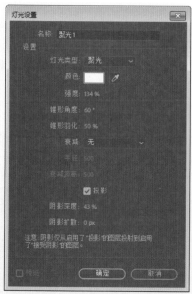

图3-99　【灯光设置】对话框

3.6.4　摄像机

为了更好地控制三维合成的最终视图，需要创建【摄像机】层。通过对【摄像机】层的参数进行设置，可以改变摄像机的视角。在【时间轴】面板的空白处右击，在弹出的快捷菜单中选择【新建】|【摄像机】命令，即可打开【摄像机设置】对话框，如图3-100所示。

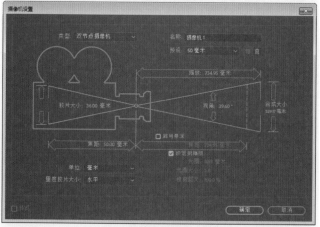

图3-100　【摄像机设置】对话框

3.6.5　空对象

【空对象】层可用于辅助动画制作，也可以在其上进行效果和动画的设置，但其不能在最终的合成效果中显示。将多个层与【空对象】层进行链接，当改变【空对

象】层时，其链接的所有子对象也将随之变化。在【时间轴】面板的空白处右击，在弹出的快捷菜单中选择【新建】|【空对象】命令，即可创建【空对象】层。

3.6.6　形状图层

【形状图层】用于绘制矢量图形和制作动画效果，能够快速绘制其预设形状，也可以使用工具栏中的【钢笔工具】绘制形状。在【时间轴】面板的空白处右击，在弹出的快捷菜单中选择【新建】|【形状图层】命令，即可创建【形状图层】。在【形状图层】中添加一些特殊效果可以增强形状效果。

3.6.7　调整图层

【调整图层】用于对其下面所有图层进行效果调整。当该层应用某种效果时，只影响其下所有图层，并不影响其上的图层。在【时间轴】面板的空白处右击，在弹出的快捷菜单中选择【新建】|【调整图层】命令，即可创建【调整图层】层，如图3-101所示。

图3-101　创建【调整图层】层

3.6.8　Adobe Photoshop 文件

在创建合成的过程中，若需要使用Photoshop编辑图片文件，可以在【时间轴】面板的空白处右击，在弹出的快捷菜单中选择【新建】|【Adobe Photoshop 文件】命令，

将弹出【另存为】对话框。选择文件的保存位置后，单击
【保存】按钮，系统将自动打开Photoshop软件，这样就可
以编辑图片，并在【时间轴】面板中创建Photoshop文件
图层。

3.6.9 MAMON CINEMA 4D文件

After Effects CC新增加了对MAMON CINEMA 4D
文件的支持。若要创建CINEMA 4D文件，可以在【时间
轴】面板的空白处右击，在弹出的快捷菜单中选择【新
建】|【MAMON CINEMA 4D文件】命令，将弹出【新建
MAMON CINEMA 4D文件】对话框。选择文件的保存位置
后，系统将自动打开CINEMA 4D软件，这样就可以编辑图
像，并在【时间轴】面板中创建CINEMA 4D文件图层。

3.7 图层的栏目属性

在【时间轴】面板中，图层的栏目属性有多种分类，
在属性栏上右击，在弹出的菜单中选择【列数】命令，在
弹出的子菜单中可选择要显示的专栏，如图3-102所示。名
称前有"√"标志的是已打开的专栏。

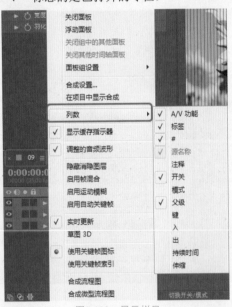

图3-102 显示栏目

3.7.1 A/V功能

【A/V功能】栏中的工具按钮主要用于设置层的显示
和锁定，其中包括【视频】【音频】【独奏】和【锁定】

等工具按钮。

- 【视频】 ：单击该按钮可以让眼睛图标显示或隐藏，
  同时也影响这一层的显示或隐藏。单击其中几个图层
  的 按钮，将其关闭，在【合成】面板中将隐藏相应
  的图层。
- 【音频】 ：该按钮仅在有音频的层中出现，单击这个
  按钮可让该图标隐藏，同时也会关闭该层的音频输出。
  这里在时间轴中放置一个音频层，按小键盘上的"."
  （小数点）键监听其声音，并在【音频】面板中查看其
  音量指示，如图3-103所示。

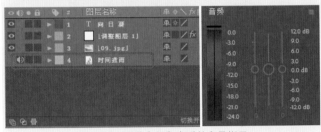

图3-103 预览音频和查看其音量指示

如果单击音频层前面的【音频】按钮 ，将其关闭，
则预览时将没有声音，同时也看不到音频指示，如
图3-104所示。

图3-104 关闭音频

- 【独奏】 ：如果想单独显示某一图层，单击这一层的
  【独奏】按钮 后，合成预览面板中将只显示这一层。
- 【锁定】 ：为了防止图层被编辑，可以选择要锁定的
  层，打开 图标。这就有效地避免了在制作过程中可能
  对图层产生的错误操作。

3.7.2 标签、#和源名称

【标签】、#和源名称都是显示层的相关信息，如
【标签】显示层在【时间轴】面板中的颜色，#显示层的序
号，【源名称】则显示层的名称。

- 【标签】 ：在【时间轴】面板中，可使用不同颜色
  的标签来区分不同类型的层。不同类型的层有自己默
  认的颜色，如图3-105所示。用户也可以自定义标签的

颜色，在标签颜色的色块上单击，在弹出的菜单中可选择系统预置的标签颜色。如图3-106所示为层不同的标签颜色。

图3-105　不同的标签颜色

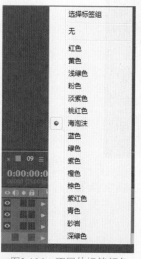

图3-106　不同的标签颜色

- #：显示图层序号。图层的序号由上至下从1开始递增。图层的序号只代表该层当前位于第几层，与图层的内容无关。图层的顺序改变后，序号由上至下递增的顺序不变。

- 【源名称】源名称：显示层的来源名称。源名称图标与图层名称图标之间可互相转换。单击其中一个时，当前图标会转换成另一个。源名称用于显示图片、音乐素材图层原来的名称；图层名称用于显示图层新的名称。如果在图层名称状态下，素材图层没有经过重命名，则会在图层原名称上添加"L」"标记，如图3-107所示。

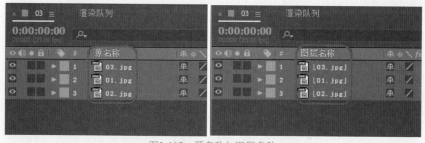

图3-107　源名称与图层名称

3.7.3　开关

　　【开关】栏中的工具按钮主要用于设置层的效果，其中各个工具按钮的功能如下。

- 【消隐】：隐藏【时间轴】面板中的层。这个按钮需要和【时间轴】面板上方的按钮配合使用，可以将一些不用设置的图层在【时间轴】面板中暂时隐藏，有针对性地对重点层进行操作。使用方法分为两步，第一步先在时间轴中选择暂时不作处理、可以隐藏的图层，单击其按钮，使其变为，然后单击【时间轴】面板上方的按钮，将所有标记有图标的层设置隐藏。

如果想要将设置隐藏的层显示出来，可再次单击按钮，隐藏的层就会显示出来。

- ：当图层为合成图层时，该按钮起着折叠变化的作用；对于矢量图层，则起着连续栅格化的作用。按钮可以针对导入的矢量图层、相关制作的图层和嵌套的合成层等。例如，导入一个EPS格式的矢量图，并将其【缩放】参数调大，如图3-108所示。放大后的矢量图形有些模糊，单击该图层的按钮，图像会变清晰，如图3-109所示。

图3-108　矢量图

图3-109　图像变清晰

> 提示　对于以线条为基础的矢量图形，其优势是可以无限放大也不会变形，只是在细节上没有以像素为基础的位图细腻了。

- 【品质】：该按钮用于设置图层在【合成】面板中以怎样的品质显示画面效果。按钮是以较好的质量显示图层效果；按钮是以差一些的草稿质量显示图层效果；按钮是双立方采样，在某些情况下，使用此采样可获得明显更好的结果，但速度更慢。执行【图层】|【品质】|【线框】命令，可显示线框图，如图3-110所示，在【时间轴】面板的图层上会出现按钮。

图3-110 【线框】效果

- 【效果】 ⨍：此按钮用于打开或关闭图层上的所有特效应用。单击 ⨍ 按钮，该图标会隐藏，同时关闭相应图层中特效的应用。再次单击显示该图标，同时打开相应图层中的特效应用。
- 【帧混合】 ：此按钮能够使帧的内容混合。当将某段视频素材的速度调慢时，需将同样数量的帧画面分配到更长的时间段播放，这时帧画面的数量会不够，会产生画面抖动的现象。【帧混合】能够对抖动模糊的画面进行平滑处理，对缺少的画面进行补充，使视频画面清晰，提高视频的质量。
- 【动态模糊】 ：用于设置画面的运动模糊，模拟快门状态。

▶ 3.7.4 实战：画面的动态模糊

如果在播放电影或电视时每一帧画面看起来都特别清晰，那么，画面将会出现闪烁或抖动的现象，这时需要运用运动模糊对静止图像进行设置，这样更有利于表现出物体的动势，从而增强画面的真实感和流畅度。

在没有使用运动模糊技术时，动画的静止画面是清晰的。单击【时间轴】面板上方的 按钮，这时再播放动画，【合成】面板中的图像会出现明显的运动模糊效果，同时动画效果也变得平滑自然。下面将介绍设置动态模糊的操作方法。

01 新建项目文件，在【项目】面板中右击，在弹出的快捷菜单中选择【新建合成】命令。在弹出的【合成设置】对话框中，将【合成名称】设置为"运动模糊"、【宽度】设置为1024px、【高度】设置为576px、【持续时间】设置为0:00:00:05，如图3-111所示。

02 单击【确定】按钮，在工具栏中选取【椭圆工具】 ，在【合成】面板中，按住Shift键绘制一个圆，然后单击【切换透明网格】按钮 ，如图3-112所示。

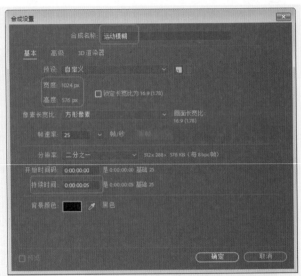

图3-111 【合成设置】对话框

图3-112 绘制圆

03 在【时间轴】面板中，将时间设置为0:00:00:00，在【形状图层1】的【变换】组下，单击【位置】左侧的【时间变化秒表】按钮 ，将其值设置为512、288，如图3-113所示。

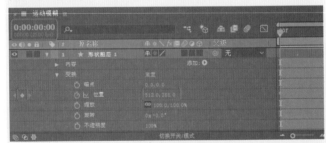

图3-113 设置【位置】参数

04 在【时间轴】面板中将时间设置为0:00:00:04，将【位置】设置为512、700，如图3-114所示。

图3-114　设置【位置】参数

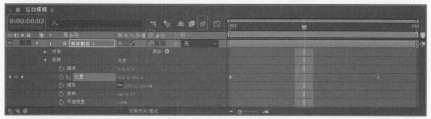

在【时间轴】面板中将时间设置为0:00:00:02，在【动态模糊】栏下单击，为其标记图标，然后单击【时间轴】面板上部的按钮，如图3-115所示。

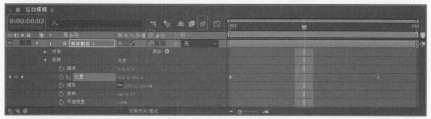

图3-115　设置运动模糊

06 设置运动模糊前的圆如图3-116所示。设置运动模糊后的圆如图3-117所示。

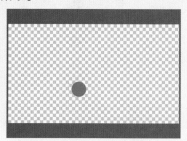

图3-116　设置运动模糊前的圆

图3-117　设置运动模糊后的圆

- 【调整图层】：使用该按钮可调整图层上使用的特效反映在其下的全部图层上，调节层自身不会显示任何效果。
- 【3D图层】：将图层转换为在三维环境中操作的图层。当为一个图层设置图标后，可以受到摄像机或灯光的影响，这个层的属性就由原来的二维属性转变为三维属性，如图3-118所示。

图3-118　二维图层转为三维图层

3.7.5　模式

【模式】用于设置层之间的叠加效果或蒙版等。

- 【模式】模式：用于设置图层间的模式，不同的模式可产生不同的效果。
- 【保留基础透明度】T：这个图标可以将当前层的下一层的图像作为当前层的透明遮罩。导入两个素材图片，在底层图片添加椭圆形蒙版后，在【保留基础透明度】T栏下，为最上面的图层点亮图标，其效果如图3-119所示。

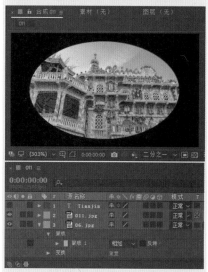

图3-119　遮罩显示图片

- 【轨道遮罩】TrkMat：在After Effects中可以使用轨道遮罩功能，通过一个遮罩层的Alpha通道或亮度值定义其他层的透明区域。其遮罩方式分为【Alpha遮罩】、【Alpha反转遮罩】、【亮度遮罩】和【亮度反转遮罩】4种。
  - 【Alpha遮罩】：在下层图层使用该项可将上层图层的Alpha通道作为透明蒙版，同时上层图层的显示状态也被关闭，如图3-120所示。
  - 【Alpha反转遮罩】：使用该项可将上层图层作为透明蒙版，同时上层图层的显示状态也被关

闭，如图3-121所示。

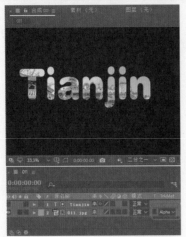

图3-120 设置【Alpha遮罩】参数

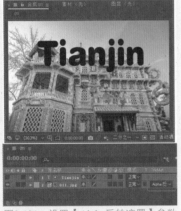

图3-121 设置【Alpha反转遮罩】参数

◆ 【亮度遮罩】：使用该项可通过亮度来设置透明区域，如图3-122所示。

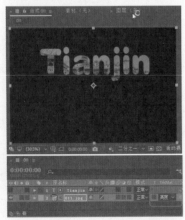

图3-122 设置【亮度遮罩】参数

◆ 【亮度反转遮罩】：使用该项

可反转亮度蒙版的透明区域，如图3-123所示。

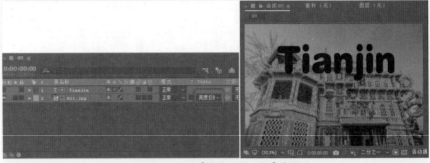

图3-123 设置【亮度反转遮罩】参数

3.7.6 注释和键

【注释】栏用来对图层进行备注说明，方便区分图层，起辅助作用。

在【键】栏中，可以设置图层参数的关键帧。当图层中的参数设置项中有多个关键帧时，可以使用向前或向后的指示图标，跳转到前一关键帧或后一关键帧，如图3-124所示。

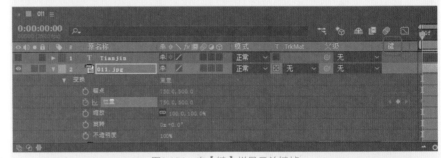

图3-124 在【键】栏显示关键帧

3.7.7 其他功能设置

在【时间轴】面板中还有其他一些按钮，它们有着不同的功能，详细介绍如下。

● 【展开或折叠"图层开关"窗格】：该按钮位于【时间轴】面板的底部，用于打开或关闭【开关】栏。单击该按钮可打开开关框，如图3-112左图所示，再次单击则关闭开关框，如图3-125右图所示。

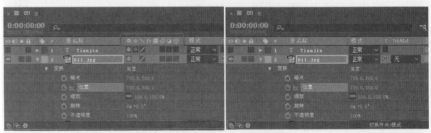

图3-125 打开与关闭开关框

● 【展开或折叠"转换控制"窗格】：该按钮同样也位于【时间轴】面板的

底部，单击该按钮，可以打开或关闭转换控制框。打开转换控制框和关闭转换控制框时的效果如图3-126所示。

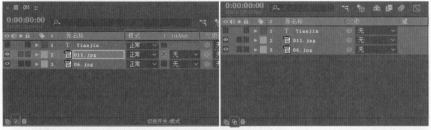

图3-126 打开和关闭转换框时的效果

- 【展开或折叠"入点"/"出点"/"持续时间"/"伸缩"窗格】：该按钮同样也位于【时间轴】面板的底部，该单击该按钮，可打开或关闭窗格。打开和关闭窗格时的效果如图3-127所示。

图3-127 打开和关闭窗格

- 【切换开关/模式】 切换开关/模式 ：该按钮用于切换【开关】栏和【模式】栏。单击此按钮后，将打开其中一个栏并关闭另一个栏。
- 【放大到单帧级别或缩小到整个合成】：用于对时间轴进行缩放。单击左侧的图标或将滑块向左移，将时间轴缩小到整个合成，可以查看【时间轴】面板中素材的全局时间。相反，单击右侧的图标或将滑块向右移，将时间轴放大到帧级别，可以查看【时间轴】面板中素材的局部时间点。滑块移到最右侧时，以帧为单位查看，如图3-128所示。

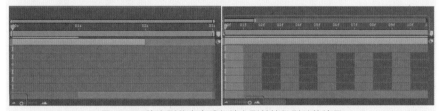

图3-128 缩小到整个合成与放大到单帧级别时的效果

- 【合成标记容器】：向左拖曳可获得一个新标记。可以用添加标记的方式，在【时间轴】面板中标记时间点，辅助制作合成时确定入点、出点、对齐或关键帧的时间点。
- 【合成按钮】：单击该按钮，可以激活【合成】面板，将其显示在最前方。
- 【时间范围】滑块：用于调节时间范围。时间范围调节条在【时间轴】面板的时间标尺上面，可以用来调整时间轴中某一时间区域的显示。时间范围调节条的两端可以用鼠标左右拖动，将其向两端拖至最大时，将显示合成时间轴的全部时间范围，如图3-129所示。当将时间范围调节条的左端向右拖动，或者将右端向左拖动时，通过移动时间范围调节条，可以查看时间轴中的局部时间区域，用来进行局部的操作，如图3-130所示。

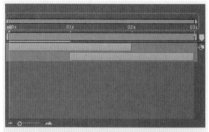

图3-129 查看全部时间范围

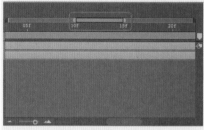

图3-130 查看局部时间范围

- 【工作区】滑块：用于调整工作区范围。工作区范围在【时间轴】面板的时间标尺下面。该滑块与上面介绍的【时间范围】滑块的操作方法相同，但两者的作用不同。时间范围为了方便操作，对显示区域的大小进行控制，而工作区范围则影响合成时间轴中最终效果输出时的视频长度。例如，在一个长度为2秒的合成中，将工作区域范围设置为从第0帧至第20帧。这样在最终的渲染输出时，会以工作区范围的长度为准，输出一个长度为20帧的文件，如图3-131所示。

图3-131 设置工作区范围

- 【当前时间指示器】：在【时间轴】面板中进行时间的定位，辅助合成制作。可以在【时间轴】面板的当前时间的时码显示处改变当前时间码，来移动时间指示器的位置；也可以直接用鼠标在【时间

轴】面板的时间标尺上进行拖动，改变时间位置，同时时间码处会显示当前的时间，如图3-132所示。

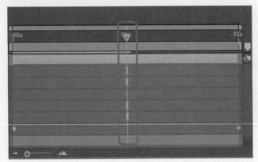

图3-132　设置时间指示器的位置

实例操作003——产品展示效果

本例将介绍如何制作产品展示效果。首先将素材文件添加到【项目】面板中，通过对素材的缩放添加关键帧，使其呈现出动画效果。具体操作方法如下，完成后的效果如图3-133所示。

图3-133　产品展示效果

01 启动软件后，按Ctrl+N组合键，弹出【合成设置】对话框，将【合成名称】设置为"产品展示效果"，在【基本】选项卡中，将【宽度】和【高度】分别设置为950 px和874 px，将【像素长宽比】设置为【方形像素】，将【帧速率】设置为25帧/秒，将【持续时间】设置为0:00:05:00，【背景颜色】设置为黑色，单击【确定】按钮，如图3-134所示。

02 切换到【项目】面板，在该面板中双击，弹出【导入文件】对话框，在该对话框中，选择"素材\Cha03\产品背景.jpg和护肤品.png"文件，然后单击【导入】按钮，如图3-135所示。

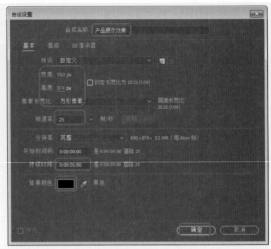

图3-134　合成设置

图3-135　选择素材文件

知识链接　产品展示

产品展示是企业信息化过程中很重要的一环，主要用于在企业网站中建立产品的展示栏目，通常也叫产品中心。网络公司通常把产品展示定义为一种功能模块。

03 在【项目】面板中查看导入的素材文件，如图3-136所示。

04 在【项目】面板中选择"产品背景.jpg"文件，将其拖至【时间轴】面板中，如图3-137所示。

05 将当前时间设置为0:00:04:00，打开【变换】选项组，单击【缩放】前面的 按钮，添加关键帧，如图3-138所示。

图3-136 查看导入的素材文件

图3-137 添加素材到时间轴

06 将当前时间设置为0:00:04:24，在时间轴上将【缩放】设置为171%，如图3-139所示。

图3-138 添加关键帧

图3-139 设置【缩放】参数

07 在【项目】面板中选择"护肤品.png"素材文件，将其添加到【产品背景】图层的上方，并单击【3D图层】按钮，开启3D图层，如图3-140所示。

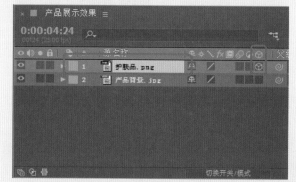

图3-140 添加"护肤品.png"文件

08 将当前时间设置为0:00:00:00，单击"护肤品"图层【缩放】前面的【添加关键帧】按钮，并将【缩放】值设置为0%，如图3-141所示。

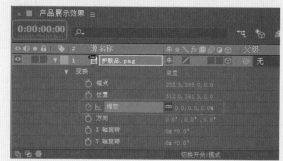

图3-141 添加缩放关键帧

09 将当前时间设置为0:00:04:00，在时间轴面板中将【缩放】设置为69%，如图3-142所示。

图3-142 添加缩放关键帧

10 将当前时间设置为0:00:04:24，在时间轴上将【缩放】设置为125%，如图3-143所示。

11 在【效果和预设】面板中搜索【投影】特效，将其添加到【护肤品】图层上，打开【效果控件】面板，将【方向】设置为0x+197°，将【距离】设置为22，将【柔和度】设置为55，如图3-144所示。

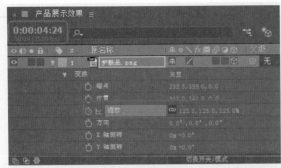

图3-143　添加关键帧

图3-144　设置效果

⑫ 投影设置完成后，产品展示就制作完成了，将场景文件保存即可。

3.8 图层的【父级】设置

【父级】功能可以使一个子级层继承另一个父级层的属性，当父级层的属性改变时，子级层的属性也会发生相应的变化。

当在【时间轴】面板中有多个层时，选择一个图层，单击【父级】栏下该图层的【无】按钮，在弹出的菜单中选择一个图层作为该图层的父层，如图3-145所示。选择一个层作为父层后，在【父级】栏下会显示该父层的名称，如图3-146所示。

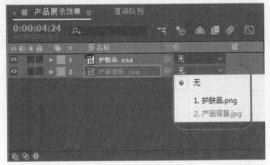

图3-145　选择父层

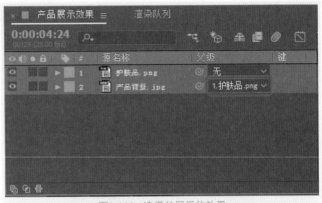

图3-146　选择父层后的效果

使用 ◎ 按钮也可设置图层间的父子层关系。选择一个图层作为子层，单击该层【父级】栏下的 ◎ 按钮，按住并移动鼠标，拖出一条连线，然后移动到作为父级层的图层上，如图3-147所示。松开鼠标后，两个图层就建立起了父子层关系。

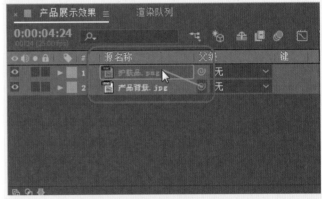

图3-147　使用连线建立父子层

提示　当两个图层建立父子层关系后，子层的透明度属性不受父层透明度属性的影响。

3.9 时间轴控制

在After Effects CC中，所有的动画都是基于时间轴进行设置的，如同在Flash中一样，通过对关键帧的设置，在不同的时间，物体的属性将发生变化，通过改变物体的形态或状态来实现动画效果。

在【时间轴】面板底部单击【展开或折叠"入点"/"出点"/"持续时间"/"伸缩"窗格】 按钮，将打开控制时间的各个参数栏，在此设置参数可以对合成中的各个层的时间进行控制。

3.9.1　使用【入点】和【出点】

使用【入点】和【出点】可以方便地控制层播放的开始时间和结束时间，以及改变素材片段的播放速度和伸缩值。在【时间轴】面板中选择素材图层，将时间轴拖曳到某个时间位置，按住Ctrl键的同时，单击【入点】或【出点】的数值，即可设置素材层播放的开始时间和结束时间，【持续时间】和【伸缩】的数值也将随之改变，如图3-148所示。

图3-148　设置【入点】和【出点】参数

3.9.2　实战：视频倒放播放技术

在一些视频节目中，经常会看到倒放的动态影像，利用【伸展】属性可以很方便地实现视频的倒放效果，只要把【伸缩】参数调整为负值就可以了。

下面介绍设置倒放时间的操作步骤。

01 打开倒放时间项目.aep项目文件，如图3-149所示。

图3-149　打开素材文件

02 在【时间轴】面板中，单击【伸缩】栏下的数值，在弹出的【时间伸缩】对话框中，将【拉伸因数】设置为-100%，如图3-150所示。

03 单击【确定】按钮，在【时间轴】面板的【工作区】滑块下，拖曳视频素材层的时间条，如图3-151所示。

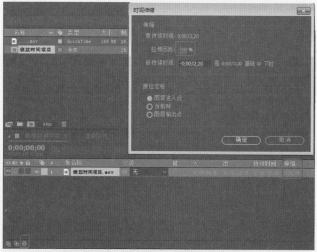

图3-150　【时间伸缩】对话框

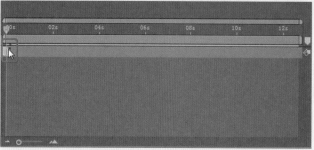

图3-151　拖曳时间条

04 将时间条拖曳到适当位置，然后播放视频即可完成倒放时间的设置操作，如图3-152所示。

图3-152　将时间条拖曳到适当位置

当将【伸缩】参数设置为负值时，时间条上会出现蓝色的斜线，表示已经颠倒了时间，与此同时，该图层的时间条也会以入点为基准向前进行翻转。在After Effects CC 2018中除了可以使用鼠标拖曳时间条外，还可以通过设置【入点】与【出点】来调整时间条的位置。

在【时间轴】面板中选择视频素材层，在菜单栏中选择【图层】|【时间】|【时间反向图层】命令，或按Ctrl+Alt+R组合键，时间条上会出现蓝色的斜线，这样可以快速地将整个视频素材实现倒退播放的效果。

3.9.3 伸缩时间

在【时间轴】面板中选择素材层，单击【伸缩】栏下的数值，或在菜单栏中选择【图层】|【时间】|【时间伸缩】命令，在弹出的【时间伸缩】对话框中，对【拉伸因数】或【新持续时间】参数进行设置，可以设置延长时间或缩放时间，如图3-153所示。

图3-153　【时间伸缩】对话框

3.9.4 冻结帧

在【时间轴】面板中选择视频素材层，将时间滑块放在需要停止的时间位置上，在菜单栏中选择【图层】|【时间】|【冻结帧】命令。执行操作后，画面将停止在时间滑块所在的位置，并在图层中添加【时间重映射】属性，如图3-154所示。

图3-154　添加冻结帧

3.10 矢量图形

After Effects CC中的图层有多种类型，其中形状图层是专门用来放置矢量图形对象的。通过After Effects CC中的几何图形工具和钢笔工具，不仅能够绘制标准图形，还可以绘制任何形状的图形，从而丰富作品的后期效果。可以在素材上根据需要绘制图形作为独立的对象元素，或创建对影片起修饰、补充、强调等作用的非独立影片元素，还可以创建简单的动态过程，如模仿绘图、书写等的动态过程。

3.10.1 绘制与编辑标准图形

在AE中创建的矢量图形对象并不是一个素材，而是一个矢量形状图层。在不选中任何图层的情况下，绘制图形的同时会在【时间轴】面板中创建一个形状图层。也可以先创建一个形状图层，然后在此图层上绘制图形。

在AE中，矢量图形包括矩形、圆角矩形、椭圆、多边形和星形等，其绘制的方法基本相同，并且绘制每个图形后，都带有其相应的属性选项。

1. 绘制矩形图形

在工具栏中单击【矩形工具】按钮■，在【合成】面板的适当位置单击并拖动鼠标，即可绘制一个矩形。在绘制图形的同时，在【时间轴】面板中会创建一个【形状图层1】图层，如图3-155所示。

图3-155　绘制矩形

> **提示**　选择【矩形工具】■时，可在其右侧单击【填充】和【描边】右侧的颜色框，在弹出的对话框中设置填充颜色和描边颜色。在绘制矩形时按住Shift键可绘制正方形，按住空格键可以移动绘制的图形。

2. 编辑矩形路径

当绘制矩形后，在【时间轴】面板中将显示矩形对象的所有属性选项。其中，【矩形路径】选项组用来设置该对象的大小、位置以及圆度等属性，在属性选项右侧单击，输入数值后按Enter键确认即可编辑参数，如图3-156所示。

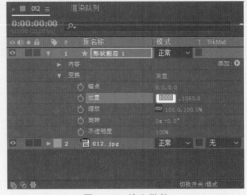

图3-156　输入数值

提示　【大小】参数数值，既可以成比例地进行设置，也可以在【大小】选项右侧单击约束比例按钮 ，单独设置宽度或高度。

【圆度】选项用于定义矩形对象的圆角半径，数值越大圆角越明显。只有当此数值为0时，才是标准矩形。当该数值大于0时，该图形就是圆角矩形，如图3-157所示。当前所设置的图形与使用【圆角矩形工具】绘制出的效果相同。

图3-157　设置【圆度】参数

3. 编辑描边

【描边】选项组用于设置所选矩形对象的描边效果，其中各个子选项分别用来控制描边中的颜色、透明度、边宽等效果。下面将介绍各个子选项的作用。

- 【合成】：该选项用来控制整个描边的效果。
- 【颜色】：单击其右侧的颜色框，将会弹出【颜色】对话框，用户可以在该对话框中设置描边的颜色。
- 【不透明度】：该选项用于设置描边的不透明度效果。
- 【描边宽度】：该选项主要控制描边的宽度。
- 【线段端点】：该下拉菜单中的选项用来控制线条两端的形状。
- 【线段连接】：该下拉菜单中的选项用来设置拐角处线段的连接方式。
- 【尖角限制】：用于设置对尖角的限制。当尖角大于设置的数值时，尖角将变为平角。当【尖角限制】设置为2时，矩形边角如图3-158所示；当【尖角限制】设置为1时，矩形边角如图3-159所示。
- 【虚线】：该选项用来定义每一段的长度和间隔的尺寸，用于设置虚线效果。在其右侧单击 按钮，即可设置虚线效果，并可以对【虚线】和【偏移】属性进行设置，如图3-160所示。如果用户不想添加虚线效果，在其右侧单击 按钮，即可删除虚线效果。

图3-158　【尖角限制】设置为2

图3-159　【尖角限制】设置为1

图3-160　设置虚线效果

4. 编辑【填充】

【填充】选项组用来控制所选矩形的填充效果，该选项组中的【填充规则】选项用来控制填充处理方式，而【颜色】和【不透明度】选项主要设置填充颜色和不透明度效果。将【颜色】设置为白色，【不透明度】为58%时的效果如图3-161所示。

图3-161　填充效果

5. 编辑矩形变换效果

【变换：矩形】选项组与图层中的【变换】选项组中的选项基本相同，但是前者专门用来控制所选矩形图形，后者则控制所在图层中的所有图形对象。其中，【变换：矩形】选项组中的【倾斜】选项控制倾斜的角度，【倾斜轴】选项控制倾斜的方向，【旋转】选项控制矩形图形的旋转角度。调整后的效果如图3-162所示。

图3-162　调整后的效果

6. 绘制其他图形

除了绘制矩形图形外，还可以绘制圆角矩形、椭圆形、多边形和星形等图形。绘制其他图形的方法与绘制矩形的方法相同，只要单击工具栏中的工具按钮，在弹出的菜单中选择相应的工具，如图3-163所示，即可在【合成】面板中绘制相应的图形。绘制其他图形的效果如图3-164所示。

图3-163　绘图工具

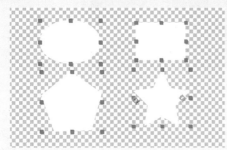

图3-164　绘制其他图形的效果

每绘制一个图形后，都会在形状图层创建相应的属性。每个图形对象的属性基本相似，只是在相应的路径选项组中，添加了不同形状特有的选项设置。比如星形图形路径中添加了【顶点数】、【内半径】、【外半径】等子选项，【多边形】图形与星形图形中的选项基本相同。调整星形和多边形各个参数后的效果分别如图3-165和图3-166所示。

图3-165　调整星形参数后的效果

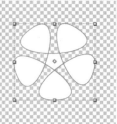

图3-166　调整多边形参数后的效果

▶ 3.10.2　绘制自由路径图形

在工具栏中单击【钢笔工具】按钮 ，即可绘制路径。路径是矢量绘图中最基础的概念，路径可分为直线和曲线。直线非常简单，两个节点和连接节点的直线形成直线路径。

路径有开放式路径和闭合式路径两种。在开放式路径中，可以查看路径的开始节点和结束节点，如图3-167所示。开放式路径是在开始节点和结束节点之间虚拟绘制一条直线，将颜色填充到该封闭区域中。闭合式路径的开始节点和结束节点闭合在一起，如图3-168所示。闭合路径是将颜色填充到路径封闭的区域中。

图3-167　开放式路径　　　　图3-168　闭合式路径

1. 绘制路径

绘制路径时可以在工具栏中单击【钢笔工具】按钮 ，在【合成】面板的任意位置单击即可创建第一个节点，再在其他位置单击即可创建第二个点，如图3-169所示。

如果要绘制曲线路径，可以在创建第二个节点时单击鼠标左键并进行拖动，如图3-170所示，通过控制手柄的长度来决定弯曲的弧度。

图3-169　绘制直线路径　　　图3-170　绘制曲线路径

2. 调整路径形态

当绘制的路径有多个顶点时，可以通过【添加"顶点"工具】、【删除"顶点"工具】和【转换"顶点"工具】等顶点调整工具，对路径的顶点进行调整来改变路径形态。

在工具栏中的【钢笔工具】上单击，在弹出的列表中选择【添加"顶点"工具】，可以在路径中添加顶点，如图3-171所示。

图3-171　添加顶点

当要删除路径中的某个顶点时，可在工具栏中单击【删除"顶点"工具】按钮，然后在需要删除的顶点上单击，如图3-172所示。

图3-172　删除顶点

> **提示**　用户还可以使用【选取工具】按钮，在路径上选择需要删除的顶点，然后按Delete键进行删除。

在工具栏中单击【顶点转换工具】按钮，然后在顶点处单击并拖动，可以改变路径的弯曲程度与方向，如图3-173所示。如果使用【顶点转换工具】在顶点上单击，则能将曲线路径转换为直线路径，当再次单击该节点时，直线路径将转换为曲线路径。

图3-173　调整路径的弯曲程度与方向

3.10.3　填充与描边

绘制一个图形对象时，无论是单击工具栏中的【填充】或【描边】右侧的颜色框，还是在【时间轴】面板的【描边】或【填充】选项组中设置，均可以设置图形对象的颜色。如果在工具栏中单击【填充】或【描边】选项的文本，将弹出【填充选项】对话框或【描边选项】对话框，如图3-174所示。

图3-174　【填充选项】和【描边选项】对话框

1. 设置填充方式

在【填充选项】对话框中有四种填充方式，分别是【无】、【纯色】、【线性渐变】和【径向渐变】。默认情况下，填充色为【纯色】。若在【填充选项】对话框中单击【无】按钮，虽然【时间轴】面板中的【填充】选项组不变，但是所绘制的图形不再填充颜色。

单击【线性渐变】按钮或【径向渐变】按钮后，【合成】面板中图形的颜色将变为黑白渐变填充，同时【时间轴】面板的【填充1】选项组将会变为【渐变填充1】选项组，且该选项组中还添加了【类型】、【开始点】、【结束点】和【颜色】等属性。

- 【类型】：在下拉菜单中提供了两种类型，即【线性】和【径向】渐变，应用【线性】和【径向】渐变后的效果如图3-175所示。

图3-175　【线性】和【径向】渐变效果

- 【开始点】：调整渐变的开始位置。
- 【结束点】：调整渐变的结束位置。
- 【颜色】：单击其右侧的【编辑渐变】按钮，可以在弹出的【渐变编辑器】对话框中设置渐变的颜色，如图3-176所示。

设置完成后，在【渐变编辑器】对话框中单击【确定】按钮即可。除此之外，用户还可以使用【选取工具】，在【合成】面板中手动调整开始点或结束点的位置，如图3-177所示。

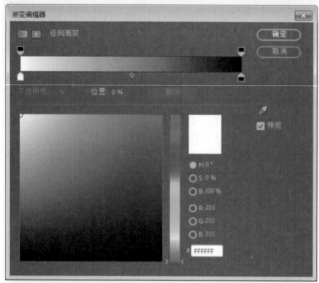

图3-176　【渐变编辑器】对话框

图3-177　手动调整渐变

2. 设置描边

绘制一个图形对象后，可以对其【描边】属性进行设置，如图3-178所示。在同一个图形中，用户可以根据需要设置多种描边颜色。

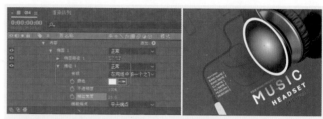

图3-178　设置【描边】参数

3.10.4　图形效果

在AE中，为自行创建的矢量图形对象提供了多种图形效果，这些效果都通过单击图形图层中【内容】右侧的【添加】按钮，在弹出的下拉菜单中选择，如图3-179所示。主要的图形效果如下。

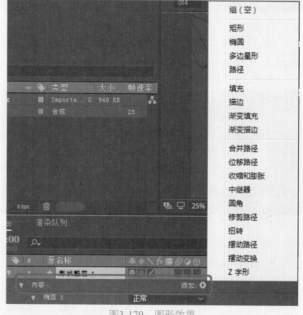

图3-179　图形效果

- 【收缩和膨胀】：将相应的图形对象进行收缩和膨胀，该图形对象即出现相应的变形效果，如图3-180所示。
- 【中继器】：对选中对象进行复制处理。
- 【圆角】：设置图形对象的圆角。
- 【修剪路径】：对图形对象的路径进行修改裁剪。
- 【扭转】：将相应的图形对象进行扭曲旋转处理。
- 【Z字形】：为图形对象设置锯齿效果，如图3-181所示。

在【添加】下拉菜单中，还可以选择其他的一些变形效果，不同的变形效果产生的效果也不同，用户可以根据需要来选择。

图3-180 收缩和膨胀

图3-181 Z字形

 3.11 上机练习——照片剪切效果

本案例将介绍如何制作照片剪切效果。首先添加背景图片，然后使用【钢笔工具】绘制蒙版，最后调整图层的位置顺序，完成后的效果如图3-182所示。

图3-182 照片剪切效果

01 启动Adobe After Effects CC 2018，在【项目】面板中双击，在弹出的【导入文件】对话框中，选择"照片01.jpg"和"照片背景.jpg"素材图片，然后单击【导入】按钮，如图3-183所示。

图3-183 选择素材图片

02 将【项目】面板中的"照片背景.jpg"素材图片添加到【时间轴】面板中，自动生成"照片背景"合成，如图3-184所示。在【合成设置】中将合成的【持续时间】设置为0:00:00:01。

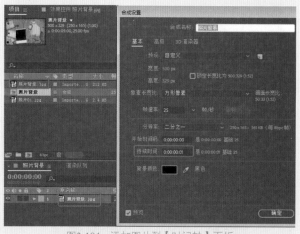

图3-184 添加图片到【时间轴】面板

03 将"照片背景.jpg"层的【变换】|【不透明度】设置为50%，如图3-185所示。

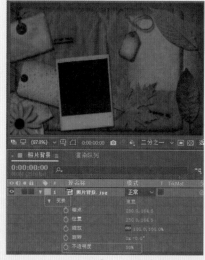

图3-185 设置【不透明度】参数

04 在【项目】面板中，将"照片01.jpg"素材图片拖到时间轴中的"照片背景.jpg"层下方，将"照片01.jpg"层的【变换】|【缩放】设置为6.0%，【位置】设置为205.0，210.0，如图3-186所示。

05 选中"照片01.jpg"层，在工具栏中单击【钢笔工具】按钮，在【合成】面板中沿照片轮廓绘制四边形，创建蒙版，如图3-187所示。

06 将"照片01.jpg"层移动至"照片背景.jpg"层的上方，将"照片背景.jpg"层的【变换】|【不透明度】设置为100%，如图3-188所示。

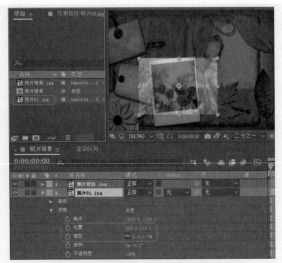

图3-186　设置"照片01"层

图3-187　创建蒙版

图3-188　设置【不透明度】参数

　使用【钢笔工具】绘制完四边形后，可以通过调整蒙版的角点，使显示的图片与照片轮廓对齐。

3.12　思考与练习

1. 简述隐藏层的方法。

2. 简述层的【父级】功能的作用。

3. 使用【矩形遮罩工具】绘制一个图形，如何为绘制的图形填充一种渐变颜色？

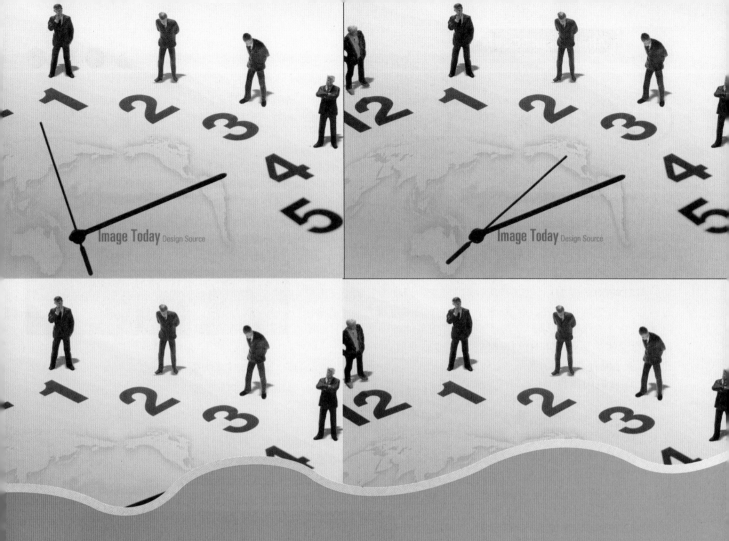

第4章
三维合成

在After Effects CC 2018中，可以将二维图层转换为3D图层，这样可以更好地把握画面的透视关系和最终的画面效果。本章将对After Effects CC 2018的三维合成功能作具体介绍。

4.1 了解3D

在介绍After Effects CC 2018中的三维合成之前，首先来认识一下什么是3D。所谓3D，就是所说的三维立体空间的简称，它在几何数学中用（X、Y、Z）坐标来表示。这个世界是三维的，空间中的所有物体也是三维的，它们可以任意地旋转、移动。与3D相对的是2D，也就是所说的二维平面空间，它在几何数学中用（X、Y）坐标来表示。实际上所有的3D物体都是由若干2D物体组成的，二者之间有着密切的联系。

在计算机图形世界中，有2D图形和3D图形之分。所谓2D图形，就是平面几何概念，即所有图像只存在于二维坐标中，并且只能沿着水平轴（X轴）和垂直轴（Y轴）运动，它只包含图形元素，像三角形、长方形、正方形、梯形、圆等。所谓3D图形，就是立体几何概念，它在二维平面的基础上为图像添加了另一个维数元素——距离，或者说深度，也形成了立体几何中的"立体"的概念。与3D图形相对应的是锥体、立方体、球等。

所谓深度，也叫作Z坐标，用于表示一个物体在深度轴（即Z轴）上的位置。如果把X坐标、Y坐标看作是左右和上下方向，那么Z坐标所代表的就是前后方向。物体的3D坐标用一个组合（X、Y、Z）表示。如果站在坐标轴的中心，那么正的Z坐标表示物体处在距离中心前面远一些的地方，而负的Z坐标表示物体处在距离中心后面远一些的地方。

当将一个2D图像转变为3D图像时，也就是为它增加了深度，这样它就具有现实空间中的物体的属性了。例如，反射光线、形成阴影以及在三维空间移动等。

4.2 三维空间合成的工作环境

在三维空间中合成对象为我们提供了更广阔的想象空间，同时也产生了更炫更酷的效果。在制作影视片头和广告特效时，三维空间的合成尤其有用。

虽然AE也具有三维空间合成功能，但它只是一个特效合成软件，并不具备建模能力，所有的层都像是一张纸，只是可以改变其位置、角度而已。

要想将一个二维图层转化为三维图层，在AE中进行三维空间的合成，只需将对象的3D属性打开。如图4-1所示，打开3D属性的对象即处于三维空间内。系统在其X、Y轴坐标的基础上，自动为其赋予三维空间中的深度概念——Z轴。在对象的各项变化中自动添加Z轴参数。

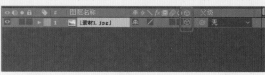

图4-1　将2D图层转换为3D图层

4.3 坐标体系

After Effects CC 2018中提供了三种坐标系工作方式，分别是本地轴模式、世界轴模式和视图轴模式。

● 【本地轴模式】：在该坐标模式下旋转层，层中的各个坐标轴和层一起旋转，如图4-2所示。

图4-2　【本地轴模式】效果

● 【世界轴模式】：在该坐标模式下，在【正面】视图中观看时，X、Y轴总是成直角；在【左侧】视图中观看时，Y、Z轴总是成直角；在【顶部】视图中观看时，X、Z轴总是成直角，如图4-3所示。

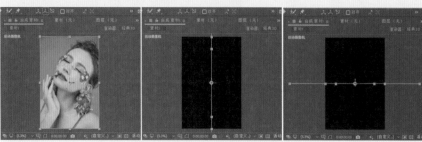

图4-3　【世界轴模式】效果

● 【视图轴模式】▣：在该坐标模式下，坐标的方向保持不变，无论如何旋转层，X、Y轴总是成直角，Z轴总是垂直于屏幕，如图4-4所示。

图4-4 【视图轴模式】效果

4.4 3D层的基本操作

3D图层的操作与2D图层相似，可以改变3D对象的位置、旋转角度，也可以通过调节其坐标参数进行设置。

4.4.1 3D坐标

选择一个3D图层，在【合成】面板中可看到出现了一个立体坐标，如图4-5所示。红色箭头代表X轴（水平），绿色箭头代表Y轴（垂直），蓝色箭头代表Z轴（纵深）。

图4-5 在【合成】面板中显示3D坐标

4.4.2 移动3D层

当一个2D层转换为3D层后，在其原有属性的基础上又会添加一组参数，用来调整Z轴，也就是3D图层深度的变化。

用户可通过在【时间轴】面板中改变图层的【位置】参数来移动图层。也可在【合成】面板中使用【选取工具】▶，直接调整图层的位置。选择一个坐标轴拖动即可

沿该坐标轴的方向进行移动如图4-6所示。

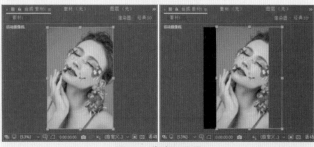

图4-6 移动3D图层

在使用【选择工具】▶改变3D层的位置时，【信息】面板的下方会显示层的坐标信息，如图4-7所示。

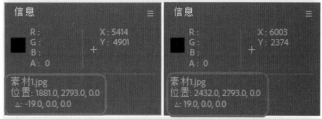

图4-7 【信息】面板中显示的坐标信息

4.4.3 缩放3D层

可以通过在【时间轴】面板中改变图层的【缩放】参数来缩放图层，也可以使用【选择工具】▶在【合成】面板中调整层的控制点来缩放图层，如图4-8所示。

图4-8 调整层的控制点

4.4.4 旋转3D层

用户可以通过在【时间轴】面板中改变图层的【方向】参数或【X轴旋转】、【Y轴旋转】、【Z轴旋转】参数来旋转图层，还可以使用【旋转工具】▣在【合成】面板中直接控制层进行旋转。如果要单独以某一个坐标轴为轴进行旋转，可将光标移至坐标轴上，当光标中含有该坐标轴的名称时，再拖动鼠标即可进行单一方向上的旋转，如图4-9所示为沿X轴旋转3D图层。

当选择一个层时，【合成】面板中该层的四周会出现八个控制点，如果使用【旋转工具】拖曳拐角的控制点，层会沿Z轴旋转；如果拖曳左右中间两个控制点，层会沿Y轴旋转；如果拖曳上下两个控制点，层会沿X轴旋转。

图4-9 沿X轴旋转3D图层

当改变3D层的【X轴旋转】、【Y轴旋转】、【Z轴旋转】参数时，层会沿着每个单独的坐标轴旋转，所调整的旋转数值就是层在该坐标轴上的旋转角度。用户可以在每个坐标轴上添加层旋转并设置关键帧，以此创建层的旋转动画。利用坐标轴的旋转属性创建层的旋转动画要比应用【方向】属性来生成动画具有更多的关键帧控制选项。但是，这样也可能会导致运动结果比预想的要差，这种方法对于创建沿一个单独坐标轴旋转的动画是非常有用的。

4.4.5 【材质选项】属性

当2D图层转换为3D图层后，除了原有属性的变化外，系统又添加了一组新的属性——【材质选项】，如图4-10所示。

【材质选项】属性主要用于控制光线与阴影的关系。当场景中设置灯光后，场景中的层怎样接受照明，又怎样设置阴影，这都需要在【材质选项】属性中进行设置。

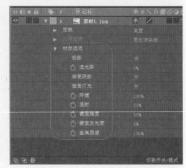

图4-10 【材质选项】属性

- 【投影】：设置当前层是否产生阴影，阴影的方向和角度取决于光源的方向和角度。【关】表示不产生阴影，【开】表示产生阴影，【仅】表示只显示阴影，不显示层，如图4-11所示。

图4-11 投影三种选项效果

提示 要使一个3D层投射阴影，一方面要在该层的【材质选项】属性中设置【接受阴影】选项；另一方面也要在发射光线的灯光层的【灯光选项】属性中设置【投影】选项。

- 【接受阴影】：设置当前层是否接受其他层投射的阴影。
- 【接受灯光】：设置当前层是否受场景中灯光的影响。如图4-12所示，当前层为文字层，左图为【接受灯光】设置为【打开】时的效果，右图为【接受灯光】设置为【关闭】时的效果。

图4-12 设置【接受照明】效果

- 【环境】：设置当前层受环境光影响的程度。
- 【漫射】：设置当前层扩散的程度。当设置为100%时将反射大量的光线，当设置为0时不反射光线。如图4-13左图所示为将文字层中的【漫射】设置为0时的效果，图4-13右图所示为将文字层中的【漫射】设置为100%时的效果。

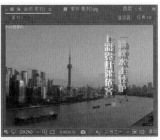

图4-13 设置【漫射】效果

- 【镜面强度】：设置层上镜面反射高光的亮度。其参数范围为0~100%。
- 【镜面反光度】：设置当前层上高光的大小。数值越大，发光越小；数值越小，发光越大。
- 【金属质感】：设置层上镜面高光的颜色。值设置为100%时为层的颜色，值设置为0时为灯光颜色。如图4-14左图所示为将背景图片中的【金属质感】设置为0时的效果，图4-14右图所示为将背景图片中的【金属质感】设置为100%时的效果。

图4-14 设置【金属质感】效果

4.4.6 3D视图

在2D模式下，层与层之间是没有空间感的，系统总是先显示位于前方的层，并且前面的层会遮住后面的层。在【时间轴】面板中，层在堆栈中的位置越靠上，在【合成】面板中它的位置就越靠前，如图4-15所示。

图4-15 2D模式下层的显示顺序

由于After Effects CC 2018中的3D层具有深度属性，因此在不改变【时间轴】面板中层堆栈顺序的情况下，位于后面的层也可以被放置到【合成】面板的前面来显示，

前面的层也可以放到其他层的后面去显示。因此，After Effects的3D层在【时间轴】面板中的层序列并不代表它们在【合成】面板中的显示顺序，系统会以层在3D空间中的前后来显示各层的图像，如图4-16所示。

图4-16 3D模式下层的显示顺序

在3D模式下，用户可以在多种模式下观察【合成】面板中层的排列。大体可以分为两种：正交视图模式和自定义视图模式，如图4-17所示。正交视图模式包括【正面】、【左侧】、【顶部】、【背面】、【右侧】、【底部】六种，用户可以从不同角度来观察3D层在【合成】面板中的位置，但并不能显示层的透视效果。自定义视图模式有三种，它可以显示层与层之间的空间透视效果。在这种视图模式下，用户就好像置身于【合成】面板中的某一高度和角度。用户可以使用摄像机工具来调节所处的高度和角度，以改变观察方位。

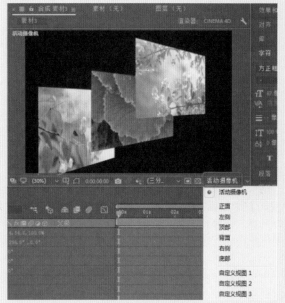

图4-17 3D视图模式

用户可以随时更改3D视图，以便从不同的角度来观察3D层。要切换视图模式，可以执行下面的操作。

- 单击【合成】面板底部的【3D视图弹出式菜单】按

钮 活动摄像机，在弹出的下拉列表中可以选择一种视图模式。

- 在菜单栏中选择【视图】|【切换3D视图】命令，在弹出的子菜单中可以选择一种视图模式。
- 在【合成】面板或【时间轴】面板中右击，在弹出的快捷菜单中选择【切换3D视图】命令，在弹出的子菜单中选择一种视图模式。

如果用户希望在几种经常使用的3D视图模式之间快速切换，可以为其设置快捷键。具体方法如下。

将视图切换到经常使用的视图模式下，如切换到【自定义视图1】模式下，然后在菜单栏中选择【视图】|【将快捷键分配给"自定义视图1"】命令，在弹出的子菜单中有3个命令，可选择其中任意一个，如选择【F11（替换"自定义视图1"）】命令，如图4-18所示。这样便将F11作为【自定义视图2】视图的快捷键。在其他视图模式下，按F11键，即可快速切换到【自定义视图2】视图模式。

图4-18　选择F11键替换自定义视图1

用户可以选择菜单栏中的【视图】|【切换到上一个3D视图】命令或按Esc键快速切换到上次使用的3D视图模式。注意，该操作只能向上返回一次3D视图模式，如果反复执行此操作，【合成】面板会在最近使用的两个3D视图模式之间来回切换。

当用户在不同的3D视图模式间进行切换时，个别层可能在当前视图中无法完全显示。这时，用户可以在菜单栏中选择【视图】|【查看所有图层】命令来显示所有层，如图4-19所示。

在菜单栏中选择【视图】|【查看选定图层】命令，只

显示当前所选择的图层，如图4-20所示。

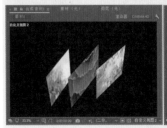
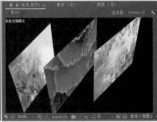

图4-19　查看所有图层

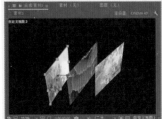
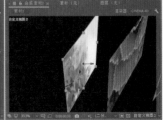

图4-20　查看所选择图层

如果用户觉得在几种视图模式之间切换太麻烦，也可以在【合成】面板中同时打开多个视图，从不同的角度观察图层。单击【合成】面板下方的【选择视图布局】按钮 1个，在弹出的下拉菜单中可选择视图的布局方案，如图4-21所示。例如选择【4个视图-左侧】、【4个视图-顶部】两种视图方案的效果如图4-22所示。

图4-21　视图方案菜单

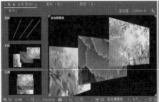
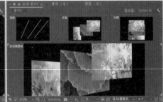

图4-22　两种视图方案效果

实例操作001——旋转的文字

本例将介绍如何利用3D图层制作旋转的文字，其中主要应用了3D图层中的【X轴旋转】属性设置关键帧，使文字旋转，然后为其添加视频特效。具体操作方法如下，完成后的效果如图4-23所示。

图4-23 旋转文字

开其3D图层，如图4-28所示。

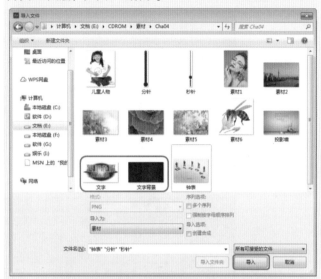

图4-25 选择素材文件

01 启动软件后，按Ctrl+N组合键，弹出【合成设置】对话框，将【合成名称】设置为"旋转文字"，在【基本】选项卡中，将【宽度】和【高度】分别设置为900 px和500 px，将【像素长宽比】设置为【方形像素】，将【帧速率】设置为25帧/秒，将【持续时间】设置为0:00:05:00，将【背景颜色】设置为黑色，单击【确定】按钮，如图4-24所示。

图4-26 查看导入的素材文件

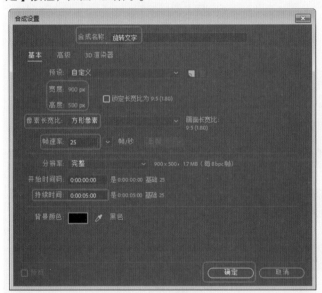

图4-24 【合成设置】对话框

图4-27 添加素材到时间轴

02 切换到【项目】面板，在该面板中双击，弹出【导入文件】对话框。在该对话框中，选择"文字.png"和"文字背景.jpg"文件，然后单击【导入】按钮，如图4-25所示。

03 切换到【项目】面板，查看导入的素材文件，如图4-26所示。

04 在【项目】面板中选择"文字背景.jpg"素材文件并拖至【时间轴】面板中，按Enter键将其名字修改为"文字背景"，如图4-27所示。

05 在【项目】面板中选择"文字.png"素材文件并将其拖至时间轴上，将其放置到"文字背景"图层的上方，将其名字修改为"文字"，然后单击【3D图层】按钮，打

图4-28 设置图层

06 将当前时间设置为0:00:00:00，打开"文字"图层下的【变换】选项组，单击【X轴旋转】前面的【添加关键

帧】按钮，如图4-29所示。

图4-29 添加【X轴旋转】关键帧

07 将当前时间设置为0:00:02:00，打开【文字】图层下的【变换】选项组，将【X轴旋转】设为0x+340°，如图4-30所示。

图4-30 添加关键帧

08 将当前时间设置为0:00:04:00，在时间轴面板中将【X轴旋转】设置为1x+0°，如图4-31所示。

图4-31 添加关键帧

09 拖动时间标尺，在【合成】面板中查看效果，当前时间为0:00:01:19，效果如图4-32所示。

10 在【效果和预设】面板中，选择【动画预设】|Transitions—Movement|卡片擦除—3D像素风暴】命令，确认当前时间为0:00:00:00，将其添加到"文字"图层，在【效果控件】面板中查看添加的特效，如图4-33所示。

11 将当前时间设置为0:00:04:00，在时间轴面板中打开"文字"图层下的【效果】|【卡片擦除】|【过渡完成】的最后一个关键帧，将其移动到时间线上，如图4-34所示。

图4-32 查看效果

图4-33 查看添加的特效

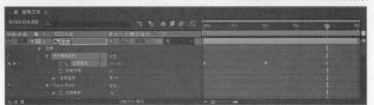

图4-34 移动关键帧

4.5 灯光的应用

在合成制作中，使用灯光可模拟现实世界中的真实效果，并能够渲染影片气氛、突出重点。

4.5.1 创建灯光

在After Effects CC 2018中，灯光是一个层，可以用来照亮其他的图像层。

用户可以在一个场景中创建多个灯光，并且有四种不同的灯光类型可供选择。要创建一个照明用的灯光来模拟现实世界中的光照效果，可以执行下面的操作。

在菜单栏中选择【图层】|【新建】|【灯光】命令，如图4-35所示。弹出【灯光设置】对话框，在该对话框中设置灯光参数后，单击【确定】按钮，即可创建灯光，如图4-36所示。

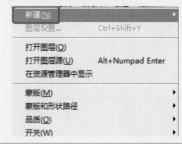

图4-35 选择【灯光】命令

提示 在【合成】面板或【时间轴】面板中右击，在弹出的快捷菜单中选择【新建】|【灯光】命令，也可弹出【灯光设置】对话框。

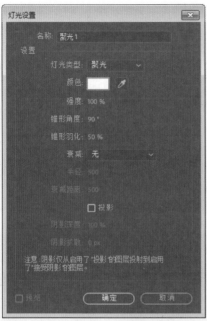

图4-36 【灯光设置】对话框

▶ 4.5.2 灯光类型

After Effects CC 2018中提供了四种类型的灯光，即【平行】、【聚光】、【点】和【环境】，选择不同的灯光类型会产生不同的灯光效果。在【灯光设置】对话框的【灯光类型】下拉列表框中可选择所需的灯光。

- 【平行】：这种类型的灯光可以模拟现实中的平行光效果，如探照灯。它从一个点光源发出一束平行光线，光照范围无限远，可以照亮场景中位于目标位置的每一个物体或画面，并不会因为距离的原因而衰减，如图4-37所示。

图4-37 【平行】效果

- 【聚光】：这种类型的灯光可以模拟现实中的聚光灯效果，如手电筒。它是从一个点光源发出锥形的光线，照射面积受锥角大小的影响，锥角越大照射面积越大，锥角越小照射面积越小。该类型的灯光还受距离的影响，距离越远，亮度越弱，照射面积越大，如图4-38所示。

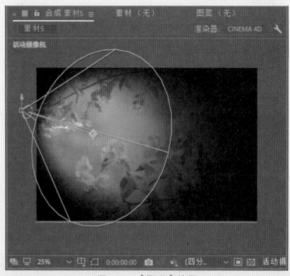

图4-38 【聚光】效果

- 【点】：这种类型的灯光可以模拟现实中的散光灯效果，如照明灯。光线从某个点向四周发射，如图4-39所示。

图4-39 【点】效果

- 【环境】：该光线没有发光点，光线从远处射来照亮整个环境，并且不会产生阴影，如图4-40所示。这种类型的灯光发出的光线颜色可以设置，并且整个环境的颜色也会随着灯光颜色的不同发生改变，与置身于五颜六色的霓虹灯下的效果相似。

图4-40 【环境】效果

4.5.3 灯光的属性

在创建灯光时可以先设置灯光的属性,也可以创建灯光后在【时间轴】面板中进行修改,如图4-41所示。

图4-41 灯光属性

- 【强度】:控制灯光亮度。当【强度】值为0时,场景变黑。当【强度】值为负值时,可以起到吸光的作用。当场景中有其他灯光时,负值的灯光可减弱场景中的光照强度。如图4-42左图所示是两盏灯强度为100的效果,图4-42右图是一盏灯强度为150、一盏灯强度为50的效果。
- 【颜色】:用于设置灯光的颜色。单击右侧的色块,在弹出的【颜色】对话框中设置一种颜色,也可以使用色块右侧的吸管工具在工作界面中拾取一种颜色,从而创建出有色光照射的效果。
- 【锥形角度】:当选择聚光灯类型时才出现该参数,用

于设置灯光的照射范围。角度越大,光照范围越大;角度越小,光照范围越小。如图4-43所示,分别为60.0°(左)和90.0°(右)的效果。

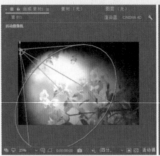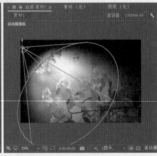

图4-42 【强度】不同的照射效果

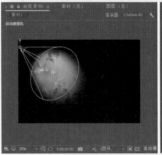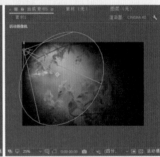

图4-43 【锥形角度】不同的照射效果

- 【锥形羽化】:当选择聚光灯类型时才出现该参数。该参数用于设置聚光灯照明区域边缘的柔和度,默认设置为50%。当设置为0时,照明区域边缘界线比较明显。参数越大,边缘越柔和。如图4-44所示为设置不同【锥形羽化】参数后的效果。
- 【衰减】:用于设置衰减类型。
- 【半径】:用于指定灯光衰减的半径。
- 【衰减距离】:用于指定光衰减的距离。

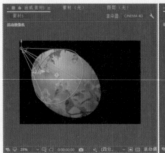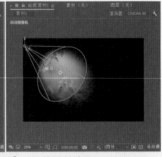

图4-44 【锥化羽化】不同的照射效果

- 【投影】:设置为打开,灯光会在场景中产生投影。
- 【阴影深度】:设置阴影的颜色深度,默认设置为100%。参数越小,阴影的颜色越浅。如图4-45所示为参数分别为100%(左)和40%(右)的效果。
- 【阴影扩散】:设置阴影的漫射扩散大小。值越高,阴

影边缘越柔和。如图4-46所示为参数分别为0.0（左）和40.0（右）的效果。

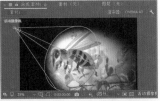

图4-45 【阴影深度】不同的照射效果

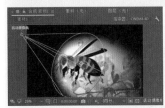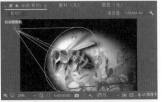

图4-46 【阴影扩散】不同的照射效果

实例操作002——人物投影

本例将讲解投影的制作过程，主要通过为素材文件设置材质，然后通过灯光设置，使其素材呈现投影效果。具体操作方法如下，完成后的效果如图4-47所示。

图4-47 人物投影

01 启动软件后，按Ctrl+N组合键，弹出【合成设置】对话框，将【合成名称】设置为"人物投影"，在【基本】选项卡中，将【宽度】和【高度】分别设置为1024 px和768 px，将【像素长宽比】设置为【方形像素】，将【帧速率】设置为25帧/秒，将【持续时间】设置为0:00:05:00，单击【确定】按钮，如图4-48所示。

02 切换到【项目】面板，在该面板中双击，弹出【导入文件】对话框，在该对话框中选择"儿童人物.png"和"投影墙.jpg"文件，然后单击【导入】按钮，如图4-49所示。

03 在【项目】面板中选择"投影墙.jpg"文件，将其添加到【时间轴】面板上，开启3D图层，在【变换】组中将【缩放】设置为34%，如图4-50所示。

04 切换到【合成】面板，查看调整后的效果，如图4-51所示。

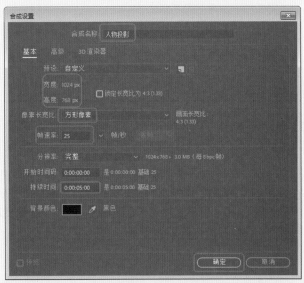

图4-48 合成设置

图4-49 选择素材文件

图4-50 设置【缩放】参数

图4-51　查看素材效果

05　返回到【时间轴】面板，打开"投影墙"图层的【材质选项】，将【接受灯光】设置为【关】，如图4-52所示。

图4-52　设置材质选项

06　在【项目】面板中选择"儿童人物.png"素材文件，将其拖至时间轴上并放置到"投影墙"图层的上方，开启3D图层，如图4-53所示。

图4-54　设置【变换】参数

图4-55　设置材质选项

09　切换到【合成】面板，查看设置的效果，如图4-56所示。

图4-56　查看效果

10　在时间轴面板中右击，在弹出的快捷菜单中选择【新建】|【灯光】命令，如图4-57所示。

07　展开"儿童人物"图层的【变换】选项组，将【位置】设置为277.3，541.3，−244.2，将【缩放】设置为26%，将【X轴旋转】设置为0x+13°，如图4-54所示。

08　切换到【材质选项】组，将【投影】设置为【开】，如图4-55所示。

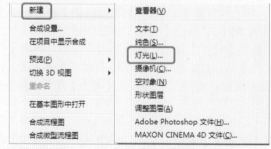

图4-57　选择【灯光】命令

⑪ 弹出【灯光设置】对话框，将【灯光类型】设置为
【聚光】，将【颜色】设置为白色，将【强度】设置
为113%，将【锥形角度】设置为90°，将【锥形羽化】设
置为50%，将【衰减】设置为【无】，选中【投影】复选
框，将【阴影深度】设置为43%，将【阴影扩散】设置为
0 px，单击【确定】按钮，如图4-58所示。

图4-58 【灯光设置】对话框

⑫ 选择创建的"聚光"图层，将【目标点】设置为359.3，
448.4，-396.4，将【位置】设置为502.6，545.2，-900.0，
如图4-59所示。

图4-59 设置灯光的变换选项

⑬ 设置完成后，在【合成】面板中查看效果，如图4-60
所示。

图4-60 查看效果

4.6 摄像机的应用

在After Effects CC 2018中，可以借助摄像机从不同角
度和距离观察3D图层，并可以为摄像机添加关键帧，得
到精彩的动画效果。After Effects CC 2018中的摄像机与现
实中的摄像机相似，用户可以调节它的镜头类型、焦距大
小、景深等。

在After Effects CC 2018中，合成影像中的摄像机在
【时间轴】面板中也是以一个层的形式出现的，在默认状
态下，新建的摄像机层总是排列在层堆栈的最上方。After
Effects CC 2018虽然以【活动摄像机】的视图方式显示合
成影像，但是合成影像中并不包含摄像机，这只不过是
After Effects CC 2018的一种默认的视图方式而已。

每创建一个摄像机，在【合成】面板的右下角3D视图
方式列表中就会添加一个摄像机名称，用户可以随时选择
需要的摄像机视图方式观察合成影像。

创建摄像机的方法是：在菜单栏中选择【图层】|
【新建】|【摄像机】命令，打开【摄像机设置】对话框，
如图4-61所示。在该对话框中设置完成后单击【确定】按
钮，即可创建摄像机。

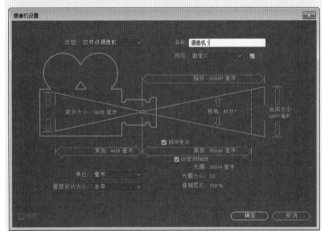

图4-61 【摄像机设置】对话框

提示 在【合成】面板或【时间轴】面板中右击，在弹出的
快捷菜单中选择【新建】|【摄像机】命令，也可弹出【摄
像机设置】对话框。

▶ 4.6.1 参数设置

在新建摄像机时会弹出【摄像机设置】对话框，用户
可以对摄像机的镜头、焦距等进行设置。

【摄像机设置】对话框中的各项参数介绍如下。

- 【名称】：设置摄像机的名称。在After Effects系统默认的情况下，用户在合成影像中创建的第一个摄像机命名为"摄像机1"，以后创建的摄像机依次为"摄像机2""摄像机3""摄像机4"等，数值逐渐增大。

- 【预设】：设置摄像机镜头的类型。After Effects提供了几种常见的摄像机镜头类型，可以模拟现实中不同摄像机镜头的效果。这些摄像机镜头是以它们的焦距大小来表示的，从35毫米的标准镜头到15毫米的广角镜头以及200毫米的鱼眼镜头，用户都可以在这里找到，并且当选择这些镜头时，它们的一些参数都会调到相应的数值。

- 【缩放】：用于设置摄像机位置与视图之间的距离。

- 【胶片大小】：用于模拟真实摄像机中所使用的胶片尺寸，与合成画面的大小相对应。

- 【视角】：视图角度的大小由焦距、胶片尺寸和缩放所决定，也可以自定义设置，使用宽视角或窄视角。

- 【合成大小】：显示合成的高度、宽度或对角线的参数，以【量度胶片大小】中的设置为准。

- 【启用景深】：用于建立真实的摄像机调焦效果。选中该复选框可对景深进行进一步的设置，如焦距、光圈值等。

- 【焦距】：设置摄像机的焦点范围。

- 【焦距】：设置摄像机的焦距。

- 【锁定到缩放】：选中该复选框时，系统将焦点锁定到镜头上。这样，在改变镜头视角时，始终与焦点一起变化，使画面保持相同的聚焦效果。

- 【光圈】：调节镜头快门的大小。镜头快门开得越大，受聚焦影响的像素就越多，模糊范围就越大。

- 【光圈大小】：改变透镜的大小。

- 【模糊层次】：设置景深模糊大小。

- 【单位】：可以选择使用【像素】、【英寸】或【毫米】作为单位。

- 【量度胶片大小】：可将测量标准设置为水平、垂直或对角。

▶ 4.6.2 使用工具控制摄像机

在After Effects CC 2018中创建摄像机后，单击【合成】面板右下角的【3D视图弹出式菜单】按钮 活动摄像机 ，在弹出的下拉菜单中会出现相应的摄像机名称，如图4-62所示。

当以摄像机视图的方式观察当前合成影像时，不能在【合成】面板中对当前摄像机直接进行调整，这时要调整摄像机视图最好的办法就是使用摄像机工具。

图4-62　创建摄像机后的3D视图弹出式菜单

After Effects CC 2018中提供的摄像机工具主要用来旋转、移动和推拉摄像机视图。需要注意的是，利用这些工具调整摄像机视图不会影响摄像机的镜头设置，也无法设置动画，只不过是通过调整摄像机的位置和角度来改变当前视图。

- 【轨道摄像机工具】 ：该工具用于旋转摄像机视图。使用该工具可向任意方向旋转摄像机视图。

- 【跟踪XY摄像机工具】 ：该工具用于水平或垂直移动摄像机视图。

- 【跟踪Z摄像机工具】 ：该工具用于缩放摄像机视图。

4.7　上机练习——旋转的钟表

本例将讲解旋转钟表的制作过程，其中主要应用了【锚点】和【位置】的设置，以及【Z轴旋转】关键帧的添加。具体操作方法如下，完成后的效果如图4-63所示。

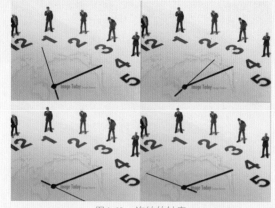

图4-63　旋转的钟表

01 启动软件后，按Ctrl+N组合键，弹出【合成设置】对话框，将【合成名称】设置为"旋转的钟表"，在【基本】选项卡中，将【宽度】和【高度】分别设置为1024 px和768 px，将【像素长宽比】设置为【方形像

素】，将【帧速率】设置为25帧/秒，将【持续时间】设置为0:00:05:00，将【背景颜色】设置为黑色，单击【确定】按钮，如图4-64所示。

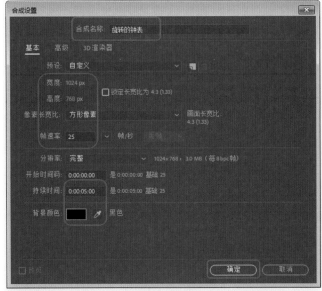

图4-64 合成设置

⓶ 切换到【项目】面板，在该面板中双击，弹出【导入文件】对话框，在该对话框中选择"分针.png""秒针.jpg"和"钟表.png"文件，然后单击【导入】按钮，如图4-65所示。

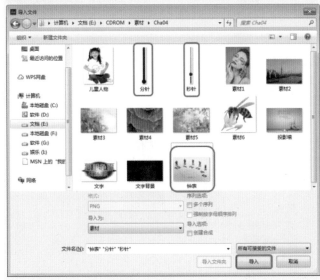

图4-65 选择素材文件

⓷ 在【项目】面板中选择"钟表.png"素材文件，将其添加到时间轴中，如图4-66所示。

⓸ 展开"钟表"图层的【变换】选项组，将【缩放】设置为30%，如图4-67所示。

图4-66 添加素材文件到时间轴

图4-67 设置【缩放】参数

⓹ 在【合成】面板中，查看素材，效果如图4-68所示。

图4-68 查看效果

⓺ 在【项目】面板中选择"分针.png"素材文件，将其添加到时间轴中，开启3D图层，如图4-69所示。

图4-69 将"分针.png"素材文件添加到时间轴

⓻ 在时间轴展开"分针"图层的【变换】选项组，将【锚点】设置为13.5，206.5，1，将【位置】设置为341.1，655，0，将【缩放】设置为100，201，100，将【方向】设置为0，0，67，确认当前时间为0:00:00:00，单击【Z轴旋转】前面的添加关键帧按钮，添加关键帧，如图4-70所示。

⓼ 在【合成】面板中查看设置完成后的效果，如图4-71所示。

⓽ 将当前时间设置为0:00:04:24，将【Z轴旋转】设置为0x+10°，添加关键帧，如图4-72所示。

图4-70　设置变换选项组并添加关键帧

图4-71　查看效果

图4-72　添加关键帧

⑩ 在【合成】面板中查看设置后的效果，如图4-73所示。

图4-73　查看效果

⑪ 在【项目】面板中选择"秒针.png"对象，将其添加到时间轴上，开启3D图层，将名称修改为"秒针"，将【锚点】设置为15.5，238，0，将【位置】设置为342，656，0，将【缩放】都设置为132，确认当前时间为0:00:00:00，单击【Z 轴旋转】前面的添加关键帧按钮，并将其设置为0x-40°，如图4-74所示。

图4-74　设置关键帧

⑫ 将当前时间设置为0:00:04:24，将【Z 轴旋转】设置为2×150°，如图4-75所示。

图4-75　设置关键帧

4.8　思考与练习

1. 在After Effects中提供了哪几种坐标系工作方式？
2. 简述【材质选项】属性的主要作用。
3. 切换3D视w图模式的方法有哪几种？

第5章
关键帧动画与高级
运动控制

本章详细介绍关键帧在视频动画中的创建、编辑和应用，以及与关键帧动画相关的动画控制功能。关键帧部分介绍关键帧的设置，选择、移动和删除。高级动画控制部分介绍曲线编辑器、时间控制、运动草图等。

5.1 关键帧的概念

After Effects通过关键帧创建和控制动画，即在不同的时间点设置不同的对象属性，而时间点间的变化则由计算机来完成。

当对一个图层的某个参数设置一个关键帧时，表示该层的这个参数在当前时间有了一个固定值，而在另一个时间点设置了不同的参数后，在这一段时间中，该参数的值会由前一个关键帧向后一个关键帧变化。After Effects通过计算会自动生成两个关键帧之间参数变化时的过渡画面，当这些画面连续播放时，就形成了视频动画的效果。

在After Effects中，关键帧的创建是在【时间轴】面板中完成的，本质上就是为层的属性设置动画。在可以设置关键帧属性的效果和参数左侧都有一个圆按钮，单击该按钮，圆图标变为圆，这样就打开了关键帧记录，并在当前的时间位置设置了一个关键帧，如图5-1所示。

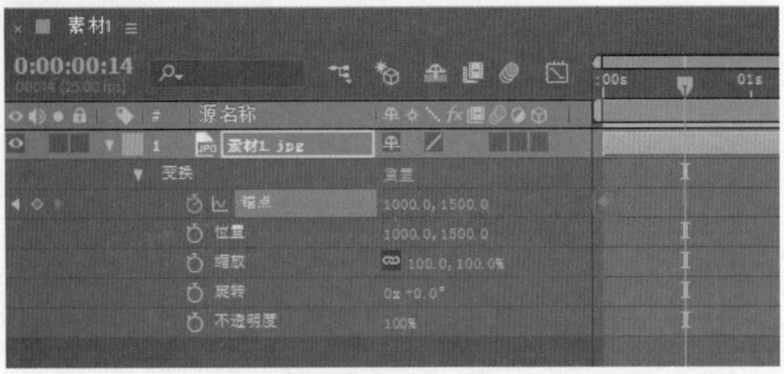

图5-1　打开动画关键帧记录

将时间轴移至一个新的时间位置，对设置关键帧属性的参数进行修改，即可在当前的时间位置自动生成一个关键帧，如图5-2所示。

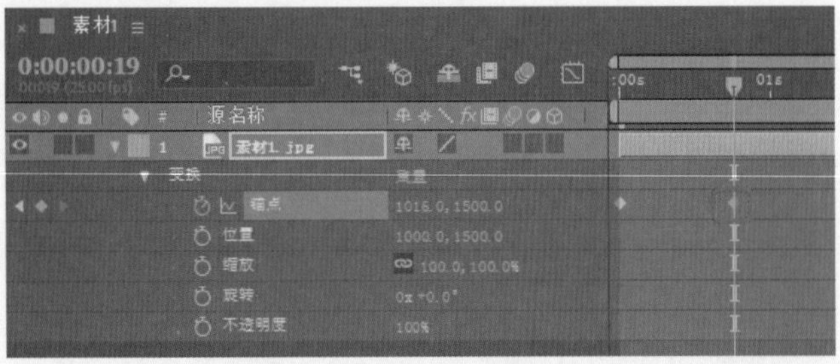

图5-2　添加关键帧

如果在一个新的时间位置，设置一个与前一关键帧参数相同的关键帧，可直接单击【关键帧导航】◀◆▶中的【在当前时间添加或移除关键帧】按钮◆，当◆按钮转换为◆时，即可创建关键帧，如图5-3所示。其中◀表示跳转到上一帧；▶表示跳转到下一帧。当关键帧导航显示为

◀◆▶时，表示当前关键帧左侧有关键帧；当关键帧导航显示为◀◆▶时，表示当前关键帧右侧有关键帧；当关键帧导航显示为◀◆▶时，表示当前关键帧左侧和右侧都有关键帧。

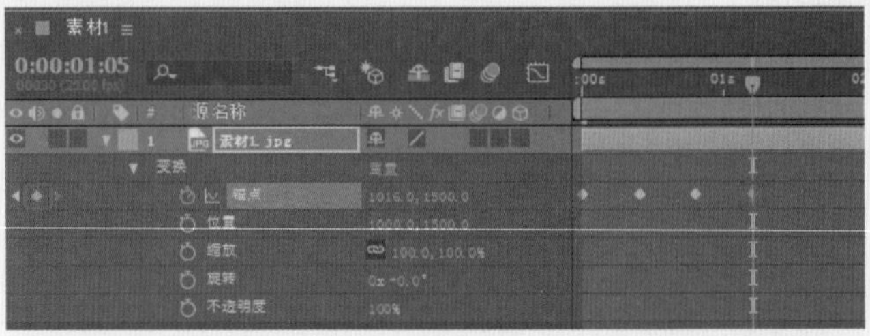

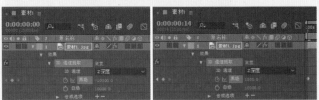

图5-3　添加关键帧

在【效果控件】面板中，也可以为特效设置关键帧。单击参数前的圆按钮，就可打开动画关键帧记录，并添加一处关键帧。只要在不同的时间点改变参数，即可添加一处关键帧。添加的关键帧会在【时间轴】面板中该层的特效的相应位置显示出来，如图5-4所示。

图5-4　在【效果控件】面板中设置关键帧

5.2 关键帧基础操作

在After Effects中，通过对素材位置、比例、旋转、透明度等参数的设置以及在相应的时间点设置关键帧可以制作简单的动画。

5.2.1 锚点设置

单击【时间轴】面板中素材名称左边的小三角，可以打开各属性的参数控制，如图5-5所示。

图5-5　属性参数

【锚点】是通过改变参数的数值来定位素材的中心点，调整旋转、缩放时将以该中心点为中心执行。其参数的设置方法有多种，下面就来具体介绍一下。

● 单击参数值，可以将该参数值激活，如图5-6所示。在激活的输入区域输入所需的数值，然后单击【时间轴】面板的空白区域或按Enter键确认。

图5-6 激活参数值

● 将鼠标指针放置在参数上，当指针变为双向箭头时，按住鼠标左键拖曳，如图5-7所示。向左拖曳减小参数值，向右拖曳增大参数值。

图5-7 调节参数值

● 在属性名称上右击，在弹出的菜单中选择【编辑值】命令，或在数值上右击，从中选择【编辑值】命令，打开相应的参数设置对话框。图5-8所示为位置参数设置对话框，在该对话框中输入所需的数值，选择单位后，单击【确定】按钮进行调整。

图5-8 编辑参数

5.2.2 创建图层位置关键帧动画

创建图层位置关键帧动画的具体操作步骤如下。

01 将"素材1.jpg""素材2.jpg"导入【时间轴】面板中。

02 单击【时间轴】面板中素材名称左边的小三角，打开各属性的参数控制，然后单击【位置】属性前的 按钮，打开关键帧，将时间滑块拖至图层结尾处，将【位置】参数设置为75，216.5，添加关键帧，如图5-9所示。

图5-9 设置【位置】关键帧

03 拖动时间滑块即可观看效果，如图5-10所示。

图5-10 效果图

5.2.3 创建图层缩放关键帧动画

创建图层缩放关键帧动画的具体操作步骤如下。

01 将"素材3.jpg""素材4.jpg"导入【时间轴】面板中。

02 单击【时间轴】面板中素材名称左边的小三角，打开各属性的参数控制，将时间滑块放置在图层开始位置处，然后单击【缩放】属性前的 按钮，打开关键帧，将时间滑块拖至图层结尾处，将【缩放】参数设置为0，添加关键帧，如图5-11所示。

图5-11　设置【缩放】关键帧

03 拖动时间滑块即可观看效果，如图5-12所示。

图5-12　效果图

5.2.4　创建图层旋转关键帧动画

旋转是指以锚点为中心，通过调节参数来旋转素材，改变前面数值的大小，将以圆周为单位来调节角度的变化，前面的参数增加或减少1，表示角度改变360°；改变后面数值的大小，将以度为单位来调节角度的变化，每增加360°，前面的参数值就递增一个数值，如图5-13所示。

图5-13　角度参数调节

创建图层旋转关键帧动画的具体操作步骤如下。

01 将"素材5.jpg""素材6.jpg"导入【时间轴】面板中。

02 单击【时间轴】面板中素材名称左边的小三角，打开各属性的参数控制，将时间滑块放置在图层开始位置处，然后单击【旋转】属性前的 ⏱ 按钮，打开关键帧，将时间滑块拖至图层结尾处，将【旋转】参数设为0x+24.0°，添加关键帧，如图5-14所示。

图5-14　设置【旋转】关键帧

03 拖动时间滑块即可观看效果，如图5-15所示。

图5-15　效果图

5.2.5　创建图层淡入淡出动画

创建图层淡入淡出动画的具体操作步骤如下。

01 将"素材7.jpg""素材8.jpg"导入【时间轴】面板中。

02 单击【时间轴】面板中素材名称左边的小三角，打开各属性的参数控制，将时间滑块放置在图层开始位置处，然后将【不透明度】设置为0，单击【不透明度】属性前的 ⏱ 按钮，打开关键帧，如图5-16所示。

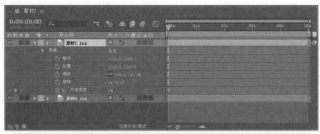

图5-16　设置【不透明度】关键帧

(03) 将时间滑块拖至图层结尾处，然后将【不透明度】参数设置为100%，添加关键帧，如图5-17所示。

图5-17　设置【不透明度】关键帧

(04) 拖动时间滑块即可观看效果，如图5-18所示。

图5-18　效果图

▶ 5.2.6　实战：用关键帧制作不透明度动画

本例将介绍如何利用关键帧制作不透明度动画。首先新建合成，然后在【合成】面板中输入文字，在【时间轴】面板中设置【不透明度】关键帧，完成后的效果如图5-19所示。

(01) 启动软件后，在【项目】面板中双击，弹出【导入】对话框，在该对话框中选择"L1.jpg"素材图片，如图5-20所示。

(02) 单击【导入】按钮，在【项目】面板中右击，在弹出的快捷菜单中选择【新建合成】命令，弹出【合成设置】对话框。在【基本】选项卡中取消选中【锁定长宽比】复选框，将【宽度】、【高度】分别设置为1024 px、768 px，将【帧速率】设置为25帧/秒，单击【确定】按钮，如图5-21所示。

图5-19　不透明度动画

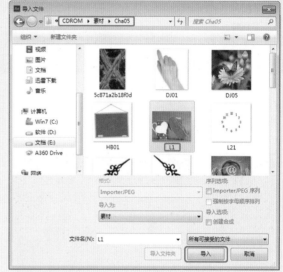

图5-20　【导入文件】对话框

图5-21　【合成设置】对话框

03 在【项目】面板中选择"L1.jpg"素材图片，将其拖至【合成】面板中，在【工具】面板中单击【横排文字工具】按钮，在【合成】面板中单击，输入文字"MISS"。按Ctrl+6组合键打开【字符】面板，将【字体系列】设置为【汉仪太极体简】，将【字体大小】设置为65像素，将【填充颜色】的RGB值设置为193、11、11，如图5-22所示。

图5-22 建立文字图层并对文字进行设置

04 在【时间轴】面板中选择文字图层，将该图层展开，将【位置】设置为178、448，将【旋转】设置为-15，如图5-23所示。

图5-23 设置【位置】及【旋转】参数

05 在【时间轴】面板的空白处右击，在弹出的快捷菜单中选择【新建】|【文本】命令。在【合成】面板中输入文字"YOU"，在【时间轴】面板中将【位置】设置为212、510，将【旋转】设置为-15，在【合成】面板中的效果如图5-24所示。

图5-24 输入文字后的效果

06 在【项目】面板中选择【合成1】，右击，在弹出的快捷菜单中选择【合成设置】命令，在弹出的【合成设置】对话框中将【持续时间】设置为00:00:05:00，如图5-25所示，单击【确定】按钮。

图5-25 【合成设置】对话框

> 提示 当某个特定属性的秒表处于活动状态时，如果更改属性值，After Effects 将在当前时间自动添加或更改该属性的关键帧。

07 选择"MISS"图层，将【不透明度】设置为0，单击其左侧的按钮，添加关键帧。将时间线拖至00:00:01:00，将【不透明度】设置为100，如图5-26所示。

图5-26 设置关键帧

08 选择"YOU"图层，将【不透明度】设置为0，单击其左侧的按钮，添加关键帧。将时间线拖至00:00:02:00，将【不透明度】设置为100，如图5-27所示。

09 至此，使用关键帧制作不透明度动画的操作就完成了。

图5-27 设置关键帧

5.3 编辑关键帧

在制作过程中的任何时间，用户都可以对关键帧进行编辑。可以对关键帧进行修改参数、移动、复制等操作。

5.3.1 选择关键帧

根据选择关键帧的情况不同，可以采用多种方法。

- 在【时间轴】面板中单击要选择的关键帧，关键帧图标变为■状态表示已被选中。
- 如果要选择多个关键帧，按住Shift键单击所要选择的关键帧即可。也可用鼠标拖出一个选框，对关键帧进行框选，如图5-28所示。

图5-28 框选关键帧

- 单击层的一个属性名称，可将该属性的关键帧全部选中，如图5-29所示。

图5-29 选择一个属性的全部关键帧

- 创建关键帧后，在【合成】面板中可以看到一条线段，并且在线上出现控制点，这些控制点就是设置的关键帧，只要单击这些控制点，就可以选择对应的关键帧。

选中的控制点以蓝色的实心方块显示，没选中的控制点则以灰色的方块显示，如图5-30所示为选中关键帧后的效果。

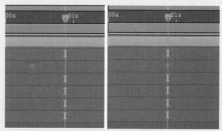

图5-30 选中关键帧后的效果

5.3.2 移动关键帧

- 移动单个关键帧：如果需要移动单个关键帧，可以选中需要移动的关键帧，直接用鼠标拖动其至目标位置即可，如图5-31所示。

图5-31 移动单个关键帧

- 移动多个关键帧：如果需要移动多个关键帧，可以框选或者按住键盘上的Shift键选择需要移动的多个关键帧，然后拖动其至目标位置即可，如图5-32所示。

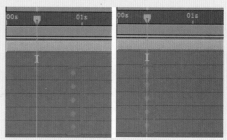

图5-32 移动多个关键帧

为了将关键帧精确地移动到目标位置，通常先移动时间轴的位置，借助时间轴来精确移动关键帧。精确移动时间轴的方法如下。

- 先将时间轴移至大致的位置，然后按快捷键Page Up（向前）或Page Down（向后）逐帧调整。
- 单击【时间轴】面板左上角的【当前时间】框，此时当前时间变为可编辑状态，如图5-33所示。在其中输入精确的时间，然后按回车键确认，即可将时间轴移至指定位置。

图5-33　编辑时间

> **提示**　按快捷键Home或End，可将时间轴快速地移至时间的开始处或结束处。

根据时间轴移动关键帧的方法如下。

- 先将时间轴移至要放置关键帧的位置，然后单击关键帧并按住Shift键进行移动，移至时间轴附近时，关键帧会自动吸附到时间轴上。这样，关键帧就被精确地移至指定的位置。
- 拉长或缩短关键帧：选择多个关键帧后，同时按住鼠标左键和Alt键向外拖动可以拉长关键帧的距离，向内拖动可以缩短关键帧的距离，如图5-34所示。这种操作可以将所选关键帧的距离进行等比例拉长或缩短。

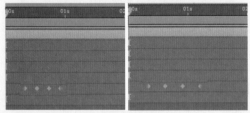

图5-34　拉长和缩短关键帧

5.3.3　复制关键帧

如果要为多个层设置相同的运动效果，可先设置好一个图层的关键帧，然后对关键帧进行复制，将复制的关键帧粘贴给其他层。这样可以节省再次设置关键帧的时间，提高工作效率。

选择一个图层的关键帧，在菜单栏中选择【编辑】|【复制】命令，可对关键帧进行复制。然后选择目标层，在菜单栏中选择【编辑】|【粘贴】命令，粘贴关键帧。在对关键帧进行复制、粘贴时，可使用快捷键Ctrl+C和Ctrl+V来实现。

> **提示**　在粘贴关键帧时，关键帧会粘贴在时间轴的位置。所以，一定要先将时间轴移至正确的位置，然后再执行粘贴操作。

5.3.4　删除关键帧

如果在操作时出现了失误，如添加了多余的关键帧，可以将不需要的关键帧删除，删除的方法有以下三种。

- 按钮删除。将时间调整至需要删除的关键帧位置，可以看到该属性左侧的【在当前时间添加或移除关键帧】按钮■呈蓝色的激活状态，单击该按钮，即可将当前时间位置的关键帧删除，如图5-35所示。删除完成后该按钮呈灰色显示，如图5-36所示。

图5-35　利用按钮删除关键帧

图5-36　删除关键帧后的效果

- 键盘删除。选择不需要的关键帧，按键盘上的Delete键，即可将选择的关键帧删除。
- 菜单删除。选择不需要的关键帧，执行菜单栏中的【编辑】|【清除】命令，即可将选中的关键帧删除。

5.3.5　实战：黑板摇摆动画

本案例将介绍如何制作黑板摇摆动画。首先添加素材图片，然后输入文字，并将文字图层与黑板所在图层进行链接，最后设置黑板所在图层的【旋转】关键帧参数。完成后的效果如图5-37所示。

图5-37　黑板摇摆动画

01 在【项目】面板中右击，在弹出的快捷菜单中选择【新建合成】命令。在弹出的【合成设置】对话框

中，将【合成名称】设置为"黑板摇摆动画"，将【宽度】和【高度】分别设置为1000 px、681 px，将【帧速率】设置为25帧/秒，将【持续时间】设置为0:00:05:00，将【背景颜色】设置为黑色，然后单击【确定】按钮，如图5-38所示。

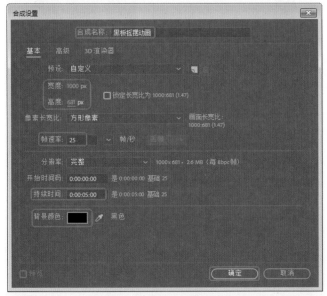

图5-38 【合成设置】对话框

⁰² 将"HB01.png"和"黑板摇摆动画背景.jpg"素材图片添加到【项目】面板中，然后将"黑板摇摆动画背景.jpg"添加到时间轴中，如图5-39所示。

图5-39 添加素材图片

⁰³ 确认当前时间为0:00:00:00，将"HB01.png"素材图片添加到时间轴的顶端，然后将"HB01.png"图层中的【变换】|【缩放】设置为33.0%，【位置】设置为390.0、90.0，单击【位置】、【缩放】左侧的按钮，添加关键帧，如图5-40所示。

⁰⁴ 在工具栏中使用【横排文字工具】，在【合成】面板中输入字母，在【字符】面板中将字体设置为Impact，

将字体大小设置为50像素，将【字体颜色】的RGB值设置为237、255、255，如图5-41所示。

图5-40 设置图层的【缩放】和【位置】参数

图5-41 输入并设置文字

⁰⁵ 在时间轴中，将文字图层的【父级】设置为2.HB01.png，如图5-42所示。

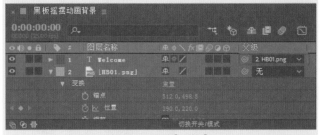

图5-42 设置【父级】

知识链接 父图层和子图层

要通过将某个图层的变换分配给其他图层来同步对图层所做的更改，请使用父级。在一个图层成为另一个图层的父级之后，另一个图层称为子图层。在分配父级时，子图层的变换属性将与父图层有关。例如，如果父图层向其开始位置的右侧移动5个像素，则子图层也会向其位置的右侧移动5个像素。父级类似于分组，对组所做的变换与父级的锚点相关。

父级影响除【不透明度】以外的所有变换属性：【位置】、【缩放】、【旋转】和【方向】（针对3D图层）。

06 确认当前时间为0:00:00:00，在时间轴中，设置"HB01.png"层的【变换】参数，如图5-43所示。

图5-43　设置【变换】参数

07 将当前时间设置为0:00:01:00，将"HB01.png"层的【变换】|【旋转】设置为0x-20.0°，如图5-44所示。

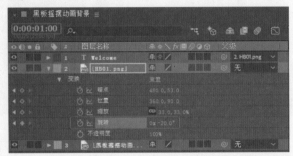

图5-44　设置【旋转】参数

08 将当前时间设置为0:00:02:05，将"HB01.png"层的【变换】|【旋转】设置为0x+20.0°，如图5-45所示。

图5-45　设置【旋转】参数为0x+20.0°

09 将当前时间设置为0:00:03:10，将"HB01.png"层的【变换】|【旋转】设置为0x-20.0°，如图5-46所示。

图5-46　设置【旋转】参数为0x-20.0°

10 将当前时间设置为0:00:04:05，将"HB01.png"层的【变换】|【旋转】设置为0x+5.0°，如图5-47所示。

图5-47　设置【旋转】参数为0x+5.0°

11 按Ctrl+M组合键，在【渲染队列】面板中，单击【输出到】右侧的文字，设置视频输出的位置，然后单击【渲染】按钮，渲染输出视频，如图5-48所示。

图5-48　渲染输出视频

▶ 5.3.6　改变显示方式

关键帧不但可以显示为方形，还可以显示为阿拉伯数字。

在【时间轴】面板的右上角单击 **≡** 按钮，在弹出的菜单中选择【使用关键帧索引】命令，将关键帧以数字的形式显示，如图5-49所示。

> **提示**　使用数字形式显示关键帧时，关键帧会以数字顺序命名，即第一个关键帧为1，依次往后排。当在两个关键帧之间添加一个关键帧后，该关键帧后面的关键帧会重新排序命名。

图5-49　以数字形式显示关键帧

▶ 5.3.7　关键帧插值

After Effects基于曲线进行插值控制。通过调节关键帧的方向手柄，对插值的属性进行调节。在不同时间插值的关键帧在【时间轴】面板中的图标也不同，如图5-50所示：■【线性插值】、■【定格】、■【自动贝塞尔曲线】、■【连续贝塞尔曲线】。

图5-50　不同类型的关键帧

在【合成】面板中可以调节关键帧的控制手柄，来改变运动路径的平滑度，如图5-51所示。

图5-51　调节关键帧的控制手柄

1. 改变插值

在【时间轴】面板中线性插值的关键帧上右击，在弹出的菜单中选择【关键帧插值】命令，打开【关键帧插值】对话框，如图5-52所示。

图5-52　【关键帧插值】对话框

在【临时插值】与【空间插值】的下拉列表框中可选择不同的插值方式。如图5-53所示为不同的关键帧插值方式。

图5-53　不同的关键帧插值方式

- 【当前设置】：保留已应用在所选关键帧上的插值。
- 【线性】：线性插值。
- 【贝塞尔曲线】：贝塞尔插值。
- 【连续贝塞尔曲线】：连续曲线插值。
- 【自动贝塞尔曲线】：自动曲线插值。
- 【定格】：静止插值。

在【漂浮】下拉列表框中可选择关键帧的空间或时间插值方法，如图5-54所示。

图5-54　【漂浮】下拉列表框

- 【当前设置】：保留当前设置。
- 【漂浮穿梭时间】：以当前关键帧的相邻关键帧为基准，通过自动变化它们在时间上的位置，从而平滑当前关键帧变化率。
- 【锁定到时间】：将选定关键帧保持在其当前的时间位置上，除非手动移动所设置的关键帧，否则它们将保持原有位置不变。

> 提示　使用选择工具，按住Ctrl键单击关键帧标记，即可改变当前关键帧的插值。但插值的变化取决于当前关键帧的插值方法。如果关键帧使用线性插值，则变为自动曲线插值；如果关键帧使用曲线、连续曲线或自动曲线插值，则变为线性插值。

2. 插值介绍

1）【线性】插值

【线性】插值是After Effects默认的插值方式，可以使关键帧产生相同的变化率，具有较强的变化节奏，但相对比较机械。

如果一个层上所有的关键帧都是线性插值方式，则从第一个关键帧开始匀速变化到第二个关键帧。到达第二个关键帧后，变化率变为第二至第三个关键帧的变化率，匀速变化到第三个关键帧。关键帧结束，变化停止。在【图表编辑器】中可观察到线性插值关键帧之间的连接线段在插值图中显示为直线，如图5-55所示。

2）【贝塞尔曲线】插值

曲线插值方式的关键帧具有可调节的手柄，可用于改变运动路径的形状，为关键帧提供最精确的插值，具有很好的可控性。

如果层上的所有关键帧都使用曲线插值方式，则关键帧之间会有一个平稳的过渡。【贝塞尔曲线】插值通过保持方向手柄的位置平行于连接前一关键帧和下一关键帧的直线来实现。通过调节手柄，可以改变关键帧的变化率，如图5-56所示。

图5-55　线性插值　　　　图5-56　贝塞尔曲线插值

3）【连续贝塞尔曲线】插值

【连续贝塞尔曲线】插值与【贝塞尔曲线】插值相似，该插值在穿过一个关键帧时，产生一个平稳的变化率。与【贝塞尔曲线】插值不同的是，【连续贝塞尔曲线】插值的方向手柄在调整时只能保持直线，如图5-57所示。

4）【自动贝塞尔曲线】插值

【自动贝塞尔曲线】插值可以通过关键帧创建平滑的变化速率。它可以对关键帧两边的路径进行自动调节。如果以手动方法调节【自动贝塞尔曲线】插值，则关键帧插值变为【连续贝塞尔曲线】插值，如图5-58所示。

图5-57　连续贝塞尔曲线　　　图5-58　自动贝塞尔曲线插值

5）【定格】插值

【定格】插值根据时间来改变关键帧的值，关键帧之间没有任何过渡。使用【定格】插值，第一个关键帧保持其值不变，在到下一个关键帧时，值立即变为下一关键帧的值，如图5-59所示。

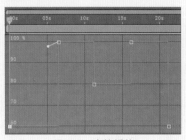

图5-59　定格插值

5.3.8 使用关键帧辅助命令

关键帧辅助命令可以优化关键帧，对关键帧动画的过渡进行控制，以减缓关键帧进入或离开的速度，使动画更加平滑、自然。

1. 柔缓曲线

【缓动】命令可以设置关键帧进入和离开时的平滑速度，可以使关键帧缓入缓出，下面介绍如何进行设置。选择需要柔化的关键帧，如图5-60所示，执行菜单栏中的【关键帧辅助】|【缓动】命令，如图5-61所示。

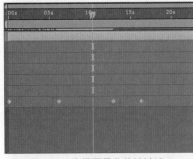

图5-60 选择要柔化的关键帧

图5-61 选择【缓动】命令

设置完成后的效果如图5-62所示。此时单击【图表编辑器】按钮，可以看到关键帧发生了变化，如图5-63所示。

图5-62 缓动效果

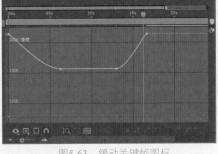

图5-63 缓动关键帧图标

2. 柔缓曲线入点

【缓入】命令只影响关键帧进入时的流畅速度，可以使进入的关键帧的速度放缓，下面介绍如何进行设置。选择需要柔化的关键帧，如图5-64所示，执行菜单栏中的【关键帧辅助】|【缓入】命令，如图5-65所示。

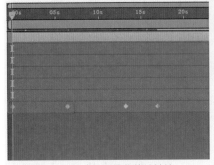

图5-64 选择要柔化的关键帧

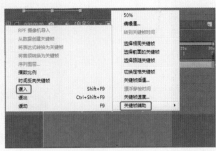

图5-65 选择【缓入】命令

设置完成后的效果如图5-66所示。此时单击【图表编辑器】按钮，可以看到关键帧发生了变化，如图5-67所示。

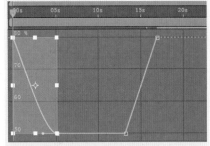

图5-66 缓入效果

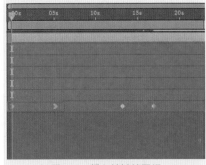

图5-67 缓入关键帧图标

3. 柔缓曲线出点

【缓出】命令只影响关键帧离开时的流畅速度，可以使离开关键帧的速度放缓，下面介绍如何进行设置。选择需要柔化的关键帧，如图5-68所示，执行菜单栏中的【关键帧辅助】|【缓出】命令，如图5-69所示。

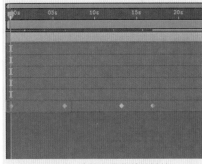

图5-68 选择要柔化的关键帧

设置完成后的效果如图5-70所示。此时单击【图表编辑器】按钮，可以看到关键帧发生了变化，如图5-71所示。

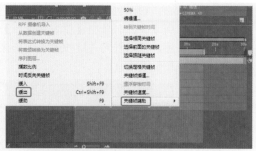

图5-69　选择【缓出】命令

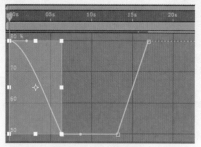

图5-70　缓出效果

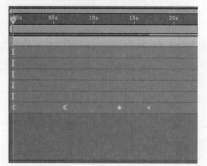

图5-71　缓出关键帧图标

实例操作001——时钟旋转动画

本案例将介绍如何制作时钟旋转动画。首先添加素材图片，然后分别设置各个图层上的【变换】参数，并为图层设置【旋转】关键帧。完成后的效果如图5-72所示。

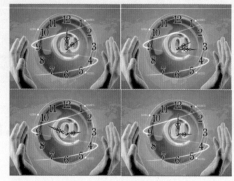

图5-72　时钟旋转动画

01　在【项目】面板中右击，在弹出的快捷菜单中选择【新建合成】命令。在弹出的【合成设置】对话框中，将【合成名称】设置为"时钟旋转动画"，将【宽度】和【高度】分别设置为920 px、680 px，将【帧速率】设置为25帧/秒，将【持续时间】设置为0:00:05:00，然后单击【确定】按钮，如图5-73所示。

图5-73　【合成设置】对话框

02　在【项目】面板中双击，在弹出的【导入文件】对话框中选择"L21.png""L25.png""L23.png"和"S01.jpg"素材图片，然后单击【导入】按钮，将素材图片导入【项目】面板中，如图5-74所示。

图5-74　导入素材图片

03　将【项目】面板中的"S01.jpg"素材图片添加到时间轴中，并将"S01.jpg"层的【变换】|【缩放】设置为90.0%，如图5-75所示。

图5-75 设置【缩放】参数

04 将【项目】面板中的"L21.png"素材图片添加到时间轴的顶端，并将"L21.png"层的【变换】|【缩放】设置为150.0%，如图5-76所示。

图5-76 设置【缩放】参数

05 确认当前时间为0:00:00:00，将【项目】面板中的"L25.png"素材图片添加到时间轴的顶端，并设置"L25.png"层的【变换】参数，如图5-77所示。

06 将当前时间设置为0:00:04:24，将"L25.png"层中的【变换】|【旋转】设置为1x+52.0°，如图5-78所示。

图5-77 设置【变换】参数

图5-78 设置【旋转】参数

07 将当前时间设置为0:00:00:00，将【项目】面板中的"L23.png"素材图片添加到时间轴的顶端，并设置"L23.png"层的【变换】参数，如图5-79所示。

08 将当前时间设置为0:00:04:24，将"L23.png"层的【变换】|【旋转】设置为0x+35.0°，如图5-80所示。

图5-79 设置【变换】参数

图5-80 设置【旋转】参数

09 将合成添加到【渲染队列】中并输出视频，然后将场景文件保存。

实例操作002——点击图片动画

本案例将介绍如何制作点击图片动画。首先添加素材图片，然后设置各个图层上的【位置】、【缩放】和【不透明度】关键帧动画，效果如图5-81所示。

图5-81 点击图片动画

在【项目】面板中右击，在弹出的快捷菜单中选择
【新建合成】命令。在弹出的【合成设置】对话框
中，将【合成名称】设置为"点击图片动画"，将【宽
度】和【高度】分别设置为1024 px、640 px，将【像素长宽
比】设置为【方形像素】，将【帧速率】设置为25帧/秒，
将【持续时间】设置为0:00:05:00，然后单击【确定】按
钮，如图5-82所示。

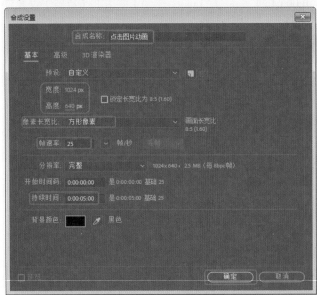

图5-82 【合成设置】对话框

在【项目】面板中双击，在弹出的【导入文件】对
话框中，选择"点击动画背景.jpg""DJ01.png"和
"DJ05.jpg"素材图片，然后单击【导入】按钮，将素材
图片导入【项目】面板中。将"点击动画背景.jpg"素材
图片添加到时间轴中，如图5-83所示。

将【项目】面板中的"DJ05.jpg"素材图片添加到时
间轴的顶层。将当前时间设置为0:00:01:15，在时间轴
中，将"DJ05.jpg"层的【变换】|【位置】设置为316.0、

319.0，将【缩放】设置为0，单击【缩放】左侧的按钮，
如图5-84所示。

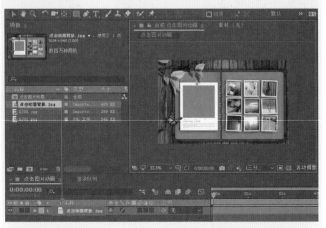

图5-83 添加素材图层

图5-84 设置【变换】参数

将当前时间设置为0:00:02:20，将"DJ05.jpg"层的
【变换】|【缩放】设置为32.0%，如图5-85所示。

将当前时间设置为0:00:00:20，将【项目】面板中
的"DJ01.png"素材图片添加到时间轴的顶层。将
"DJ01.png"层的【变换】|【位置】设置为535.0、
590.0，将【缩放】设置为75.0%，然后单击【缩放】、
【位置】、【不透明度】左侧的 图标，添加关键帧，如
图5-86所示。

图5-85 设置【缩放】参数

图5-86 设置【变换】参数

片动画",并单击【保存】按钮,如图5-89所示。最后将合成添加到【渲染队列】中进行渲染输出。

图5-87 设置【不透明度】参数

图5-88 设置【变换】参数

06 将当前时间设置为0:00:00:00,将"DJ01.png"层的【变换】|【不透明度】设置为0%,如图5-87所示。

07 将当前时间设置为0:00:01:15,将"DJ01.png"层的【变换】|【位置】设置为530.0、580.0,将【缩放】设置为52.0%,如图5-88所示。

08 在菜单栏中选择【文件】|【保存】命令,选择文件的保存位置,然后将其命名为"实例操作002——点击图

图5-89　保存文件

▶ 5.3.9　速度控制

在【图表编辑器】中可以观察层的运动速度，并能够对其进行调整。观察【图表编辑器】中的曲线，线的位置高表示速度快，位置低表示速度慢，如图5-90所示。

在【合成】面板中，可通过观察运动路径上点的间隔了解速度的变化。路径上两个关键帧之间的点越密集，表示速度越慢；点越稀疏，表示速度越快。

调整速度的方法如下。

1. 调节关键帧的间距

调节两个关键帧之间的空间距离或时间距离可以改变动画速度。在【合成】面板中调整两个关键帧间的距离，距离越大，速度越快；距离越小，速度越慢。在【时间轴】面板中调整两个关键帧间的距离，距离越大，速度越慢；距离越小，速度越快。

2. 控制手柄

在【图表编辑器】中可以调节关键帧控制点上的缓冲手柄，产生加速、减速等效果，如图5-91所示。

图5-90　观察速度

图5-91　控制手柄

拖动关键帧控制点上的缓冲手柄，即可调节关键帧的速度。向上调节增大速度，向下调节减小速度。在左右方

向调节手柄，可以扩大或减小缓冲手柄对相邻关键帧产生的影响，如图5-92所示。

图5-92　调整控制手柄

3. 指定参数

在【时间轴】面板中，在要调整速度的关键帧上右击，在弹出的快捷菜单中选择【关键帧速度】命令，打开【关键帧速度】对话框，如图5-93所示。可在该对话框中可设置关键帧速率，设置该对话框中的某个项目参数时，【时间轴】面板中关键帧的图标也会发生变化。

图5-93　【关键帧速度】对话框

▶ 5.3.10　时间控制

选择要进行调整的层，右击，在弹出的快捷菜单中选择【时间】命令，在其子菜单中包含用于当前层的5种时间控制命令，如图5-94所示。

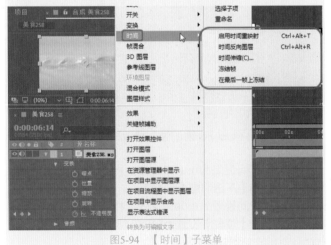

图5-94　【时间】子菜单

1. 时间反向图层

应用【时间反向图层】命令，可对当前层实现反转，

即影片倒播。在【时间轴】面板中，设置反转后的层有斜线显示，如图5-95所示。

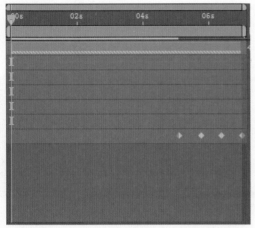

图5-95 时间反向

2. 时间伸缩

选择【时间伸缩】命令，可打开【时间伸缩】对话框，如图5-96所示，该对话框中显示了当前动画的播放时间和拉伸因数。

图5-96 【时间伸缩】对话框

【拉伸因数】可按百分比设置层的持续时间。当参数大于100%时，层的持续时间变长，速度变慢；参数小于100%时，层的持续时间变短，速度变快。

设置【新持续时间】参数，可为当前层设置一个精确的持续时间。

3. 时间重映射

在After Effects CC 2018中可以使用时间重映射延长、压缩、回放或冻结图层持续时间的某个部分。时间重映射对于慢动作、快动作和反向运动很有用。

当将时间重映射应用于包含音频和视频的图层时，音频与视频仍然保持同步。除了可以对视频应用时间重映射外，还可以对音频文件应用时间重映射，使音频产生逐渐降低或增加音高、回放音频等。在After Effects CC 2018中

无法对静止图像图层进行时间重映射。

4. 冻结帧

在After Effects CC 2018中可以使用【冻结帧】对视频的某一画面进行定格，如果要冻结某个帧，首先要将时间线拖曳至想要冻结帧的位置，然后选中要冻结帧的图层，右击，在弹出的快捷菜单中选择【时间】|【冻结帧】命令，执行该命令后，即可将当前时间线所在的帧进行冻结。

5. 在最后一帧上冻结

通过使用【在最后一帧上冻结】命令，可以冻结至图层的最后一帧，直到合成末尾。

5.3.11 动态草图

在菜单栏中选择【窗口】|【动态草图】命令，打开【动态草图】面板，如图5-97所示，该面板中的参数介绍如下。

图5-97 【动态草图】面板

- 【捕捉速度为】：指定一个百分比，确定记录的运动速度与绘制路径的速度在回放时的关系。当参数大于100%时，回放速度快于绘制速度；小于100%时，回放速度慢于绘制速度；等于100%时，回放速度与绘制速度相同。
- 【平滑】：设置该参数，可以将运动路径进行平滑处理，数值越大路径越平滑。
- 【线框】：绘制运动路径时，显示层的边框。
- 【背景】：绘制运动路径时，显示【合成】面板中的内容。该选项只显示合成图像面板中开始绘制时的第一帧。
- 【开始】：绘制运动路径的开始时间，即【时间轴】面板中工作区域的开始时间。
- 【持续时间】：绘制运动路径的持续时间，即【时间轴】面板中工作区域的总时间。
- 【开始捕捉】：单击该按钮，在【合成】面板中拖动层，绘制运动路径。如图5-98所示，松开鼠标后，结束路径绘制，如图5-99所示。运动路径只能在工作区内绘制，当超出工作区时，系统自动结束路径的绘制。

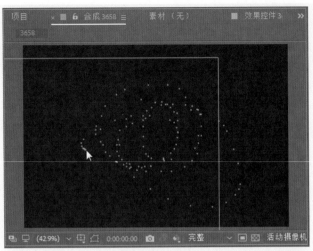

图5-98 绘制路径

图5-99 完成后的效果

5.3.12 平滑运动

在菜单栏中选择【窗口】|【平滑器】命令，打开【平滑器】面板，如图5-100所示。选择需要调节的层的关键帧，设置【容差】后，单击【应用】按钮，完成操作。

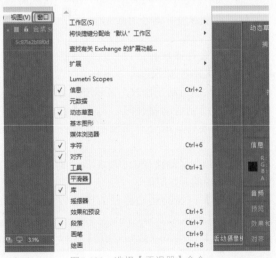

图5-100 选择【平滑器】命令

该操作可适当减少运动路径上的关键帧，使路径平滑，如图5-101所示。

- 【应用到】：控制平滑器应用到何种曲线。系统根据选择的关键帧属性自动选择曲线类型。
- 【时间图表】：用于控制关键帧的时间变化。
- 【空间路径】：用于修改关键帧的运动路径。
- 【容差】：容差越高，产生的曲线越平滑，但过高的值会导致曲线变形。

图5-101 平滑路径效果对比

5.3.13 增加动画随机性

在菜单栏中选择【窗口】|【摇摆器】命令，打开【摇摆器】面板，如图5-102所示。

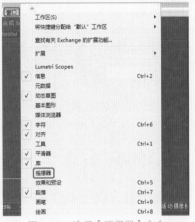

图5-102 选择【摇摆器】命令

通过在该面板中的设置，可以使依时间变化的属性增加随机性。该功能根据关键帧属性及指定的选项，通过为属性增加关键帧或在已有的关键帧中进行随机插值，使原来的属性值产生一定的偏差，使图像产生更为自然的运动效果，如图5-103所示。

图5-103 摇摆效果对比

- 【应用到】：设置摇摆变化的曲线类型。选择【空间路径】选项增加运动变化，选择【时间图表】选项增加速度变化。如果关键帧属性不属于空间变化，则只能选择【时间图表】选项。

- 【杂色类型】：变化类型。可选择【平滑】选项产生平缓的变化或选择【成锯齿状】选项产生强烈的变化。

- 【维数】：设置要影响的属性单元。【维数】对选择的属性单一进行变化。例如，选择在X轴对缩放属性随机化或在Y轴对缩放属性随机化；【所有相同】选项在所有单元上进行变化；【全部独立】选项对所有单元增加相同的变化。

- 【频率】：设置目标关键帧的频率，即每秒增加多少变化帧。低值产生较小的变化，高值产生较大的变化。

- 【数量级】：设置变化的最大尺寸，与应用变化的关键帧属性单位相同。

 上机练习——科技信息展示

　　本例主要应用了【位置】和【缩放】关键帧的设置，并为文字图层主要应用了软件自身携带的动画预设，具体操作方法如下，效果如图5-104所示。

图5-104　科技信息展示

01 启动软件后，按Ctrl+N组合键，弹出【合成设置】对话框，将【合成名称】设置为"科技信息展示"，在【基本】选项卡中，将【宽度】和【高度】分别设置为1024 px和768 px，将【像素长宽比】设置为【方形像素】，将【帧速率】设置为25帧/秒，将【持续时间】设置为0:00:15:00，单击【确定】按钮，如图5-105所示。

02 切换到【项目】面板，在该面板中双击，弹出【导入文件】对话框，在该对话框中选择"科技展示背景.jpg""展示01.png""展示02.png""展示03.png"文件，然后单击【导入】按钮，如图5-106所示。

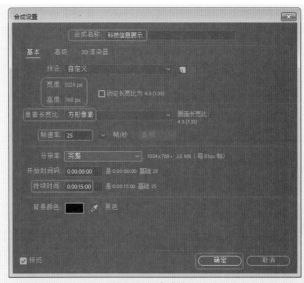

图5-105　合成设置

图5-106　选择素材文件

03 在【项目】面板中选择"科技展示背景.jpg"文件，将其拖至【时间轴】面板中，按Enter键修改名称为"科技展示背景"，并将其【缩放】设置为34%，如图5-107所示。

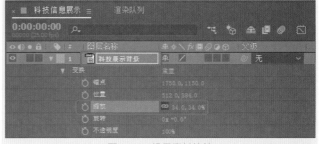

图5-107　设置素材缩放

04 在【项目】面板中将"展示02.png"素材文件拖至【时间轴】面板中，将其名称修改为"展示02"，并将【缩放】设置为35%，如图5-108所示。

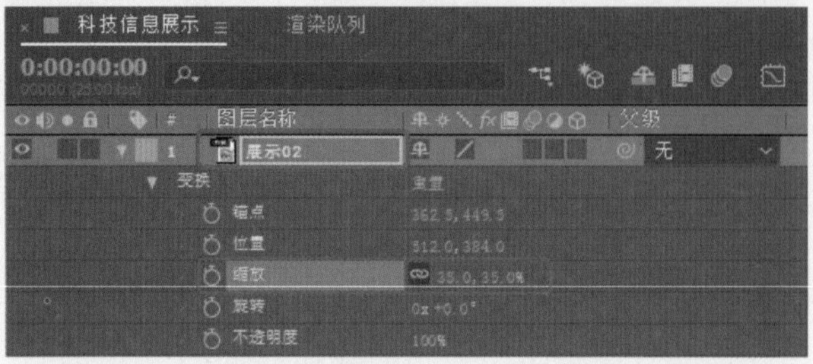

图5-108　设置素材缩放

05 在【时间轴】面板中单击面板底部的 按钮，此时可以对素材的【入】、【出】【持续时间】和【伸缩】进行设置，将【入】设置为0:00:00:00，将【持续时间】设置为0:00:03:00，如图5-109所示。

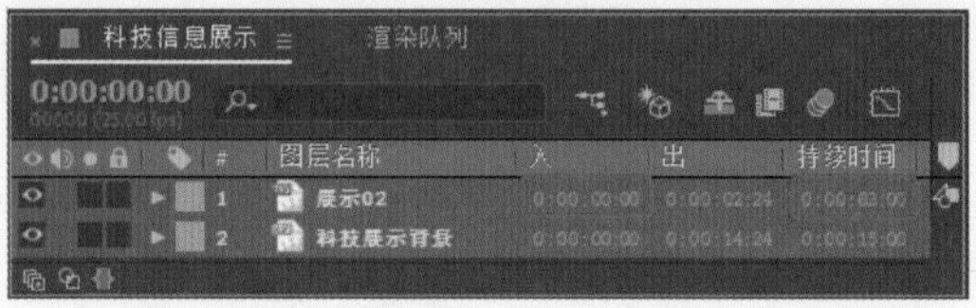

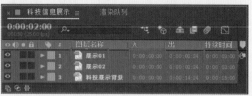

图5-109　设置素材的出入时间

提示　在设置【入】时间时，也可以首先设置当前时间，如将当前时间设置为0:00:11:00，此时按住Alt键单击【入】下面的时间数值，素材图层的起始位置将位于0:00:11:00处。

06 将当前时间设置为0:00:01:00，在【时间轴】面板中展开"展示02"图层的【变换】选项组，单击【位置】左侧的【时间变化秒表】按钮 ，添加关键帧，并将【位置】设置为833，384，如图5-110所示。

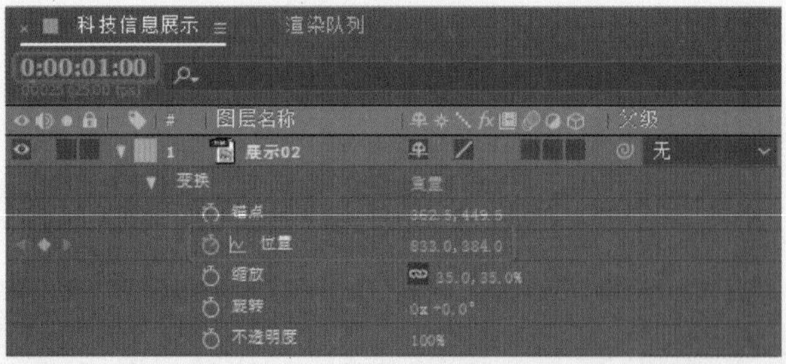

图5-110　添加【位置】关键帧

07 将当前时间设置为0:00:02:00，并将【位置】设置为202，384，如图5-111所示。

08 在【项目】面板中选择"展示01.png"素材文件拖至【时间轴】面板中，将其放置到"展示02"图层的上方，修改名字为"展示01"，将【入】设置为0:00:00:00，将【持续时间】设置为0:00:03:00，如图5-112所示。

图5-111　设置【位置】关键帧

图5-112　设置素材的入点与持续时间

09 将当前时间设置为0:00:01:00，展开"展示01"图层的【变换】选项组，分别单击【缩放】和【位置】左侧的【时间变化秒表】按钮 ，并将【位置】设置为202，384，将【缩放】设置为35%，如图5-113所示。

图5-113　设置关键帧

10 将当前时间设置为0:00:02:00，在【时间轴】面板中展开"展示01"图层的【变换】选项组，并将【位置】设置为512，384，将【缩放】设置为40%，如图5-114所示。

图5-114　设置关键帧

11 在【项目】面板中选择"展示03.png"素材文件拖至【时间轴】面板，将其放置在"展示01"图层的上方，修改名称为"展示03"，将【入】设置为0:00:00:00，将【持续时间】设置为0:00:03:00，如图5-115所示。

图5-115　设置素材的入点与持续时间

⑫ 将当前时间设置为0:00:01:00，在【时间轴】面板中展开"展示03"图层的【变换】选项组，单击【位置】和【缩放】左侧的【时间变化秒表】按钮◎，添加关键帧，并将【位置】设置为512，384，将【缩放】设置为40%，如图5-116所示。

⑬ 将当前时间设置为0:00:02:00，在时间轴面板中展开"展示03"图层的【变换】选项组，并将【位置】设置为833，384，将【缩放】设置为35%，如图5-117所示。

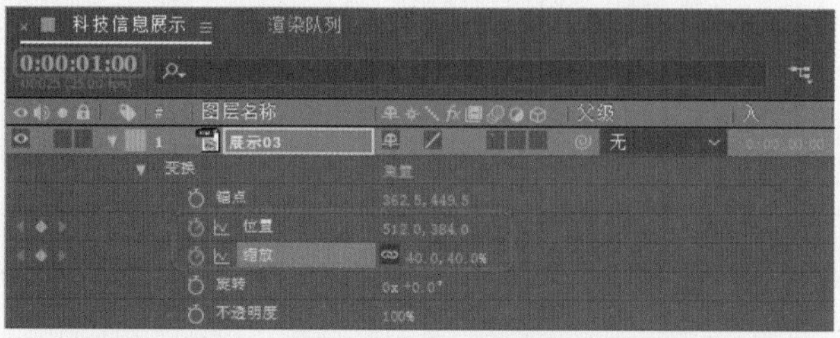

图5-116　设置关键帧

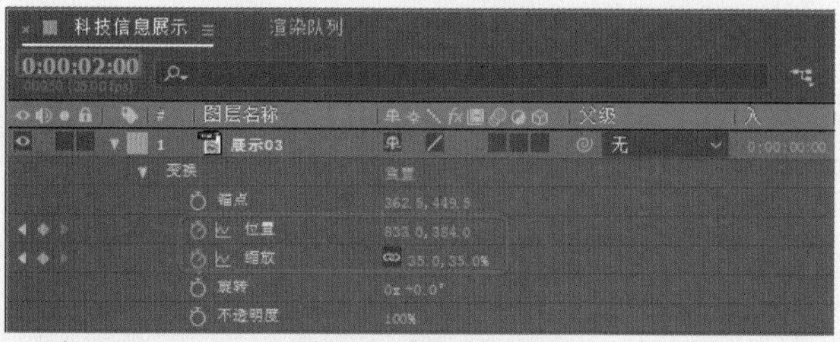

图5-117　设置关键帧

⑭ 在【合成】面板中查看效果。当时间处于1秒位置时，效果如图5-118所示；时间处于2秒位置时，效果如图5-119所示。

图5-118　1秒位置时的效果 　　　图5-119　2秒位置时的效果

⑮ 在【时间轴】面板中依次对"展示03""展示02""展示01"图层进行复制，分别复制出"展示04""展示05"和"展示06"，并将它们排列在图层的最上方，选择上一步创建的三个图层，分别将其【入】设置为0:00:03:00，如图5-120所示。

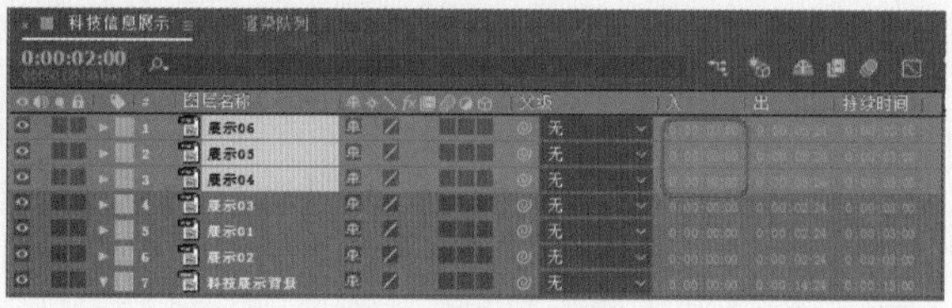

图5-120　复制图层

提示　在复制图层时，用户可以选择该图层，然后按Ctrl+D组合键进行复制，也可以按Ctrl+C组合键进行复制，按Ctrl+V组合键进行粘贴。在菜单栏中选择【编辑】|【复制】命令，然后在菜单栏中选择【编辑】|【粘贴】命令，也可以对图层进行复制粘贴。

⑯ 将当前时间设置为0:00:04:00，展开"展示04"图层的【变换】选项组，单击【缩放】左侧的【时间变化秒表】按钮◎，将缩放关键帧删除。并将【缩放】修改为35%，将【位置】设置为833，384，如图5-121所示。

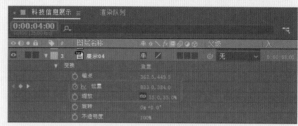

图5-121　设置关键帧

⑰ 将当前时间设置为0:00:05:00，在【时间轴】面板中展开"展示04"图层的【变换】选项组，将【位置】设置为202，384，如图5-122所示。

图5-122　设置【位置】参数

⑱ 将当前时间设置为0:00:04:00，在【时间轴】面板中展开"展示05"图层的【变换】选项组，将【位置】设置为202，384，并单击【缩放】左侧的【时间变化秒表】按钮◎，将【缩放】设置为35%，如图5-123所示。

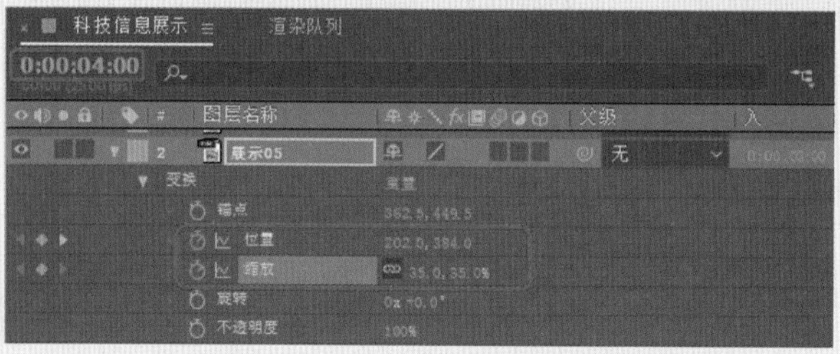

图5-123　设置关键帧

⑲ 将当前时间设置为0:00:05:00，将【位置】设置为512，384，将【缩放】设置为40%，如图5-124所示。

⑳ 将当前时间设置为0:00:04:00，在【时间轴】面板中展开"展示06"图层的【变换】选项组，将为【位置】设置为512，384，将【缩放】设置为40%，如图5-125所示。

图5-124　设置关键帧

图5-129　复制图层

图5-130　设置关键帧

将当前时间设置为0:00:08:00，在【时间轴】面板中将"展示07"图层的【位置】设置为202，384，如图5-131所示。

图5-125　设置关键帧

25 将当前时间设置为0:00:05:00，将【展示06】图层的【位置】设置为833，384，将【缩放】设置为35%，如图5-126所示。

图5-131　设置关键帧

21 将当前时间设置为0:00:05:00，将【展示06】图层的【位置】设置为833，384，将【缩放】设置为35%，如图5-126所示。

26 将当前时间设置为0:00:07:00，在【时间轴】面板中展开"展示08"图层的【变换】选项组，单击【缩放】左侧的【时间变化秒表】按钮，添加【缩放】关键帧，将【缩放】设置为40%，并将【位置】设置为512，384，如图5-132所示。

图5-126　设置关键帧

22 在【合成】面板中查看效果，在4、5秒时的效果分别如图5-127和图5-128所示。

图5-127　4秒时的效果　　　图5-128　5秒时的效果

图5-132　设置关键帧

23 按顺序对"展示01""展示02""展示03"图层进行复制，并将复制的图层按顺序放置在图层的最上方，并将它们的【入】设置为0:00:06:00，如图5-129所示。

24 将当前时间设置为0:00:07:00，在【时间轴】面板中展开"展示07"图层的【变换】选项组，单击【缩放】前面的添加关键帧按钮，将【缩放】关键帧删除，确认【缩放】值为35%，并将【位置】设置为833，384，如图5-130所示。

27 将当前时间设置为0:00:08:00，在【时间轴】面板中将"展示08"图层的【位置】设置为833，384，将【缩放】设置为35%，如图5-133所示。

28 将当前时间设置为0:00:07:00，在【时间轴】面板中展开"展示09"图层的【变换】选项组，将【位置】设置为202，384，将【缩放】设置为35%，如图5-134所示。

图5-133　设置关键帧

图5-134　设置关键帧

㉙ 将当前时间设置为0:00:08:00，在【时间轴】面板中将"展示09"图层的【位置】设置为512，384，将【缩放】设置为40%，如图5-135所示。

图5-135　设置关键帧

㉚ 在工具栏中选择【横排文字工具】，在【合成】面板中单击，输入"众诚科技"，在【字符】面板中，将【字体】设置为【汉仪中楷简】，将【字体大小】设置为138像素，将【字符间距】设置为300，将【字体颜色】的RGB值设置为1、69、126，并适当调整字符的位置，如图5-136所示。

图5-136　输入文字

㉛ 继续使用【横排文字工具】输入文字"ZhongCheng Technology"，在【字符】面板中，将【字体】设置为

【汉仪中楷简】，将【字体大小】设置为66像素，将【字符间距】设置为0，将【字体颜色】的RGB值设置为1、69、126，并适当调整字符的位置，如图5-137所示。

图5-137　输入"ZhongCheng Technology"

㉜ 在【时间轴】面板中选择上一步创建的两个文字图层，将【入】设置为0:00:09:00，如图5-138所示。

图5-138　设置入的时间

㉝ 将当前时间设置为0:00:09:00，在【效果和预设】面板中选择【动画预设】|Text|Animate In|【平滑移入】特效，分别将其添加到两个文字图层上，将当前时间设置为0:00:09:12，在【合成】面板中查看效果，如图5-139所示。

图5-139　查看添加的效果

 思考与练习

1. 关键帧助理有何作用？
2. 如何复制关键帧？
3. 简述摇摆器的功能。

第6章
文字与表达式

文字在视频中有着重要的作用，文字不仅起着说明、介绍的作用，而且通过添加绚丽的文字动画还能丰富视频画面，还吸引人们的眼球。本章主要讲解After Effects CC 2018中文字的创建及使用。另外，在后期制作过程中经常会出现大量的重复性操作，此时便可以通过使用表达式使复杂的操作简单化。

6.1 文字的创建与设置

After Effects 2018提供了较完整的文字功能，基本上可以为文字进行较为专业的处理。通过After Effects 2018提供的【横排文字工具】▣和【竖排文字工具】▣可以直接在【合成】面板中输入文字，并通过【文字】、【段落】面板对文字的大小、字体、颜色等属性进行更改。

▶ 6.1.1 创建文字

在After Effects CC 2018中，用户可以通过文本工具创建点文本和段落文本。所谓点文本，就是每一行文字都是独立的，在对文本进行编辑时，文本行的长度会随时发生变化，但是不会因此与下一行文本重叠。而段落文本与点文本唯一的差别就是，段落文本可以自动换行。本节将以点文本为例介绍创建文本的具体操作步骤。

01 选择文字工具后，在【合成】面板中单击，即可在【合成】面板中插入光标，在【时间轴】面板中将新建一个文字图层，如图6-1所示。

图6-1　新建文字图层

02 输入文字，然后在【时间轴】面板中单击文字层，文字层的名称将由输入的文字代替，如图6-2所示。

使用层创建文本时，在【时间轴】面板的空白区域右击，在弹出的快捷菜单中选择【新建】|【文本】命令，如图6-3所示。此时在【合成】面板中自动弹出输入光标，可以直接输入需要的文字，该图层名将由输入文字替代。

图6-2　输入文字后的效果

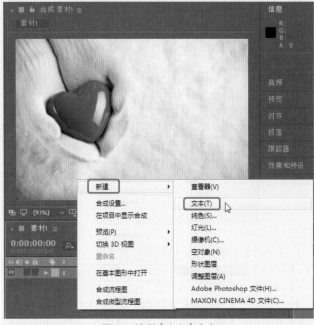

图6-3　选择【文本】命令

6.1.2 修改文字

文字创建后，还可以像Photoshop等平面软件一样对其进行编辑。在【合成】面板中使用文字工具，将鼠标指针移至要修改的文字上，按住鼠标左键拖动，选择要修改的文字，然后进行编辑。被选中的文字会显示浅红色底纹，如图6-4所示。

图6-4 选择文本

用户可以通过在菜单栏中选择【窗口】|【字符】命令，或按Ctrl+6组合键调出【字符】面板，如图6-5所示。当选择文字后，可以在【字符】面板中改变文字的字体、颜色、边宽等，如图6-6所示。

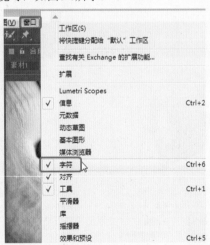

图6-5 选择【字符】命令

【字符】面板中各个选项的作用如下。

● 【字体】 汉仪中楷简 ：用于设置文字的字体。单击【字体】右侧的下三角按钮，在打开的下拉列表框中提供用了系统中安装的所有字体，如图6-7所示。

● 【填充颜色】 ：单击该色块，将会弹出【文本颜色】

对话框，如图6-8所示。在对话框中即可为字体设置颜色，效果如图6-9所示。

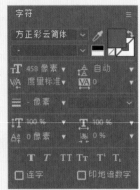

图6-6 【字符】面板

图6-7 【字体】下拉列表框

图6-8 【文本颜色】对话框

● 【吸管】 按钮：单击此按钮，可以在AE软件中的任意位置单击吸取颜色，如图6-10所示。单击黑白色块可以将文字直接设置为黑色或白色。

● 【描边颜色】 ：单击该色块后也会弹出【文本颜色】对话框，选择某种颜色后即可为文字添加或更改描边颜色，如图6-11所示。

图6-9　设置文本颜色

图6-10　使用吸管工具吸取颜色

图6-13　设置不同字符间距的效果

- 【设置字体大小】**T**：可以直接输入数值，也可以单击其右侧下拉按钮，选择预设大小。如图6-12所示为字体大小不同时的效果。

- 【设置描边宽度】**目**：用于设置文字描边的宽度。在其右侧的下拉列表框中可以选择不同的选项来设置描边与填充色之间的关系，其中包括【在描边上填充】、【在填充上描边】、【全部填充在全部描边之上】、【全部描边在全部填充之上】。如图6-14所示为设置不同描边宽度时的效果。

图6-11　调整描边填充颜色后的效果

图6-12　设置字体大小后的效果.

- 【设置行距】**蓝**：用于设置行与行之间的距离，数值越小，文字越有可能重合。
- 【设置两个字符间的字偶间距】**VA**：用于设置文字之间的距离。
- 【设置所选字符的字符间距】**VA**：该选项也用于设置文字之间的距离。区别在【设置两个字符间的字偶间距】需要将光标放置在要调整的两个文字之间，而【设置所选字符的字符间距】是调整选中文字层中所有文字之间的距离。如图6-13所示为设置不同字符间距时的效果。

图6-14　设置不同描边宽度时的效果

- 【垂直缩放】■与【水平缩放】■：分别用于设置文字的高度和宽度。
- 【设置基线偏移】■：用于修改文字基线，改变文字位置。
- 【设置所选字符的比例间距】■：该选项用于对文字进行挤压。
- 【仿粗体】■：单击该按钮后，即可对选中的文本进行加粗。
- 【仿斜体】■：单击该按钮后，选中的文本将会倾斜，效果如图6-15所示。

图6-15　仿斜体

- 【全部大写字母】■：该按钮可以将选中的英文字母全部都以大写的形式显示，效果如图6-16所示。

图6-16　单击【全部大写字母】按钮后的效果

- 【小型大写字母】■：单击该按钮后，可以将选中的英文字母以小型的大写字母的形式显示，效果如图6-17所示。

图6-17　小型大写字母

- 【上标】■、【下标】■：单击该按钮后，即可将选中的文本作为上标或下标。

> 提示　在After Effects中选择文本工具，在【合成】面板中通过按住鼠标左键进行拖动，即可创建一个输入框，用于创建段落文本，通过【段落】面板可以对段落文本进行相应设置。

▶ 6.1.3　修饰文字

文字创建完成后，为使文字适应不同的效果环境，可使用After Effects 2018中的特效对其进行设置，以达到修饰文字的目的，如为文字添加阴影、发光等效果。

1. 阴影效果

应用阴影效果可以增强文字的立体感，在After Effects 2018中提供了两种阴影效果：【投影】和【径向阴影】。在【径向阴影】特效中提供了较多的阴影控制，下面对其进行简单的介绍。

选择创建的文字层，在【效果和预设】面板中选择【透视】|【径向阴影】特效，在【效果控件】面板中可以对【径向阴影】特效进行设置，如图6-18所示，其各项参数如下。

图6-18　添加并调整【径向阴影】效果

- 【阴影颜色】：设置阴影的颜色，默认颜色为黑色。
- 【不透明度】：设置阴影的透明度。
- 【光源】：设置灯光的位置。改变灯光的位置，阴影的方向也会随之改变，如图6-19所示。

图6-19　调整【光源】后的效果

- 【投影距离】：用于设置阴影与对象之间的距离，如图6-20所示。

图6-20　设置投影距离

- 【柔和度】：调整阴影效果的边缘柔化度，如图6-21所示。

图6-21　设置【柔和度】参数

- 【渲染】：用于选择阴影的渲染方式。一般选择【常规】方式。如果选择【玻璃边缘】方式，可以产生类似于投射到透明体上的透明边缘效果。选择该效果后，阴影边缘的效果将受到环境的影响。如图6-22所示为选择【常规】和【玻璃边缘】选项后的效果。
- 【颜色影响】：设置玻璃边缘效果的影响程度。
- 【仅阴影】：选中该复选框后将只显示阴影效果，如图6-23所示。

图6-22　设置渲染方式

图6-23　仅显示阴影

- 【调整图层大小】：选中该复选框后，若文字的阴影超出层的范围，将全部被剪掉；不选择该项，则选中文字的阴影可以超出层的范围。

2. 画笔描边效果

画笔描边效果可以使文本产生一种类似画笔绘制的效果。选择创建的文字层，在【效果和预设】面板中选择【风格化】|【画笔描边】特效，为其添加【画笔描边】特效，如图6-24所示，其中各项参数介绍如下。

- 【描边角度】：该选项用于设置画笔描边的角度。
- 【画笔大小】：该选项用于设置画笔笔触的大小，当设置为不同的参数时，效果也不相同，如图6-25所示。

图6-24　添加【画笔描边】后的效果

图6-27 【发光基于】下拉列表框

图6-25 设置画笔大小参数后的效果

- 【描边长度】：该选项用于设置画笔的描绘长度。
- 【描边浓度】：该选项用于设置画笔笔触的稀密程度。
- 【描边随机性】：该选项用于设置画笔的随机变化量。
- 【绘画表面】：在其右侧的下拉列表框中选择描绘表面的位置。
- 【与原始图像混合】：用于设置笔触描绘图像与原始图像之间的混合比例。参数越大，将会越接近原图。

3. 发光效果

在对文字进行设置时，有时需要使其产生发光或光晕的效果，此时可以为文字添加【发光】特效来实现。

选择创建的文字层，在【效果和预设】面板中选择【风格化】|【发光】特效，为其添加【发光】特效，如图6-26所示，其中各项参数介绍如下。

图6-26 添加并调整【发光】后的效果

- 【发光基于】：用于选择发光作用通道，可以选择【Alpha通道】和【颜色通道】两个选项，如图6-27所示。
- 【发光阈值】：设置发光的阈值，影响到发光的覆盖面。
- 【发光半径】：设置发光半径，如图6-28所示。

图6-28 设置发光半径

- 【发光强度】：设置发光的强弱程度。
- 【合成原始项目】：设置效果与原始图像之间的融合方式，包括【顶端】、【后面】、【无】三种方式。
- 【发光操作】：设置效果与原图像之间的混合模式，提供了25种混合模式。
- 【发光颜色】：设置发光颜色的来源模式，包括【原始颜色】、【A和B颜色】、【任意映射】三种模式。将发光颜色设置为【原始颜色】和【A和B颜色】时的效果如图6-29所示。
- 【颜色循环】：设置颜色循环的顺序。该选项提供了【锯齿波A>B】、【锯齿波B>A】、【三角形A>B>A】、【三角形B>A>B】四种方式。
- 【色彩相位】：设置颜色的相位变化。

图6-29 设置不同发光颜色后的效果

- 【A和B中间点】：调整颜色A和B之间色彩的百分比。
- 【颜色A】：用于设置A的颜色。
- 【颜色B】：用于设置B的颜色。
- 【发光维度】：设置发光作用的方向，其中包括【水平和垂直】、【水平】、【垂直】三种。

4. 毛边效果

毛边效果可以将文本进行粗糙化。选择创建的文字层，在【效果和预设】面板中选择【风格化】|【毛边】特效，为文字添加【毛边】特效，如图6-30所示。其中各项参数介绍如下。

图6-30 添加并调整【毛边】后的效果

- 【边缘类型】：可以在右侧的下拉列表框中选择用于粗糙边缘的类型。将【边缘类型】设置为【剪切】和【影印】时的效果如图6-31所示。
- 【边缘颜色】：用于设置边缘粗糙时所使用的颜色。
- 【边界】：用于设置边缘的粗糙度。
- 【边缘锐度】：用于设置边缘的锐化程度。

图6-31 设置边缘类型后的效果

- 【分形影响】：用于设置边缘的不规则程度。
- 【比例】：设置碎片的大小。
- 【伸缩宽度或高度】：设置边缘碎片的拉伸程度。
- 【偏移（湍流）】：设置边缘在拉伸时的位置。
- 【复杂度】：设置边缘的复杂程度。
- 【演化】：设置边缘的角度。
- 【演化选项】：控制演化的循环设置。
    - 【循环演化】：勾选该复选框后，将启用循环演化功能。
    - 【循环】：设置循环的次数。
    - 【随机植入】：设置循环演化的随机性。

实例操作001——火焰文字

本例将介绍火焰文字的制作方法。完成后的效果如图6-32所示。

图6-32 火焰文字

01 按Ctrl+N组合键，在弹出的【合成设置】对话框中输入【合成名称】为"火焰文字"，将【宽度】和【高度】分别设置为500 px和350 px，将【像素长宽比】设置为D1/DV PAL（1.09），将【持续时间】设置为0:00:07:00，单击【确定】按钮，如图6-33所示。

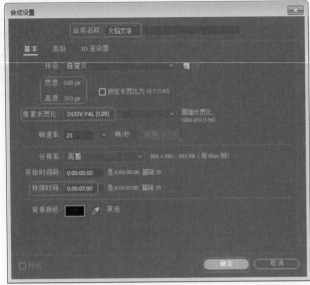

图6-33　新建合成

02 在【项目】面板的空白处双击，弹出【导入文件】对话框，在该对话框中选择素材图片"火焰文字背景.jpg"，单击【导入】按钮，如图6-34所示。

图6-34　选择素材图片

03 将选择的素材图片导入【项目】面板中，然后将素材图片拖曳至时间轴，将【缩放】设置为22%，将【位置】设置为257、175，效果如图6-35所示。

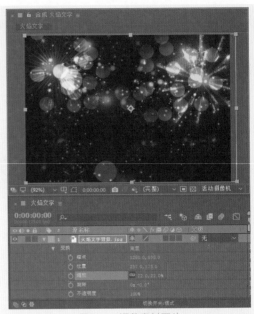

图6-35　调整素材图片

04 在工具栏中选择【横排文字工具】，在【合成】面板中输入文字"New Year"，选择输入的文字，在【字符】面板中将【字体】设置为Britannic Bold，将【字体大小】设置为108像素，将【填充颜色】的RGB值设置为255、255、255，效果如图6-36所示。

图6-36　输入并设置文字

05 在时间轴中，将文字图层的【位置】设置为65、250，并将当前时间设置为0:00:02:00，将【不透明度】设置为0，然后单击左侧的按钮，如图6-37所示。

图6-37　设置图层参数

06 将当前时间设置为0:00:03:00，将【不透明度】设置为100%，如图6-38所示。

图6-38 设置【不透明度】参数

07 确认文字图层处于选择状态,在菜单栏中选择【效果】|【遮罩】|【简单阻塞工具】命令,如图6-39所示。

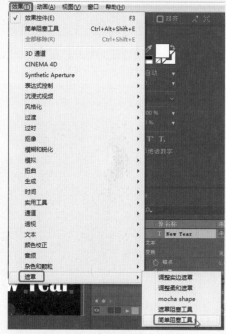

图6-39 选择【简单阻塞工具】命令

08 即可为文字图层添加【简单阻塞工具】效果,将当前时间设置为0:00:00:00,在【效果控件】面板中将【阻塞遮罩】设置为100,并单击左侧的按钮,如图6-40所示。

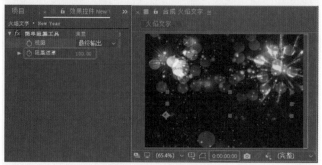

图6-40 添加效果并设置参数

09 将当前时间设置为0:00:03:00,将【阻塞遮罩】设置为0.1,如图6-41所示。

图6-41 设置【阻塞遮罩】参数

10 在菜单栏中选择【效果】|【模糊和锐化】|【快速模糊(旧版)】命令,即可为文字图层添加【快速模糊(旧版)】效果,在【效果控件】面板中将【模糊度】设置为10,如图6-42所示。

图6-42 添加【快速模糊】效果并设置参数

11 在菜单栏中选择【效果】|【生成】|【填充】命令,即可为文字图层添加【填充】效果,在【效果控件】面板中将【颜色】的RGB值设置为0、0、0,如图6-43所示。

图6-43 添加【填充】效果并设置参数

12 在菜单栏中选择【效果】|【杂色和颗粒】|【分形杂色】命令,即可为文字图层添加【分形杂色】效果。在【效果控件】面板中将【分型类型】设置为【湍流平滑】,将【对比度】设置为200,将【溢出】设置为【剪切】,在【变换】选项组中将【缩放】设置为50,确认当前时间为0:00:00:00,将【偏移(湍流)】设置为360、570,并单击其左侧的按钮,选中【透视位移】复选框,将【复杂度】设置为10,单击【演化】左侧的按

钮，打开动画关键帧记录，如图6-44所示。

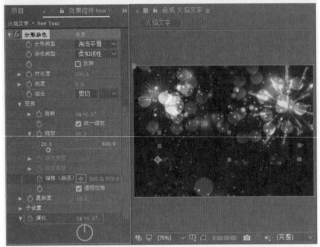

图6-44 添加【分形杂色】效果并设置参数

> **提示** 【分形杂色】：分形杂色效果可用于创建自然景观背景、置换图和纹理的灰度杂色，或模拟云、火、熔岩、流水或蒸气等事物。

13 将当前时间设置为0:00:07:00，将【偏移（湍流）】设置为360、0，将【演化】设置为10x+0°，如图6-45所示。

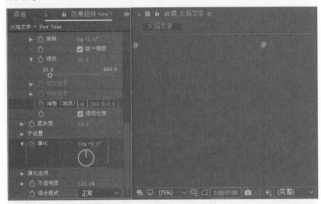

图6-45 设置关键帧参数

14 在菜单栏中选择【效果】|【颜色校正】|CC Toner命令，即可为文字图层添加CC Toner效果。在【效果控件】面板中将Highlights的RGB值设置为255、191、0，将Midtones的RGB值设置为219、117、3，将Shadows的RGB值设置为110、0、0，如图6-46所示。

15 在菜单栏中选择【效果】|【风格化】|【毛边】命令，即可为文字图层添加【毛边】效果。在【效果控件】面板中将【边缘类型】设置为【刺状】，将当前时间设置为0:00:00:00，将【偏移（湍流）】设置为0、228，并单击

其左侧的 按钮，然后单击【演化】左侧的 按钮，打开动画关键帧记录，如图6-47所示。

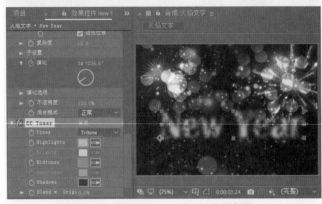

图6-46 添加CC Toner效果并设置参数

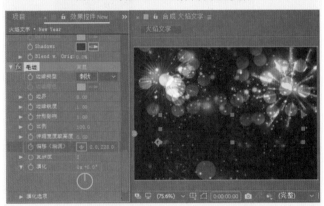

图6-47 添加【毛边】效果并设置参数

16 将当前时间设置为0:00:07:00，将【偏移（湍流）】设置为0、0，将【演化】设置为5x+0°，如图6-48所示。

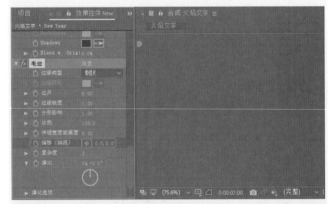

图6-48 设置关键帧参数

17 按Ctrl+D组合键复制出"New Year 2"文字图层，在【时间轴】面板中，将"New Year 2"文字图层的【位置】设置为65、290，如图6-49所示。

图6-49 复制图层并设置参数

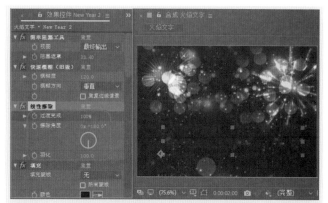

图6-51 添加【线性擦除】效果并设置参数

18 在【效果控件】面板中，将【快速模糊（旧版）】效果的【模糊度】设置为120，将【模糊方向】设置为【垂直】，如图6-50所示。

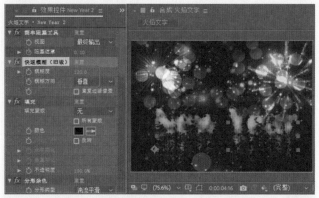

图6-50 设置【快速模糊（旧版）】参数

图6-52 设置【过渡完成】参数

19 在菜单栏中选择【效果】|【过渡】|【线性擦除】命令，即可为"New Year 2"文字图层添加【线性擦除】效果。在【效果控件】面板中，将其移至【快速模糊（旧版）】效果的下方，然后将当前时间设置为0:00:02:00，将【过渡完成】设置为100%，并单击其左侧的 按钮，将【擦除角度】设置为180°，将【羽化】设置为100，如图6-51所示。

20 将当前时间设置为0:00:07:00，将【过渡完成】设置为0，如图6-52所示。

21 将当前时间设置为0:00:00:00，将【毛边】效果的【边缘锐度】设置为0.5，将【分形影响】设置为0.75，将【比例】设置为300，将【偏移（湍流）】设置为0、156.4，如图6-53所示。

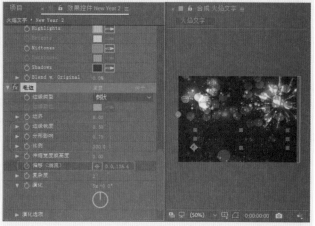

图6-53 设置【毛边】参数

22 按Ctrl+D组合键复制出"New Year 3"文字图层，在时间轴面板中，将"New Year 3"文字图层的【位置】设置为65、260，单击【不透明度】左侧的⊙按钮，关闭关键帧记录模式，将【不透明度】设置为100%，如图6-54所示。

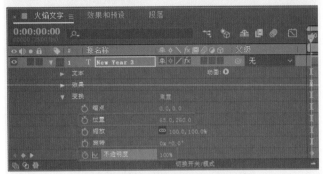

图6-54　复制图层并设置参数

23 在【效果控件】面板中将"New Year 3"文字图层上的效果全部删除，在【字符】面板中将文字填充颜色的RGB值设置为229、81、6，如图6-55所示。

图6-55　更改文字填充颜色

24 然后在菜单栏中选择【效果】|【风格化】|CC Burn Film命令，即可为"New Year 3"文字图层添加CC Burn Film效果。将当前时间设置为0:00:00:00，在【效果控件】面板中，将Burn设置为0，并单击其左侧的⊙按钮，将Center设置为183、185，如图6-56所示。

图6-56　添加效果并设置参数

25 将当前时间设置为0:00:07:00，将Burn设置为75，如图6-57所示。

26 设置完成后，按空格键在【合成】面板中查看效果。

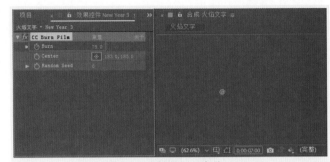

图6-57　设置Burn参数

6.2　路径文字与轮廓线

在After Effects 2018中还提供了制作沿着某条指定路径运动的文字以及将文字转换为轮廓线的功能。通过它们可以制作出更多的文字效果。

▶ 6.2.1　实战：路径文字

在After Effects 2018中可以设置文字沿一条指定的路径进行运动，该路径作为文本层上的一个开放或封闭的遮罩。操作步骤如下。

01 导入"音乐背景.jpg"素材文件，将素材文件拖曳至【合成】面板中，在工具栏中单击【横排文本工具】，在【合成】面板中单击，并输入文字，将【字体】设置为【汉仪蝶语体简】，将【字体颜色】设置为#E50699，如图6-58所示。

图6-58　输入文本

02 使用【钢笔工具】绘制一条路径，如图6-59所示。

03 在【时间轴】面板中展开文字层的【文字】选项，在【路径选项】参数项下将【路径】指定为【蒙版1】，如图6-60所示。

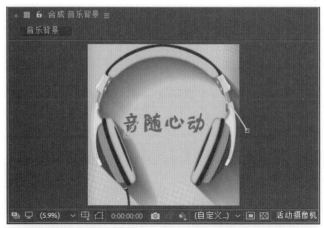

图6-59 绘制路径

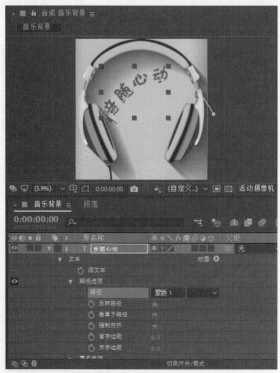

图6-60 路径文字

【路径选项】下各项参数的功能介绍如下。

● 【路径】：用于指定文字层的遮罩路径。

● 【反转路径】：打开该选项可反转路径，默认为关闭，如图6-61所示。

● 【垂直于路径】：打开该选项可使文字垂直于路径，默认为打开。关闭【垂直于路径】后的效果如图6-62所示。

● 【强制对齐】：打开该选项，则将文字强制拉伸至路径的两端。

● 【首字边距】、【末字边距】：调整文本中首、尾字母

的缩进。参数为正值表示文本从初始位置向右移动，参数为负值表示文本从初始位置向左移动。如图6-63所示为【首字边距】效果。

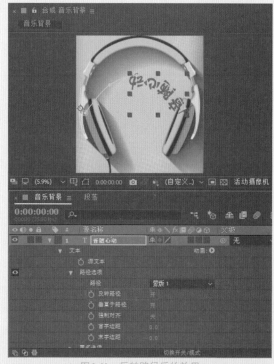

图6-61 反转路径后的效果

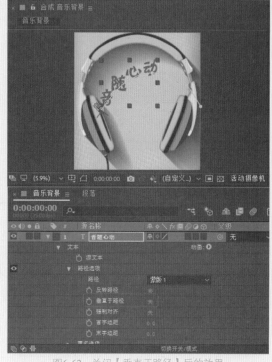

图6-62 关闭【垂直于路径】后的效果

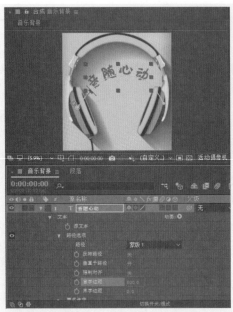

图6-63　设置【首字边距】后的效果

6.2.2　轮廓线

在After Effects 2018中可沿文本的轮廓创建遮罩，用户不必手动为文字绘制遮罩。

在【时间轴】面板中选择要设置轮廓遮罩的文字层，在菜单栏中选择【图层】|【从文字创建形状】命令，系统自动生成一个新的固态层，并在该层上产生由文本轮廓转换的遮罩，如图6-64所示。可以通过在转换的轮廓线文字图层上应用特效，制作出更多精彩的文字效果。

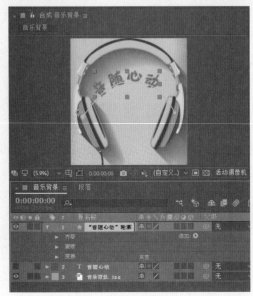

图6-64　创建文字轮廓线

6.3　文字特效

在After Effects 2018中除了可以使用【横排文字工具】T、【竖排文字工具】IT创建文字外，还可以通过文字特效来创建。

6.3.1　实战：【基本文字】特效

【基本文字】特效是一个相对简单的文本特效，其功能与使用文字工具创建基础文本相似，操作步骤如下。

01　打开"音乐背景.aep"素材文件，选择【横排文字工具】，在【合成】面板中单击，在菜单栏中选择【效果】|【过时】|【基本文字】特效，如图6-65所示。

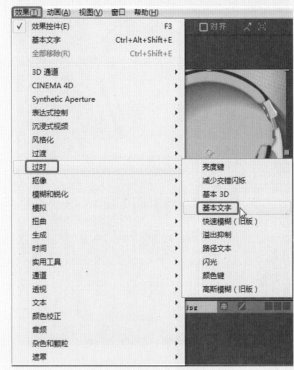

图6-65　选择【基本文字】命令

02　在弹出的【基本文字】对话框中输入文字"震撼音效"，单击【确定】按钮，如图6-66所示。

03　在【效果控件】面板中，将【填充颜色】设置为#DC0000，将【大小】设置为500，如图6-67所示。

【基本文字】各项参数的功能介绍如下。

● 【字体】：设置文字字体。

● 【样式】：设置文字风格。

● 【方向】：设置文字排列方向包括【水平】和【垂直】两种。

图6-66 【基本文本】对话框

图6-67 调整【基本文字】效果

- 【对齐方式】：设置文字的对齐方式。包括【左对齐】、【居中对齐】和【右对齐】三种。
- 【编辑文本】：打开【基本文字】对话框编辑文字。
- 【位置】：设置文字的位置。
- 【显示选项】：选择文字外观。包括【仅填充】、【仅描边】、【填充在边框上】和【边框在填充上】四种，如图6-68所示。

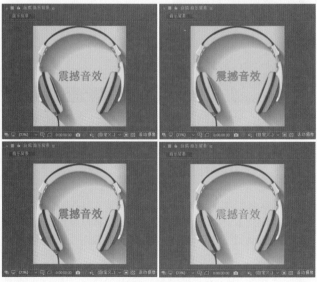

图6-68 选择不同显示选项的效果

- 【填充颜色】：设置文字的填充颜色。
- 【描边颜色】：设置文字描边的颜色。
- 【描边宽度】：设置文字描边的宽度。
- 【大小】：设置文字的大小。
- 【字符间距】：设置文字之间的距离。
- 【行距】：设置行与行之间的距离。
- 【在原始图像上合成】：选中该复选框，将文字合成到原始图像上，否则背景为黑色。

▶ 6.3.2 【路径文本】特效

【路径文本】特效是一个功能强大的文本特效，它的主要功能是通过设置路径使文字产生动画的效果。

【路径文本】的创建方法与【基本文字】类似，其中【效果控件】面板中【路径文本】特效的各项参数如图6-69所示。

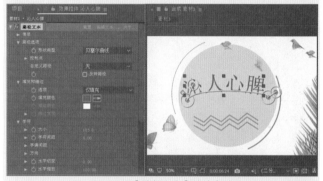

图6-69 【路径文本】特效参数

- 【编辑文本】：打开【路径文本】对话框编辑文字。
  - 【字体】：设置文字的字体。
  - 【样式】：设置文字的风格。
- 【信息】：显示当前文字的字体、文本长度和路径长度等信息。
- 【路径选项】：路径的设置选项。
  - 【形状类型】：设置路径类型，包括【贝塞尔曲线】、【圆形】、【循环】和【线】四种类型。效果如图6-70所示，其中【圆】和【循环】类型相似。
  - 【控制点】：设置路径各点的位置、曲线弯度等。
  - 【自定义路径】：选择要使用的自定义路径层。
  - 【反转路径】：选中该复选框将反转路径。
- 【填充和描边】：该参数项下的各参数用于设置文字的填充和描边。
  - 【选项】：设置填充和描边的类型，包括【仅填充】、【仅描边】、【在描边上填充】和【在填充上描边】四种类型。
  - 【填充颜色】：设置文字的填充颜色。

图6-70　不同【形状类型】的效果

- ◆ 【描边颜色】：设置文字描边的颜色。
- ◆ 【描边宽度】：设置文字描边的宽度。
- ● 【字符】：该参数项下的各参数用于设置文字的属性。
- ◆ 【大小】：设置文字的大小。
- ◆ 【字符间距】：设置文字之间的距离。
- ◆ 【字偶间距】：设置文字的字距。
- ◆ 【方向】：设置文字在路径上的排列方向，如图6-71所示。

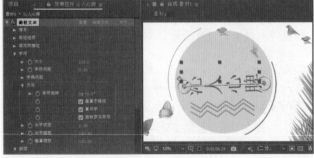

图6-71　设置方向后的效果

- ◆ 【水平切变】：设置文字在水平位置上的倾斜程度。参数为正值时文字向右倾斜，参数为负值时文字向左倾斜，如图6-72所示。
- ◆ 【水平缩放】：设置文字在水平位置上的缩放。设置缩放时，文字的高度不受影响。
- ◆ 【垂直缩放】：设置文字在垂直方向上的缩放。设置缩放时，文字的宽度不受影响。
- ● 【段落】：对文字段落进行设置。

- ◆ 【对齐方式】：设置文字的排列方式。
- ◆ 【左边距】：设置文字的左边距。

图6-72　设置水平切变

- ◆ 【右边距】：设置文字的右边距，如图6-73所示。

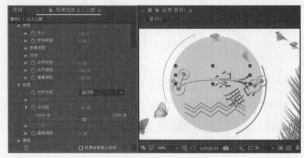

图6-73　设置右边距后的效果

- ◆ 【行距】：设置文字的行距。
- ◆ 【基线偏移】：设置文字的基线位移，如图6-74所示。

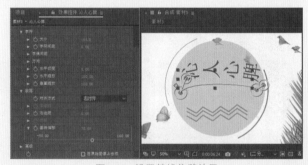

图6-74　设置基线位移效果

- ● 【高级】：该参数项下的各参数对文字进行高级设置。
- ◆ 【可视字符】：设置文字显示的数量。参数设置为多少，文字最多就可显示多少。当参数为0时，则不显示文字。
- ◆ 【淡化时间】：设置文字淡入淡出的时间。
- ◆ 【模式】：设置文字与当前层图像的混合模式。
- ◆ 【抖动设置】：该参数项下的参数对文字进行抖动设置，效果如图6-75所示。
- ◆ 【在原始图像上合成】：选中该复选框，文字将合成到原始素材的图像上，否则背景为黑色。

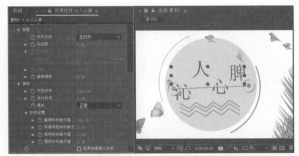

图6-75 抖动设置效果

6.3.3 【编号】特效

【编号】特效的主要功能是对随机产生的数字进行排列编辑，并通过编辑时间码和当前日期等方式来输入数字。该特效位于【效果和预设】面板中的【文字】特效组下，其创建方法与【基本文字】特效相似。添加【编号】特效后，可在【效果控件】面板中对其进行设置，如图6-76所示。其中各项参数的功能介绍如下。

图6-76 添加编号后的效果

- 【格式】：在该参数项下对文字的格式进行设置。
  - 【类型】：设置数字文本的类型，包含【数目】、【时间码】、【数字日期】等10种类型。如图6-77所示为【时间码】、【时间】和【十六进制的】类型的效果。

图6-77 不同类型的效果

- 【随机值】：选中该复选框，数字将随机变化。随机产生的数字限制在【数值/位移/随机最大】选项的数值范围内，若该选项值为0，则不受限制。
  - 【数值/位移/随机最大】：设置数字随机离散范围。
  - 【小数位数】：设置添加编号中小数点的位数。
  - 【当前时间/日期】：选中该复选框，系统将显示当前的时间和日期。
- 【填充和描边】：该参数项下的参数用于设置数字的颜色和描边。
  - 【位置】：设置添加编号的位置坐标。
  - 【显示选项】：设置数值外观，包含4种方式。
  - 【填充颜色】、【描边颜色】、【描边宽度】：设置数字的颜色、描边颜色以及描边宽度。
- 【大小】：设置数字文本的大小。
- 【字符间距】：设置数字文本间的间距。
- 【比例间距】：选中该复选框可使数字均匀间距显示。
- 【在原始图像上合成】：选中该复选框，数字层将与原图像层合成，否则背景为黑色。

6.3.4 【时间码】特效

【时间码】特效主要用于为影片添加时间和帧数，作为影片的时间依据，方便后期制作。添加【时间编码】特效的效果和参数如图6-78所示。其中各项参数的功能介绍如下。

图6-78 添加时间码后的效果

- 【显示格式】：设置时间码的显示格式，包含【SMPTE时:分:秒:帧】、【帧序号】、【英尺+帧（35mm）】和【英尺+帧（16mm）】四种方式。
- 【时间源】：设置帧速率。该设置应与合成设置相对应。
- 【文本位置】：设置时间码的位置，调整文本位置后的效果如图6-79所示。
- 【文字大小】：设置时间码的显示大小。
- 【文本颜色】：设置时间码的颜色。
- 【显示方框】：选中该复选框后，将会在时间码的底部显示方框。如图6-80所示为取消选中该复选框后的效果。

图6-79 调整文本的位置

图6-80 取消选中【显示方框】复选框后的效果

- 【方框颜色】：该选项用于设置方框的颜色，只有在选中【显示方框】复选框时该选项才可用。设置方框颜色后的效果如图6-81所示。

图6-81 设置方框颜色后的效果

- 【不透明度】：该选项用于设置时间码的透明度。
- 【在原始图像上合成】：选中该复选框，时间码将与原图像层合成，否则背景为黑色。

实例操作002——烟雾文字

本例将介绍烟雾文字的制作，该例的亮点及重点在蓝色的烟雾上，完成后的效果如图6-82所示。

01 按Ctrl+N组合键，在弹出的【合成设置】对话框中输入【合成名称】为"烟雾文字"，将【宽度】和【高度】分别设置为835 px和620 px，将【像素长宽比】设置为D1/DV PAL（1.09），将【持续时间】设置为0:00:05:00，单击【确定】按钮，如图6-83所示。

02 在【项目】面板的空白处双击，弹出【导入文件】对话框，在该对话框中选择素材图片"烟雾文字背景.jpg"，单击【导入】按钮，如图6-84所示。

图6-82 烟雾文字

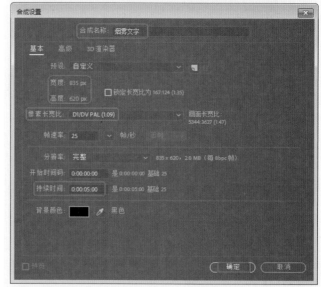

图6-83 新建合成

图6-84 选择素材图片

即可将选择的素材图片导入【项目】面板中。然后将素材图片拖至时间轴中，效果如图6-85所示。

图6-85 添加素材图片

在工具栏中选择【横排文字工具】 ，在【合成】面板中输入文字"This lonely winter"。选择输入的文字，在【字符】面板中将【字体】设置为【汉仪竹节体简】，将【字体大小】设置为66像素，将【填充颜色】的RGB值设置为45、219、255，并在【合成】面板中调整其位置，效果如图6-86所示。

图6-86 输入并设置文字

在菜单栏中选择【效果】|【过渡】|【线性擦除】命令，即可为文字图层添加【线性擦除】效果。确认当前时间为0:00:00:00，在【效果控件】面板中，将【过渡完成】设置为100%，并单击左侧的 按钮，将【擦除角度】设置为270°，将【羽化】设置为230，如图6-87所示。

将当前时间设置为0:00:03:00，将【过渡完成】设置为0，如图6-88所示。

在时间轴的空白处右击，在弹出的快捷菜单中选择【新建】|【纯色】命令，弹出【纯色设置】对话框，输入【名称】为"烟雾01"，将【颜色】的RGB值设置为

0、0、0，单击【确定】按钮，如图6-89所示，即可新建【烟雾01】图层。

图6-87 添加【线性擦除】效果并设置参数

图6-88 设置【过渡完成】参数

图6-89 【纯色设置】对话框

在菜单栏中选择【效果】|【模拟】|CC Particle World（粒子世界）命令，即可为"烟雾01"图层添加该效果。将当前时间设置为0:00:00:00，在【效果控件】面板

中将Birth Rate（出生率）设置为0.1，将Longevity（sec）（寿命）设置为1.87，分别单击Position X（位置X）、Position Y（位置Y）左侧的◎按钮，将Position X（位置X）设置为-0.53，将Position Y（位置Y）设置为0.01，将Radius Z（半径Z）设置为0.44，将Animation（动画）设置为Viscouse，将Velocity（速度）设置为0.35，将Gravity（重力）设置为-0.05，如图6-90所示。

图6-90 添加效果并设置参数

09 将Particle（粒子）下的Particle Type（粒子类型）设置为Faded Sphere（透明球），将Birth Size（出生大小）设置为1.25，将Death Size（死亡大小）设置为1.9，将Birth Color（出生颜色）的RGB值设置为5、160、255，将Death Color（死亡颜色）的RGB值设置为0、0、0，将Transfer Mode（传输模式）设置为Add，如图6-91所示。

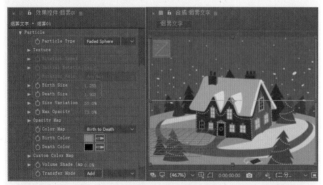

图6-91 设置粒子参数

10 将当前时间设置为0:00:03:00，将Position X（位置X）设置为0.87，将Position Y（位置Y）设置为0.01，如图6-92所示。

11 在菜单栏中选择【效果】|【模糊和锐化】|CC Vector Blur（CC矢量模糊）命令，即可为【烟雾01】图层添加该效果。在【效果控件】面板中将Amount（数量）设置为250，将Angle Offset（角度偏移）设置为10°，将Ridge Smoothness设置为32，将Map Softness（图像柔化）设置为25，如图6-93所示。

图6-92 设置关键帧参数

图6-93 添加效果并设置参数

12 在时间轴中将"烟雾01"图层的【模式】设置为【屏幕】，如图6-94所示。

图6-94 更改图层模式

提示 使用CC Vector Blur特效可以产生一种特殊的变形模糊效果。

13 确认"烟雾01"图层处于选择状态，按Ctrl+D组合键复制图层，将新复制的图层重命名为"烟雾02"，如图6-95所示。

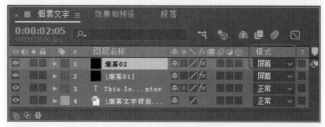

图6-95 复制图层

14 选择"烟雾02"图层，在【效果控件】面板中将CC Particle World（CC粒子世界）效果中的Birth Rate（出生率）设置为0.7，将Radius Z（半径Z）设置为0.47，将Particle（粒子）下的Birth Size（出生大小）设置为0.94，将Death Size（死亡大小）设置为1.7，将Death Color（死亡颜色）的RGB值设置为13、0、0，如图6-96所示。

图6-96 设置参数

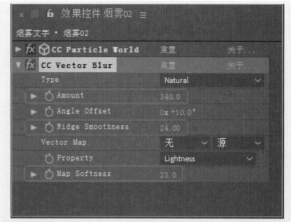

图6-97 设置参数

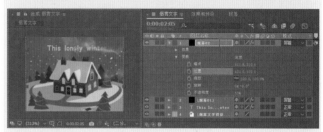

图6-98 设置不透明度

知识链接 图层混合模式

图层的混合模式控制每个图层如何与它下面的图层混合或交互。After Effects 中的图层混合模式（以前称为图层模式，有时称为传递模式）与 Adobe Photoshop 中的混合模式相同。

大多数混合模式仅修改源图层的颜色值，而非 Alpha 通道。【Alpha 添加】混合模式影响源图层的 Alpha 通道，而轮廓和模板混合模式影响它们下面的图层的 Alpha 通道。

在After Effects 中无法通过使用关键帧来直接为混合模式制作动画。要在某一特定时间更改混合模式，请在该时间拆分图层，并将新混合模式应用于图层的延续部分。

15 在【效果控件】面板中将CC Vector Blur（CC矢量模糊）效果中的Amount（数量）设置为340，将Ridge Smoothness设置为24，将Map Softness（图像柔化）设置为23，如图6-97所示。

16 在时间轴中将"烟雾02"图层的【不透明度】设置为53%，然后调整"烟雾02"的位置，如图6-98所示。设置完成后，按空格键在【合成】面板中查看效果，然后对场景保存和输出即可。

实例操作003——积雪文字

本例将介绍积雪文字的制作，通过设置文字【缩放】关键帧和添加效果来表现文字上的积雪，然后使用摄像机制作动画，完成后的效果如图6-99所示。

图6-99 积雪文字

01 按Ctrl+N组合键，在弹出的【合成设置】对话框中输入【合成名称】为"积雪"，将【宽度】和【高度】分别设置为500 px和395 px，将【像素长宽比】设置为D1/DV PAL（1.09），将【持续时间】设置为0:00:05:00，单击【确定】按钮，如图6-100所示。

02 在工具栏中选择【横排文字工具】 **T**，在【合成】面板中输入文字。选择输入的文字，在【字符】面板中将【字体】设置为【方正综艺简体】，将【字体大小】设置为65像素，将【基线偏移】设置为-120像素，将【填充颜色】的RGB值设置为255、255、255，如图6-101所示。

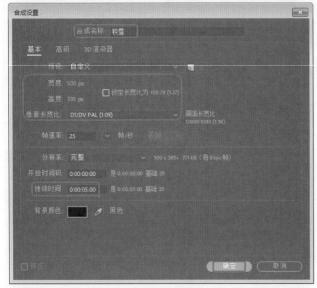

图6-100　新建合成

图6-101　输入并设置文字

03 在工具栏中选择【向后平移（锚点）工具】 **图**，在【合成】面板中单击选择锚点，按住Ctrl键的同时拖动鼠标，将锚点移至如图6-102所示的位置。

04 确认当前时间为0:00:00:00，在时间轴中，将文字图层的【位置】设置为152、340，并单击【缩放】左侧的 **图** 按钮，如图6-103所示。

05 将当前时间设置为0:00:04:00，取消【缩放】右侧纵横比的锁定，将参数分别设置为100%、95%，如图6-104所示。

06 在【项目】面板中选择"积雪"合成，按Ctrl+D组合键复制出"积雪2"合成，如图6-105所示。

图6-102　移动锚点位置

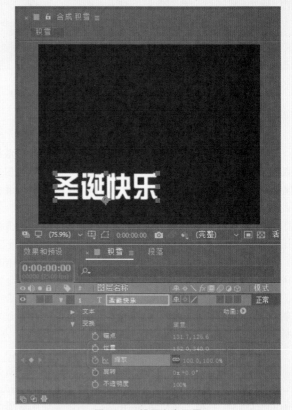

图6-103　设置文字图层

07 打开"积雪2"合成，确认当前时间为0:00:04:00，在时间轴中将文字图层的【缩放】设置为105%，如图6-106所示。

08 在【项目】面板中将"积雪"合成拖至时间轴中文字图层的上方，并将文字图层的TrkMat设置为【亮度反转遮罩"[积雪]"】，如图6-107所示。

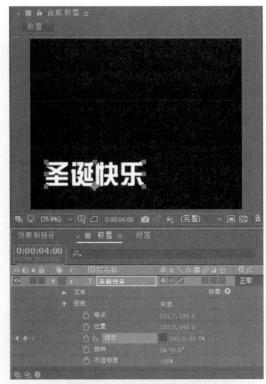

图6-104 设置【缩放】参数

图6-105 复制合成

图6-106 设置文字图层缩放

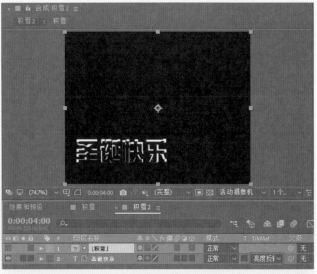

图6-107 设置轨道遮罩

09 按Ctrl+N组合键，在弹出的【合成设置】对话框中设置【合成名称】为"积雪文字"，单击【确定】按钮，如图6-108所示。

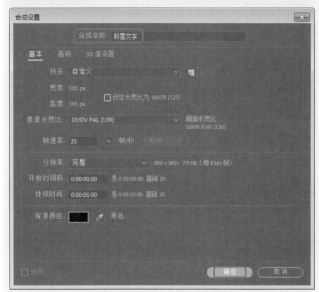

图6-108 新建合成

10 在【项目】面板的空白处双击，弹出【导入文件】对话框，在该对话框中选择素材图片"积雪文字背景.jpg"，单击【导入】按钮，如图6-109所示，即可将选择的素材图片导入至【项目】面板中。

11 将素材图片拖至【积雪文字】时间轴中，并将其【缩放】设置为11.5%，将【位置】设置为250、196.5，如图6-110所示。

12 切换到"积雪"合成，在该合成中选择文字图层，按Ctrl+C组合键进行复制，然后切换到"积雪文字"合成

中，按Ctrl+V组合键复制图层，如图6-111所示。

图6-109　选择素材图片

图6-110　设置素材图片

选择复制的文字图层，单击【缩放】左侧的 按钮，将缩放关键帧删除，并将【缩放】设置为100%，如图6-112所示。

在【字符】面板中，将文字的填充颜色更改为156、30、26，如图6-113所示。

在【项目】面板中将"积雪2"合成拖至"积雪文字"时间轴中文字图层的上方，如图6-114所示。

在时间轴中选择"积雪2"合成，在菜单栏中选择【效果】|【风格化】|【毛边】命令，即可为该合成添加【毛边】效果。在【效果控件】面板中将【边界】设置为3，将【边缘锐度】设置为0.3，将【复杂度】设置为

10，将【演化】设置为45°，将【随机植入】设置为100，如图6-115所示。

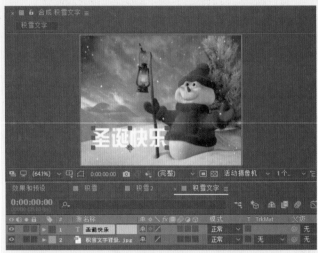

图6-111　复制图层

图6-112　设置【缩放】参数

图6-113　更改文字填充颜色

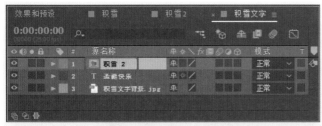

图6-114　在时间轴中添加内容

图6-115　添加【毛边】效果并设置参数

17 在菜单栏中选择【效果】|【风格化】|【发光】命令，即可为该合成添加【发光】效果。在【效果控件】面板中将【发光半径】设置为5，如图6-116所示。

图6-116　设置发光参数

18 在菜单栏中选择【效果】|【透视】|【斜面Alpha】命令，即可为该合成添加【斜面Alpha】效果。在【效果控件】面板中，将【边缘厚度】设置为4，如图6-117所示。

> 提示　斜面 Alpha 效果可为图像的 Alpha 边界增添分界、明亮的外观，通常为 2D 元素增添 3D 外观。如果图层完全不透明，则将效果应用到图层的定界框。通过此效果创建的边缘比通过边缘斜面效果创建的边缘柔和。此效果特别适合在 Alpha 通道中具有文本的元素。

19 在时间轴中打开所有图层的3D图层，如图6-118所示。

图6-117　设置参数

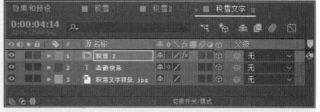

图6-118　打开3D图层

20 在时间轴的空白处右击，在弹出的快捷菜单中选择【新建】|【摄像机】命令，如图6-119所示。

图6-119　选择【摄像机】命令

21 弹出【摄像机设置】对话框，在该对话框中进行相应的设置，然后单击【确定】按钮，如图6-120所示。

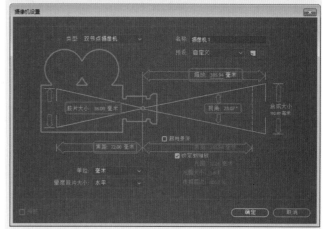

图6-120　【摄像机设置】对话框

知识链接 【摄像机设置】对话框中各选项的功能介绍

- 【预设】：After Effects中预置的透镜参数组合，用户可根据需要直接使用。

- 【缩放】：用于设置摄像机位置与视图面之间的距离。

- 【视角】：视角的大小由焦距、胶片尺寸和缩放决定，也可以自定义设置，使用宽视角或窄视角。

- 【胶片大小】：用于模拟真实摄像机中所使用的胶片尺寸，与合成画面的大小相对应。

- 【焦距】：调节摄像机焦距的大小，即从投影胶片到摄像机镜头的距离。

- 【启用景深】：用于建立真实的摄像机调焦效果。

- 【光圈】：调节镜头快门的大小。镜头快门开得越大，受聚焦影响的像素就越多，模糊范围就越大。

- 【光圈大小】：用于设置焦距与快门的比值。大多数相机都使用光圈值来测量快门的大小，因而，许多摄影师喜欢以光圈值为单位测量快门的大小。

- 【模糊层次】：控制摄像机聚焦效果的模糊值。设置为100%时，可以创建出较为自然的模糊效果。数值越高，图像的模糊程度就越大；设置为0时则不产生模糊。

- 【锁定到缩放】：选中该复选框时，系统将焦点锁定到镜头上。这样，在改变镜头视角时，始终与其一起变化，使画面保持相同的聚焦效果。

- 【单位】：指定摄像机设置各参数值时使用的测量单位。

- 【量度胶片大小】：指定用于描述电影大小的方式。用户可以指定水平、垂直或对角三种描述方式。

㉒ 将当前时间设置为0:00:00:00，在"摄像机 1"图层中，单击【目标点】和【位置】左侧的 ⏱ 按钮，如图6-121所示。

图6-121 开启动画关键帧记录

㉓ 将当前时间设置为0:00:04:00，将【目标点】设置为154、268.5、0，将【位置】设置为154、197.5、−660，如图6-122所示。

图6-122 设置关键帧参数

㉔ 设置完成后，按空格键在【合成】面板中查看效果，如图6-123所示，然后对场景保存和输出即可。

图6-123　预览效果

6.4 文本动画

在After Effects 2018中也可以对创建的文本进行变换动画制作。在文字图层中,【变换】选项组下的【定位点】、【位置】、【缩放】、【旋转】和【透明度】属性都可以进行常规的动画设置。

6.4.1 动画控制器

文字图层中的【文本】选项组中有个【动画】选项,单击其右侧的小三角图标,在弹出的下拉列表中包含多种设置文本动画的命令,如图6-124所示。

图6-124　【动画】下拉列表

1. 变换类控制器

该类控制器可以控制文本动画的变形,如位置、缩放、倾斜、旋转等,与层的【变换】属性类似,如图6-125所示。

图6-125　动画选项

- 【锚点】、【位置】:设置文字的位置。其中【锚点】主要设置文字轴心点的位置,对文字进行缩放、旋转等操作时均是以文字轴心点进行操作。如图6-126所示为调整定位点的效果。

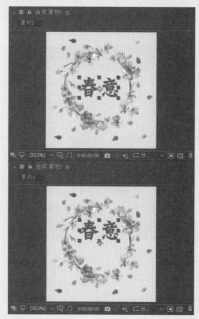

图6-126　设置位置后的效果

- 【缩放】:设置文本的大小。数值越大,文本越大。启用参数左侧的【约束比例】按钮 ,可使X、Y轴同时缩放,防止字体变形,如图6-127所示。
- 【倾斜】:设置文本的倾斜度。数值为正时,文本向右倾斜;数值为负时,文本向左倾斜,如图6-128所示。
- 【倾斜轴】、【旋转】:分别用于设置文本的倾斜度和旋转角度,如图6-129所示。

● 【不透明度】：设置文本的不透明度。

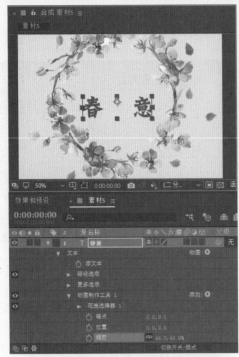

图6-127　设置缩放后的效果

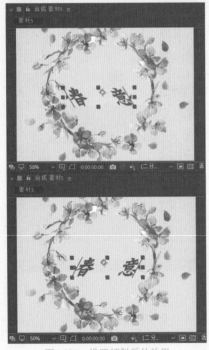

图6-128　设置倾斜后的效果

2. 颜色类控制器

颜色类控制器用于控制文本动画的颜色，如色相、饱和度、亮度等，综合使用可调出丰富的文本颜色效果，如

图6-130所示。

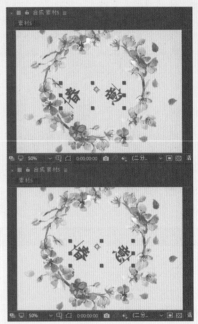

图6-129　设置旋转角度后的效果

图6-130　颜色类控制器

● 填充类：设置文本的基本颜色的色相、色调、亮度、透明度等，如图6-131所示。
● 边色类、边宽类：设置文字描边的色相、色调、亮度和描边宽度等，设置描边后的效果如图6-132所示。

3. 文本类控制器

文本类控制器用于控制文本字符的行间距和空间位置以及字符属性的变换效果，如图6-133所示。

● 【行锚点】：设置文本的定位。
● 【字符间距类型】、【字符间距大小】：前者用于设置间距的类型，控制间距数量变化的范围。其中包含三个选项。后者用于设置间距的数量。

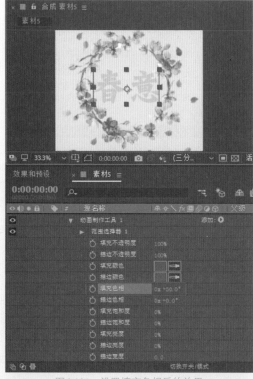

图6-131　设置填充色相后的效果

图6-132　设置描边后的效果

图6-133　文本类控制器

- 【字符对齐方式】：设置字符对齐的方式，包含【左侧或顶部】、【中心】、【右侧或底部】等对齐方式，如图6-134所示。

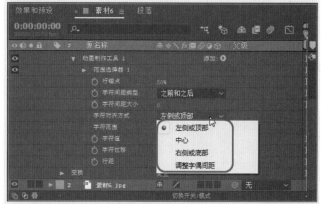

图6-134　字符的对齐方式

- 【字符范围】：设置字符范围的类型。可设置【保留大小写及数位】和【完整的Unicode】两种。
- 【字符值】：调整该参数可使整个字符变为新的字符。
- 【字符位移】：调整该参数可使字符产生偏移，从而变成其他字符。
- 【行距】：设置文本中行和列的间距，如图6-135所示。

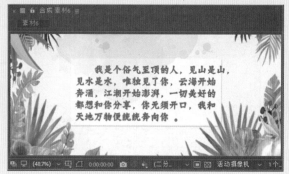

图6-135　设置行距后的效果

135

图6-135 （续）

图6-137 （续）

4. 启用逐字3D化与模糊选择器

启用逐字3D化控制器可以将文字层转换为三维层，并在【合成】面板中出现3D坐标轴，通过调整坐标轴来改变文本三维空间的位置，如图6-136所示。

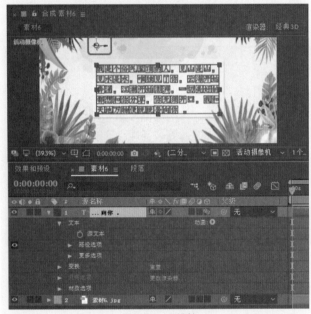

图6-136 坐标轴

模糊选择器可以分别使文本产生水平和垂直方向上的模糊效果，如图6-137所示。

5. 范围选择器

每当添加一种控制器时，都会在【动画】属性组中添加一个【范围选择器】选项，如图6-138所示。

图6-137 水平模糊和垂直模糊效果

图6-138 范围选择器

- 【起始】、【结束】：设置该选择器的有效起始或结束范围。有效范围的效果如图6-139所示。

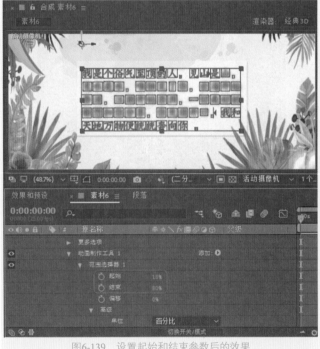

图6-139 设置起始和结束参数后的效果

- 【偏移】：设置有效范围的偏移量，如图6-140所示。

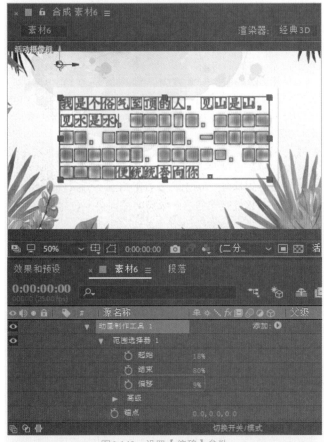

图6-140 设置【偏移】参数

- 【单位】、【依据】：这两个参数用于控制有效范围内的动画单位。前者以字母为单位；后者以词组为单位。
- 【模式】：设置有效范围与原文本之间的交互模式。
- 【数量】：设置属性控制文本的程度，值越大影响的程度就越强，如图6-141所示。
- 【形状】：设置有效范围内字符排列的形状模式，包括【矩形】、【上倾斜】、【三角形】等六种形状。
- 【平滑度】：设置产生平滑过渡的效果。
- 【缓和高】、【缓和低】：控制文本动画过渡柔和最高和最低点的速率。
- 【随机顺序】：设置有效范围添加在其他区域的随机性，随着随机数值的变化，有效范围在其他区域的效果也在不断变化。

6. 摆动选择器

摆动控制器可以控制文本的抖动，配合关键帧动画可以制作出复杂的动画效果。要添加摆动控制器，需要在添加范围选择器后的动画属性组右侧，单击【添加】按钮右侧的小三角按钮，在弹出的菜单中选择【选择器】|【摆

动】命令即可，如图6-142所示。默认情况下，添加摆摆控制器后即可得到不规律的文字抖动效果。

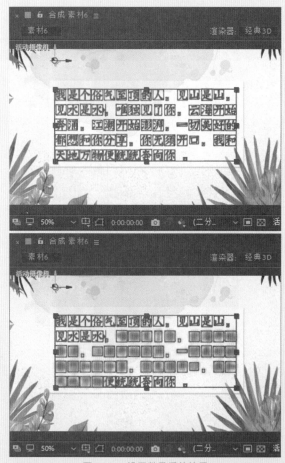

图6-141 设置数量后的效果

图6-142 选择【摆动】命令

- 【最大量】、【最小量】：设置随机范围的最大、最小值。
- 【摇摆/秒】：设置每秒钟随机变化的频率。数值越大，变化频率越大。
- 【关联】：设置字符间相互关联变化的程度。

- 【时间相位】、【空间相位】：设置文本动画在时间、空间范围内随机的变化。
- 【锁定维度】：设置随机相对范围的锁定。

▶ 6.4.2 预置动画

在After Effects 2018的预置动画中提供了很多文字动画，在【效果和预设】面板中展开【动画预设】选项，在Text文件夹下包含有所有的文本预置动画，如图6-143所示。

图6-143 预置动画

选择合适的预置动画，用鼠标将其直接拖至文字层上即可。还可以在【效果控件】中对添加的预置动画进行修改。

(6.5) 表达式

After Effects 2018提供了一种非常方便的动画控制方法——表达式。表达式是由传统的JavaScript语言编写成的，利用表达式可以实现界面中不能执行的命令或将大量重复性操作简单化。使用表达式可以制作出层与层或属性与属性之间的关联。

▶ 6.5.1 认识表达式

After Effects 2018中的表达式具有类似于其他程序设计的语法，只有遵循这些语法才能创建出正确的表达式。其实在After Effects 2018中应用表达式不需要熟练掌握JavaScript语言，只要理解简单的写法，就可创建表达式。

例如，在某层的旋转下输入表达式：transform.rotation=transform.rotation+time*50，表示随着时间的增长呈50倍的旋转。

如果当前表达式要调用其他图层或者其他属性，则需要在表达式中加上全局属性和层属性，如thisComp（"03_1.jpg"）transform.rotation=transform.rotation+time*20。

- 【全局属性（thisComp）】：用来说明表达式所应用的最高层级，也可理解为整个合成。
- 【层级标识符号（.）】：该符号为英文输入状态下的句号。表示属性连接符号，该符号前面为上位层级，后面为下位层级。
- 【layer（""）】：定义层的名称，必须在括号内加引号。例如，素材名称为XW.jpg可写成layer（"XW.jpg"）。

另外，还可以为表达式添加注释。在注释语句前加上"//"符号，表示在同一行中任何处于"//"后面的语句都被认为是表达式注释语句。在注释语句首尾添加"/*"和"*/"符号，表示处于"/*"和"*/"之间的语句都被认为是表达式注释语句。

在After Effects中经常用到的一个数据类型是数组，因此，了解数组属性对于编写表达式有很大的帮助。

- 【数组常量】：在JavaScript语言中，数组常量通常包含几个数值，如[5,6]，其中5表示第0号元素，6表示第一号元素。在After Effects中，表达式的数值是从0开始的。
- 【数组变量】：用一些自定义的元素代替具体的值，变量类似一个容器，其中的值可以不断改变，并且值本身不全是数字，可以是一些文字或某一对象，scale=[10,20]。

可使用"[]"中的元素序号访问数组中的某一元素，如scale[0]表示的数字是10，而scale[1]表示的数字是20。

- 【将数组指针赋予变量】：主要是为属性和方法赋予值或返回值。如将二维数组thislayer.position的X方向保持为100，Y方向可以运动，则表达式应为：y=position[1],[100,y]或[100,position[1]]。
- 【数组维度】：属性的参数量为维度，如透明度的属性为一个参数，即为一维，也可以说是一元属性，不同的属性具有不同的维度。例如：
  - ◆ 【一维】：旋转、透明度。
  - ◆ 【二维】：二维空间中的位置、缩放、旋转。
  - ◆ 【三维】：三维空间中的位置、缩放、方向。
  - ◆ 【四维】：颜色。

6.5.2 创建与编辑表达式

在After Effects 2018中要为某个属性创建表达式，可以选择该属性，然后在菜单栏中选择【动画】|【添加文本选择器】|【表达式】命令，如图6-144所示；或按住Alt键单击该属性左侧的 按钮。添加表达式后的效果如图6-145所示。

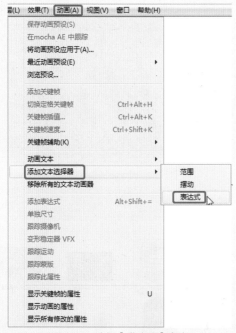

图6-144　选择【表达式】命令

图6-145　添加表达式后的效果

此时，在表达式区域输入transform.rotation= transform.rotation+time*20，按小键盘上的Enter键或在其他位置单击即可完成表达式的输入。按空格键可以查看旋转动画。

如果输入的表达式有误，按Enter键确认时，在表达式下【启用表达式】 图标的左侧会出现警告图标 ，如图6-146所示。

创建表达式后，可以通过修改表达式的属性来编辑表达命令，如启用、关闭表达式，链接属性等。

● 【启用表达式】 ：设置表达式的开关。当开启时，相关属性参数将显示为红色；当关闭时，相关属性恢复默认颜色，如图6-147所示。

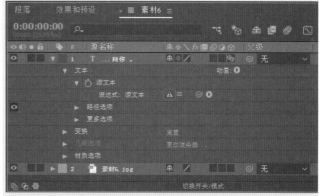

图6-146　警告图标

图6-147　表达式的开启与关闭

● 【显示后表达式图表】 ：单击该按钮可以定义表达式的动画曲线，但是需要先激活图形编辑器。
● 【表达式关联器】 ：单击该按钮，可以拉出一根橡皮筋，将其链接到其他属性上，可以创建表达式，使它们建立关联性的动画，如图6-148所示。
● 【表达式语言菜单】： 单击该按钮，可以根据需要在表达式语言菜单中选择相关的表达式语言，如图6-149所示。

图6-148　表达式拾取

● 【表达式区域】：用户可以在表达式区域中对表达式进行修改，可以通过拖动该区域下方的边界向下进行扩展。

图6-149　表达式语言菜单

6.6　上机练习——打字效果

本例讲解打字效果的制作过程。首先使用【横排文字工具】制作文字，然后通过对文字添加特效使其呈现出打字效果，具体操作方法如下，完成后的效果如图6-150所示。

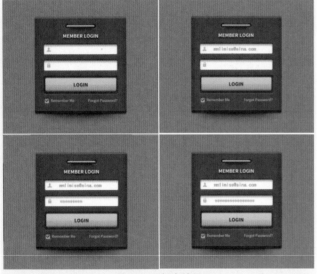

图6-150　打字效果

01 新建一个项目，按Ctrl+N组合键，在弹出的对话框中将【宽度】、【高度】分别设置为600 px、500 px，将【像素长宽比】设置为【方形像素】，将持续时间设置为0:00:10:00，如图6-151所示。

02 设置完成后，单击【确定】按钮。按Ctrl+I组合键，在弹出的【导入文件】对话框中选择"m02.jpg"素材文件，取消选中【Importer JPEG序列】复选框，如图6-152所示。

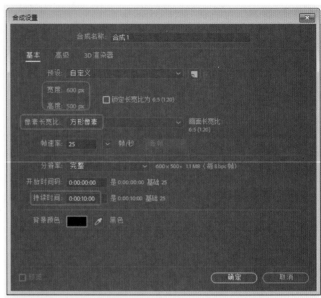

图6-151　【合成设置】对话框

图6-152　选择素材文件

03 单击【导入】按钮，即可将素材文件导入【项目】面板中。按住鼠标将该素材文件拖至【合成】面板中，如图6-153所示。

04 在工具栏中单击【横排文字工具】，在【合成】面板中单击鼠标，输入文字"mmlimiss@sina.com"。选中输入的文字，在【字符】面板中将【字体】设置为【黑体】，将【字体大小】设置为20像素，将【字符间距】设置为-50，单击【仿粗体】按钮，将【字体颜色】设置为#B1B0B0。在【段落】面板中单击【居中对齐文本】按钮 ，并调整文字的位置，效果如图6-154所示。

图6-153 导入素材文件并拖至【合成】面板中

图6-154 输入文字并进行设置

05 继续选中该文字，在【效果和预设】面板中选择【动画预设】| Text | Animate In |【打字机】选项，双击该选项，为选中的文字添加该动画效果，如图6-155所示。

图6-155 添加动画效果

06 将当前时间设置为0:00:01:22，将【起始】右侧的第2个关键帧与时间线对齐，效果如图6-156所示。

提示 在实际操作过程中可能需要设置许多关键帧，按键盘上的U键可以快速显示所有的关键帧。

图6-156 调整关键帧的位置

07 在工具箱中单击【横排文字工具】，在【合成】面板中单击，输入字符，并调整其位置，效果如图6-157所示。

图6-157 输入字符并调整其位置

08 为新输入的字符添加【打字机】动画效果，将当前时间设置为0:00:04:08，调整该文字关键帧的位置，效果如图6-158所示。

图6-158 调整关键帧的位置

 6.7 思考与练习

1. 创建文本的方法有几种，分别是什么？
2. 如何将文本沿一条路径排列？
3. 在文本动画控制器中，文本类控制器的作用是什么？

第7章
蒙版与蒙版特效

蒙版是一种非破坏性编辑工具，用于遮挡图层内容，使其隐藏或透明，但不会将对象删除。本章主要对蒙版的创建、编辑蒙版的形状、蒙版的属性设置以及蒙版特效的使用进行介绍。

 7.1 认识蒙版

一般来说，蒙版需要有两个层，而在After Effects中，蒙版绘制在图层中，虽然是一个层，但可以将其理解为两个层：一个是轮廓层，即蒙版层；另一个是被遮挡层，即蒙版下面的层。蒙版层的轮廓形状决定看到的图像形状，而被遮挡层决定显示的内容。

7.2 创建蒙版

在After Effects自带的工具栏中，可以利用相关的蒙版工具来创建如矩形、圆形和自由形状的蒙版。

▶ 7.2.1　使用【矩形工具】创建蒙版

选择要创建蒙版的层，在工具栏中选择【矩形工具】■，然后在【合成】面板中单击并拖动鼠标即可绘制一个矩形蒙版区域，如图7-1所示，在矩形蒙版区域将显示当前层的图像，矩形以外的部分将隐藏。

选择要创建蒙版的层，然后双击工具栏中的【矩形工具】■，可以快速创建一个与层素材大小相同的矩形蒙版，如图7-2所示。在绘制蒙版时，如果按住Shift键，可以创建一个正方形蒙版。

图7-1　绘制矩形蒙版　　　　图7-2　创建蒙版

> 提示　在绘制矩形蒙版时，按住空格键移动鼠标可以移动绘制的图形蒙版。

▶ 7.2.2　使用【圆角矩形工具】创建蒙版

使用【圆角矩形工具】■创建蒙版与使用【矩形工具】■创建蒙版的方法相同，效果如图7-3所示。

选择要创建蒙版的层，然后双击工具栏中的【圆角矩形工具】■，可沿层的边创建一个最大的圆角矩形蒙版。在绘制蒙版时，如果按住Shift键，可以创建一个圆角的正

方形蒙版，如图7-4所示。

图7-3　绘制圆角矩形蒙版　　　图7-4　绘制圆角的正方形蒙版

▶ 7.2.3　使用【椭圆工具】创建蒙版

选择要创建蒙版的层，在工具栏中选择【椭圆工具】○，然后在【合成】面板中单击并按住Shift键拖动鼠标即可绘制一个正圆形蒙版区域，如图7-5所示。在正圆形蒙版区域将显示当前层的图像，正圆形以外的部分变成不可见。

选择要创建蒙版的层，然后双击工具栏中的【椭圆工具】○，可沿层的边创建一个最大的椭圆形蒙版，如图7-6所示。

图7-5　绘制正圆形蒙版　　　　图7-6　创建最大的蒙版

▶ 7.2.4　使用【多边形工具】创建蒙版

选择要创建蒙版的层，在工具栏中选择【多边形工具】○。在【合成】面板中单击并拖动鼠标即可绘制一个多边形蒙版区域，如图7-7所示，在多边形蒙版区域中将显示当前层的图像，多边形以外的部分变成不可见。

> 提示　在绘制蒙版时，如果按住Shift键可固定角度。

▶ 7.2.5　使用【星形工具】创建蒙版

使用【星形工具】可以创建一个星形蒙版，使用该工具创建蒙版的方法与使用【多边形工具】○创建蒙版的方法相同，效果如图7-8所示。

图7-7 绘制多边形蒙版　　　图7-8 绘制星形蒙版

▶ 7.2.6 使用【钢笔工具】创建蒙版

使用【钢笔工具】 ✐ 可以绘制任意形状的蒙版，不但可以绘制封闭的蒙版，还可以绘制开放的蒙版。【钢笔工具】 ✐ 具有很高的灵活性，可以绘制直线，也可以绘制曲线，可以绘制直角多边形，也可以绘制弯曲的任意形状。

选择要创建蒙版的层，在工具栏中选择【钢笔工具】 ✐。在【合成】面板中单击创建第1点，然后在其他区域单击创建第2点，如果连续单击下去，可以创建一个直线段围成的蒙版轮廓，如图7-9所示。

如果按下鼠标左键并拖动，则可以绘制一个曲线点，以创建曲线。多次创建后，可以围成一个曲线轮廓，如图7-10所示。若使用【转换"顶点"工具】 ▶，可以对顶点进行转换，将直线转换为曲线或将曲线转换为直线。

图7-9 直线蒙版轮廓　　　图7-10 曲线蒙版轮廓

如果想绘制开放蒙版，可以在绘制到需要的程度后，按住Ctrl键的同时在【合成】面板中单击，即可结束绘制，如图7-11所示。

如果要绘制一个封闭的轮廓，则可以将鼠标指针移到开始点的位置，当指针变成"✐。"时单击，即可将路径封闭，如图7-12所示。

图7-11 绘制开放蒙版　　　图7-12 绘制封闭蒙版

▶ 7.2.7 实战：水面结冰效果

本案例将介绍如何制作水面结冰效果。首先添加素材

图片，然后为图层添加【湍流置换】效果，使用【椭圆工具】绘制蒙版，最后设置图层【蒙版】的参数，完成后的效果如图7-13所示。

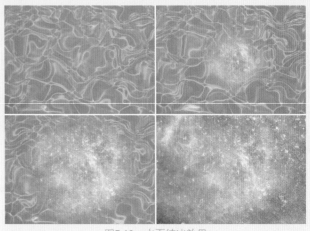

图7-13 水面结冰效果

01 启动软件，新建一个项目，然后按Ctrl+N组合键，在弹出的【合成设置】对话框中，将【合成名称】设置为"水面结冰"，将【宽度】和【高度】分别设置为427 px、300 px，将【帧速率】设置为25帧/秒，将【持续时间】设置为0:00:06:00，如图7-14所示，最后单击【确定】按钮。

图7-14 【合成设置】对话框

02 在【项目】面板中双击，在弹出的【导入文件】对话框中，选择"素材\Cha07＞\水面.jpg和冰面.jpg"素材图片，然后单击【导入】按钮，将素材图片导入到【项目】面板中，如图7-15所示。

03 将"水面.jpg"素材图片拖到时间轴中，如图7-16所示。

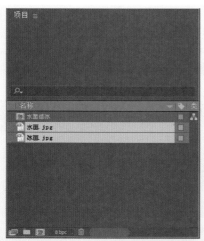

图7-15 导入素材图片

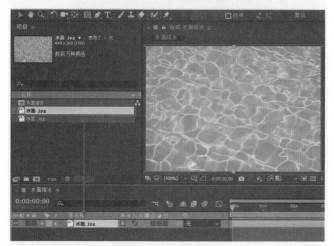

图7-16 添加素材图片

04 在时间轴中选择"水面.jpg"层，在菜单栏中选择【效果】|【扭曲】|【湍流置换】命令，如图7-17所示。

图7-17 【湍流置换】命令

05 确认当前时间为 0:00:00:00，在【效果控件】面板中，将【湍流置换】中的【数量】设置为150.0，将【大小】设置为20.0，将【偏移（湍流）】设置为75.0、150.0，单击【偏移（湍流）】左侧【时间变化秒表】按钮，如图7-18所示。

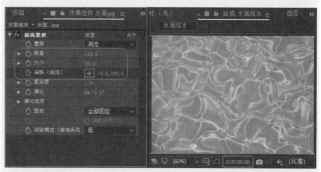

图7-18 设置【湍流置换】参数

知识链接 湍流置换

　　【湍流置换】命令可使用分形杂色在图像中创建湍流扭曲效果。例如，使用此命令创建流水、哈哈镜和摆动的旗帜。

- 【置换】：使用的湍流的类型。除了【更平滑】选项可创建更平滑的变形且需要更长时间进行渲染以外，【湍流较平滑】、【凸出较平滑】和【扭转较平滑】各自可执行的操作与【湍流】、【凸出】和【扭转】相同。【垂直置换】仅使图像垂直变形。【水平置换】仅使图像水平变形。【交叉置换】使图像垂直、水平变形。
- 【数量】：值越高，扭曲量越大。
- 【大小】：值越高，扭曲区域越大。
- 【偏移（湍流）】：确定用于创建扭曲的部分分形形状。
- 【复杂度】：确定湍流的详细程度。值越低，扭曲越平滑。
- 【演化】：为此设置动画将使湍流随时间变化。虽然【演化】值在名为旋转次数的单元中设置，但意识到这些旋转是渐进的很重要。【演化】状态会在每个新值位置继续无限发展。使用【循环演化】选项可使【演化】设置在每次旋转时返回其原始状态。
- 【演化选项】：用于提供控件，以便在一次短循环中渲染效果，然后在图层持续时间内循环它。使用这些控件可预渲染循环中的湍流元素，因此可以缩短渲染时间。
- 【循环演化】：创建使【演化】状态返回其起点的循环。
- 【循环】：分形在重复之前循环所使用的【演化】设置的旋转次数。【演化】关键帧之间的时间可确定"演化"循环的时间安排。【循环】控件仅影响分形状态，不影响几何图形或其他控件，因此可使用不同的【大

小】或【位移】设置获得不同的结果。

- 【随机植入】：指定生成分形杂色使用的值。为此属性设置动画会导致以下结果：从一组分形形状闪光到另一组分形形状（在同一分形类型内），此结果通常不是用户需要的结果。为使分形杂色平滑过渡，请为【演化】属性设置动画。通过重复使用以前创建的【演化】循环，并仅更改【随机植入】值，可创建新的湍流动画。使用新的【随机植入】值可改变杂色图，而不扰乱【演化】动画。
- 【固定】：指定要固定的边缘，以使沿这些边缘的像素不进行置换。
- 【调整图层大小】：使扭曲图像扩展到图层的原始边界之外。

06 将当前时间设置为0:00:05:24，在【效果控件】面板中，将【偏移（湍流）】设置为160.0、150.0，如图7-19所示。

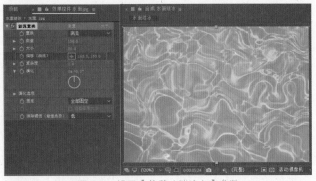

图7-19　设置【偏移（湍流）】参数

07 将"冰面.jpg"素材图片添加到时间轴中的"水面"层上方。选中"冰面.jpg"层，在工具栏中选择【椭圆工具】按钮 ，在【合成】面板中绘制一个椭圆形蒙版，如图7-20所示。

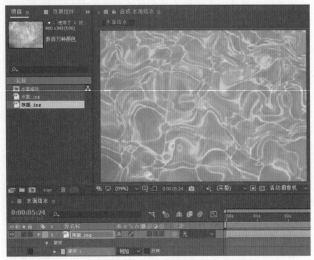

图7-20　绘制椭圆形蒙版

08 将当前时间设置为 0:00:00:00，在"冰面.jpg"层的【变换】|【蒙版】中，将【蒙版羽化】设置为40.0像素、40.0像素，单击【蒙版扩展】左侧的【时间变化秒表】按钮 ，将【蒙版扩展】设置为-5.0像素，如图7-21所示。

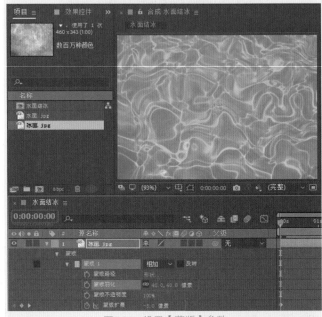

图7-21　设置【蒙版】参数

09 使用椭圆工具绘制蒙版时，可以按住空格键移动蒙版的位置。

知识链接　蒙版羽化与蒙版扩展

【蒙版羽化】：按用户定义的距离使蒙版边缘从高透明度逐渐减至低透明度，可以对蒙版边缘进行柔化。使用【蒙版羽化】属性，可将蒙版边缘变为硬边或软边（羽化）。

【蒙版扩展】：可以扩展或收缩受蒙版影响的区域。蒙版扩展影响 Alpha 通道，但不影响底层蒙版路径；蒙版扩展实际上是一个偏移量，用于确定蒙版对 Alpha 通道的影响与蒙版路径的距离，以像素为单位。

10 将当前时间设置为0:00:05:24，将【蒙版扩展】设置为260.0像素，如图7-22所示。

11 按Ctrl+M组合键，在【渲染队列】面板中，单击【输出到】右侧的文字，设置视频输出的位置，然后单击【渲染】按钮，渲染输出视频，如图7-23所示。

图7-22 设置【蒙版扩展】参数

图7-23 渲染输出视频

 7.3 **编辑蒙版形状**

创建蒙版后，可以根据需要对蒙版的形状进行修改，以更适合图像轮廓的要求。下面就来介绍修改蒙版形状的方法。

7.3.1 选择顶点

创建蒙版后，可以在创建的形状上发现小的方形控制

点，这些控制点就是顶点。

选中的顶点与没有选中的顶点是不同的，选中的顶点是实心的方形，没有选中的顶点是空心的方形。

选择顶点的方法如下。

● 使用【选取工具】▶在顶点上单击，即可选择一个顶点，如图7-24所示。如果想选择多个顶点，可以在按住Shift键的同时，分别单击要选择的顶点。
● 在【合成】面板中单击并拖动鼠标，将出现一个矩形选框，被矩形选框框住的顶点都将被选中，如图7-25所示。

图7-24 选择顶点　　　　图7-25 矩形选框

提示　按住Alt键的同时单击一个顶点，则可以选择所有的顶点。

7.3.2 移动顶点

选中蒙版图形的顶点，通过移动顶点，可以改变蒙版的形状，操作方法如下。

在工具栏中使用【选取工具】▶，在【合成】面板中选中其中一个顶点，如图7-26所示，然后拖动顶点到其他位置即可，效果如图7-27所示。

图7-26 选择顶点　　　　图7-27 移动顶点后的效果

7.3.3 添加/删除顶点

通过使用【添加"顶点"工具】▶和【删除"顶点"工具】▶，可以在绘制的形状上添加或删除顶点，从而改变蒙版的轮廓。

1.添加顶点

在工具栏中选择【添加"顶点"工具】▶，将鼠标指针移动到路径上需要添加顶点的位置并单击，即可添加一

个顶点。如图7-28所示为添加顶点前后的对比。多次在路径的不同位置单击，可以添加多个顶点。

图7-28　添加顶点前后的对比

2. 删除顶点

在工具栏中选择【删除"顶点"工具】，将鼠标指针移动到需要删除的顶点上并单击，即可删除该顶点。如图7-29所示为删除顶点前后的对比。

图7-29　删除顶点前后的对比

> 提示　选择需要删除的顶点，然后在菜单栏中选择【编辑】|【清除】命令或按键盘上的Delete键，也可将选择的顶点删除。

7.3.4　顶点的转换

绘制的形状上的顶点可以分为两种：角点和曲线点，如图7-30所示。

图7-30　角点和曲线点

- 角点：顶点的两侧都是直线，没有弯曲角度。
- 曲线点：一个顶点有两个控制手柄，可以控制曲线的弯曲程度。

使用工具栏中的【转换"顶点"工具】，可以将角点和曲线点进行快速转换，如图7-31所示。转换的操作方法如下。

- 使用工具栏中的【转换"顶点"工具】，在曲线点上单击，即可将曲线点转换为角点。
- 使用工具栏中的【转换"顶点"工具】，单击角点并拖动，即可将角点转换成曲线点。

图7-31　顶点转换

> 提示　当转换成曲线点后，通过使用【选取工具】可以手动调节曲线点两侧的控制柄，以修改蒙版的形状。

7.3.5　蒙版羽化

在工具栏中选择【蒙版羽化工具】，单击蒙版轮廓边缘能够添加羽化顶点，如图7-32所示。

图7-32　添加羽化顶点

在添加羽化顶点时，按住鼠标不放，拖动羽化顶点可以为蒙版调整羽化效果，如图7-33所示。

图7-33　为蒙版调整羽化效果

图7-36 蒙版模式下拉列表框

7.4 【蒙版】属性设置

创建蒙版后，会在【时间轴】面板中添加一组新的属性——【蒙版】，如图7-34所示。

图7-34 【蒙版】属性

7.4.1 锁定蒙版

为了避免操作中出现失误，可以将蒙版锁定，锁定后的蒙版将不能被修改。锁定蒙版的操作方法如下。

在【时间轴】面板中展开【蒙版】属性组。

单击要锁定的【蒙版1】左侧的■图标，此时该图标将变成█图标，如图7-35所示，表示该蒙版已锁定。

图7-35 锁定蒙版

7.4.2 蒙版的混合模式

当一个层上有多个蒙版时，可在这些蒙版之间添加不同的模式来产生各种效果。蒙版的默认模式为【相加】，单击【相加】下拉按钮，在弹出的下拉列表框中可选择蒙版的其他模式，如图7-36所示。

使用【椭圆工具】◯和【圆角矩形工具】◻为层绘制两个交叉的蒙版，如图7-37所示。其中，将蒙版1的模式设置为【相加】，下面将通过改变蒙版2的模式来演示不同模式的效果。

图7-37 绘制的蒙版

- 【无】：选择该模式的路径，起不到蒙版的作用，仅作为路径存在，如图7-38所示。
- 【相加】：使用该模式，在合成图像上显示所有蒙版内容，蒙版相交部分不透明度相加。如图7-39所示，蒙版1的【不透明度】为80%，蒙版2的【不透明度】为50%。

图7-38 【无】模式　　　图7-39 【相加】模式

- 【相减】：使用该模式，上面的蒙版减去下面的蒙版，被减去的区域内容不在合成图像上显示，如图7-40所示。
- 【交集】：该模式只显示所选蒙版与其他蒙版相交部分的内容，如图7-41所示。

 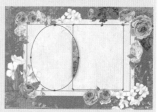

图7-40 【相减】模式　　　图7-41 【交集】模式

- 【变亮】：该模式与【相加】模式效果相同，但是对于蒙版相交部分的不透明度，则采用不透明度较高的那个值。如图7-42所示，蒙版1的【不透明度】为100%，蒙

版2的【不透明度】为60%。

- 【变暗】：该模式与【交集】模式的效果相同，但是对于蒙版相交部分的不透明度，则采用不透明度较小的那个值。如图7-43所示，蒙版 1的【不透明度】为100%，蒙版2的【不透明度】为50%。

 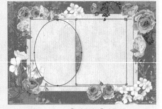

图7-42　【变亮】模式　　　　　图7-43　【变暗】模式

- 【差值】：应用该模式，蒙版将采取并集减交集的方式，在合成图像上只显示相交部分以外的所有蒙版区域，如图7-44所示。

图7-44　【差值】模式

7.4.3　反转蒙版

默认情况下，只显示蒙版内当前层的图像，蒙版以外的图像不显示。选中【时间轴】面板中的【反转】复选框可设置蒙版的反转效果。在菜单栏中选择【图层】|【蒙版】|【反转】命令，如图7-45所示，也可设置蒙版反转。如图7-46所示左图为反转前的效果，右图为反转后的效果。

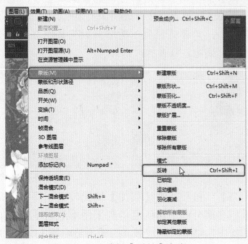

图7-45　选择【反转】命令

图7-46　反转蒙版

7.4.4　蒙版路径

在添加蒙版的图层中，单击【蒙版】属性中【蒙版路径】右侧的【形状】，可以弹出【蒙版形状】对话框，如图7-47所示。在【定界框】选项区域，通过修改【顶部】、【底部】、【左侧】、【右侧】选项参数，可以修改当前蒙版的大小。通过【单位】下拉列表框可以为修改值设置一个适当的单位。

图7-47　【蒙版形状】对话框

在【形状】选项区域可以修改当前蒙版的形状，可以将其改成矩形或椭圆。

- 【矩形】选项：用于将蒙版形状修改为矩形，如图7-48所示。
- 【椭圆】选项：用于将蒙版形状修改为椭圆，如图7-49所示。

图7-48　矩形蒙版　　　　　图7-49　圆形蒙版

7.4.5　蒙版羽化

通过设置【蒙版羽化】参数可以对蒙版的边缘进行柔

化处理，制作出虚化的边缘效果，如图7-50所示。

在菜单栏中选择【图层】|【蒙版】|【蒙版羽化】命令，或在图层的【蒙版】|【蒙版1】|【蒙版羽化】参数上右击，在弹出的快捷菜单中选择【编辑值】命令，弹出【蒙版羽化】对话框，在该对话框中也可设置羽化参数，如图7-51所示。

图7-50 蒙版羽化　　　图7-51 【蒙版羽化】对话框

若要单独地设置水平羽化或垂直羽化，可在【时间轴】面板中单击【蒙版羽化】右侧的【约束比例】按钮，将约束比例取消，然后分别调整水平或垂直的羽化值。

水平羽化和垂直羽化效果如图7-52所示。

图7-52 水平羽化和垂直羽化效果

▶ 7.4.6 实战：蒙版不透明度

通过设置【蒙版不透明度】参数可以调整蒙版的不透明度。如图7-53所示为不透明度参数分别为100%（左）和50%（右）的效果。

图7-53 不同的蒙版不透明度的效果

在图层的【蒙版】|【蒙版1】|【蒙版不透明度】参数上右击，在弹出的快捷菜单中选择【编辑值】命令，或在菜单栏中选择【图层】|【蒙版】|【蒙版不透明度】命令，如图7-54所示，弹出【蒙版不透明度】对话框，在该对话框中也可设置蒙版的不透明度参数，如图7-55所示。

下面将通过设置【蒙版羽化】与【蒙版不透明度】参数来讲解如何制作图像切换效果，效果如图7-56所

示，操作步骤如下。

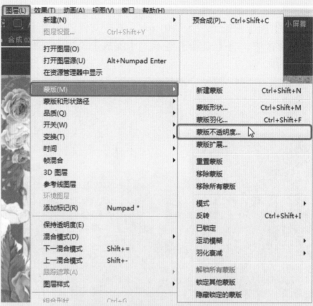

图7-54 选择【蒙版不透明度】命令

图7-55 【蒙版不透明度】对话框

图7-56 图像切换

01 在【项目】面板中，右击，在弹出的快捷菜单中选择【新建合成】命令。在弹出的【合成设置】对话框中，将【宽度】和【高度】分别设置为420 px、329 px，将【像素长宽比】设置为D1/DV PAL（1.09），将【帧速率】设置为25帧/秒，将【持续时间】设置为0:00:03:00，

然后单击【确定】按钮。

02 导入"风景01.jpg""风景02.jpg"素材图片，在【项目】面板中选择"风景01.jpg"素材文件添加至【时间轴】面板中，将【变换】组下的【缩放】设置为33%，如图7-57所示。

图7-57 添加"风景01.jpg"素材图片

03 在【项目】面板中选择"风景02.jpg"素材文件，按住鼠标将其拖至"风景01.jpg"的上方，将【变换】组下的【缩放】设置为33%，如图7-58所示。

图7-58 添加"风景02.jpg"素材文件

04 确认当前时间为0:00:00:00，在时间轴中选中"风景02.jpg"层，使用【矩形工具】■绘制如图7-87所示

的矩形蒙版，然后单击【蒙版】|【蒙版1】中的【蒙版羽化】左侧的◯按钮，添加关键帧，如图7-59所示。

图7-59 添加蒙版羽化关键帧

05 将当前时间设置为0:00:01:12，将【蒙版羽化】设置为800像素，然后单击【蒙版不透明度】左侧的◯按钮，添加关键帧，如图7-60所示。

图7-60 设置蒙版参数

06 将当前时间设置为0:00:02:18，将【蒙版不透明度】设置为0%，如图7-61所示。

07 将合成图像添加到【渲染队列】中并输出视频，并将场景文件保存。

图7-61 设置【蒙版不透明度】参数

7.4.7 蒙版扩展

蒙版的范围可以通过【蒙版扩展】参数来调整。当参数为正值时，蒙版范围将向外扩展，如图7-62所示；当参数为负值时，蒙版范围将向里收缩，如图7-63所示。

图7-62 蒙版范围扩展的效果

图7-63 蒙版范围收缩的效果

在图层的【蒙版】|【蒙版1】|【蒙版扩展】参数上右击，在弹出的快捷菜单中选择【编辑值】命令，或在菜单栏中选择【图层】|【蒙版】|【蒙版扩展】命令，如图7-64所示。弹出【蒙版扩展】对话框，在该对话框中可以对蒙版的扩展参数进行设置，如图7-65所示。

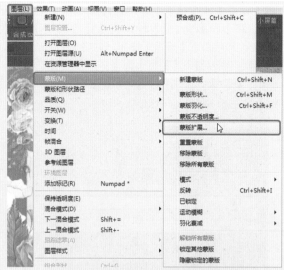

图7-64 选择【蒙版扩展】命令

图7-65 【蒙版扩展】对话框

实例操作001——星球运行效果

本案例将介绍如何制作星球运行效果。首先添加素材图片，为其设置【缩放】关键帧，然后导入新图层并在图层上使用【椭圆工具】绘制蒙版，通过设置【蒙版羽化】和【蒙版扩展】参数来显示星球图片，最后将星球图层转换为3D图层并设置位置关键帧。完成后的效果如图7-66所示。

图7-66 星球运行效果

01 在【项目】面板中右击，在弹出的快捷菜单中选择【新建合成】命令。在弹出的【合成设置】对话框

中，将【宽度】和【高度】分别设置为500 px、329 px，将【帧速率】设置为25帧/秒，将【持续时间】设置为0:00:05:00，然后单击【确定】按钮，并将"05.jpg"和"星球2.jpg"素材图片导入【项目】面板中，如图7-67所示。

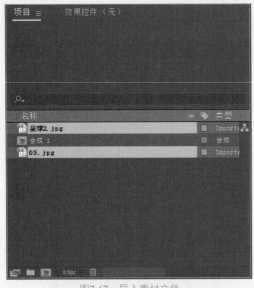

图7-67　导入素材文件

02　将"05.jpg"素材图片添加到时间轴中，将当前时间设置为0:00:00:00，将"05.jpg"层的3D模式打开，将【位置】设置为165、164.5、0，并单击其左侧的【时间变化秒表】按钮，将【缩放】设置为42%，如图7-68所示。

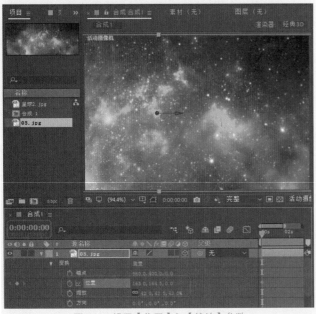

图7-68　设置【位置】与【缩放】参数

03　将当前时间设置为0:00:04:24，然后将"05.jpg"层的【位置】设置为320、164.5、0，如图7-69所示。

图7-69　设置【位置】参数

04　将【项目】面板中的"星球2.jpg"素材图片添加到时间轴中，将其放置在"05.jpg"层的上方，将当前时间设置为0:00:00:00，打开3D模式，将【锚点】设置为735、485、0，将【位置】设置为251、166、-260，单击其左侧的【时间变化秒表】按钮，将【缩放】都设置为35%，单击【Z轴旋转】右侧的【时间变化秒表】按钮，如图7-70所示。

图7-70　设置"星球2"素材文件参数

05　将当前时间设置为0:00:04:24，将"星球2.jpg"层下的【位置】设置为251、166、0，将【Z轴旋转】设置为

78，如图7-71所示。

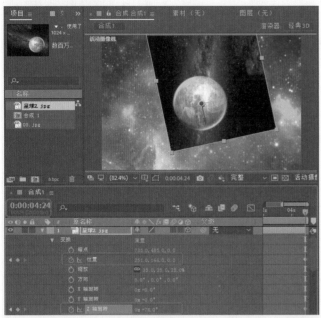

图7-71 设置【位置】与【Z轴旋转】参数

06 选中"星球2.jpg"层，在工具栏中选择【椭圆工具】，在【合成】面板中沿星球轮廓绘制一个圆形蒙版，将【蒙版羽化】设置为50像素，将【蒙版扩展】设置为−15像素，如图7-72所示。

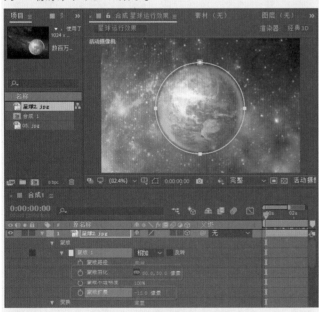

图7-72 创建蒙版并进行设置

> **提示** 在绘制圆形蒙版时，需要按住Ctrl+Shift组合键沿星球中心绘制，并按住空格键移动绘制的图形。

07 将合成图像添加到【渲染队列】中并输出视频，然后将场景文件保存。

（7.5） 多蒙版操作

After Effects支持在同一个层上建立多个蒙版，各蒙版间可以进行叠加。层上的蒙版以创建的先后顺序命名、排列。蒙版的名称和排列位置可以改变。

7.5.1 多蒙版的选择

After Effects可以在同一层中同时选择多个蒙版进行操作，选择多个蒙版的方法如下。

- 在【合成】面板中，选择一个蒙版后，按住Shift键可同时选择其他蒙版的控制点。
- 在【合成】面板中，选择一个蒙版后，按住Alt+Shift键单击要选择的蒙版的一个控制点，即可选中全部控制点的方式选中蒙版。
- 在【时间轴】面板中打开层的【蒙版】卷展栏，按住Ctrl键或Shift键选择蒙版。
- 在【时间轴】面板中打开层的【蒙版】卷展栏，使用鼠标框选蒙版。

7.5.2 蒙版的排序

默认状态下，系统以蒙版创建的顺序为蒙版命名，如"蒙版1""蒙版2"等。蒙版的名称和顺序都可改变。

- 在【时间轴】面板中选择要改变顺序的蒙版，按住鼠标左键，将蒙版拖至目标位置，即可改变蒙版的排列顺序，如图7-73所示。

图7-73 拖曳蒙版

- 使用菜单命令也可改变蒙版的排列顺序。首先在【时间轴】面板中选择需要改变顺序的蒙版，然后在菜单栏中选择【图层】|【排列】命令，在弹出的菜单中有四种排列命令，如图7-74所示。

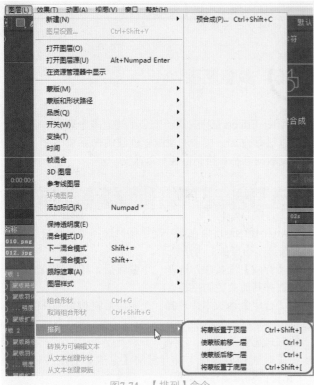

图7-74 【排列】命令

图7-75 书写文字效果

- ◆ 【将蒙版置于顶层】：可以将蒙版移至顶部位置。
- ◆ 【使蒙版前移一层】：可以将蒙版向上移动一层。
- ◆ 【使蒙版后移一层】：可以将蒙版向下移动一层。
- ◆ 【将蒙版置于底层】：可以将蒙版移至底部位置。

实例操作002——书写文字效果

本案例将介绍如何制作书写文字效果。首先添加素材背景图片并输入文字，然后在图层上使用【钢笔工具】绘制多个蒙版路径，为图层添加多个【描边】效果，设置蒙版路径描边效果。完成后的效果如图7-75所示。

01 在【项目】面板中右击，在弹出的快捷菜单中选择【新建合成】命令。在弹出的【合成设置】对话框中，将【宽度】和【高度】分别设置为500 px、329 px，将【帧速率】设置为25帧/秒，将【持续时间】设置为0:00:09:00，然后单击【确定】按钮。

02 将"背景.jpg"素材图片导入【项目】面板中，并将其添加到时间轴中，如图7-76所示。

03 在工具栏中单击【横排文字工具】按钮 **T**，在【合成】面板的适当位置输入文字，然后将【字体】设置为BrowalliaUPC，将【字体大小】设置为56，如图7-77所示。

图7-76 添加背景图层

图7-77 输入文字并进行设置

04 将文字层的【变换】属性展开，将【旋转】设置为-5.0°，如图7-78所示。

图7-78 设置【旋转】参数

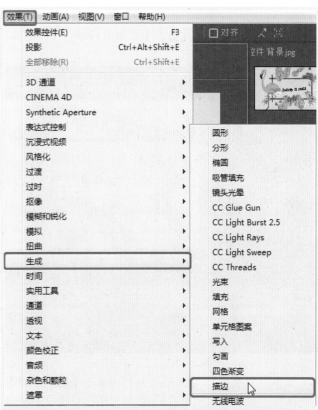

图7-80 选择【描边】命令

选中"背景.jpg"层，在工具栏中单击【钢笔工具】按钮，根据英文字母"h"，绘制如图7-79所示的蒙版路径。

图7-79 绘制蒙版路径

选中"背景.jpg"层，在菜单栏中选择【效果】|【生成】|【描边】命令，如图7-80所示。

确认当前时间为0:00:00:00，在【效果控件】面板中，将【描边】的【路径】设置为【蒙版1】，将【画笔大小】设置为3，将【结束】设置为0，并单击其左侧的【时间变化秒表】按钮，如图7-81所示。

图7-81 设置【描边】效果

08 将当前时间设置为0:00:00:20，在【效果控件】面板中，将【描边】的【结束】设置为100%，如图7-82所示。

图7-82　设置【结束】参数

09 选中"背景.jpg"层，在工具栏中单击【钢笔工具】按钮，根据英文字母"a"绘制如图7-83所示的蒙版路径。

图7-83　绘制蒙版路径

10 选中"背景.jpg"层，在菜单栏中选择【效果】|【描边】命令，确认当前时间为0:00:00:20，在【效果控件】面板中，将【描边2】的【路径】设置为【蒙版2】，将【画笔大小】设置为3，将【结束】设置为0，并单击【结束】左侧的【时间变化秒表】按钮，如图7-84所示。

图7-84　设置【描边2】效果

11 将当前时间设置为0:00:01:15，在【效果控件】面板中将【描边】的【结束】设置为100%，如图7-85所示。

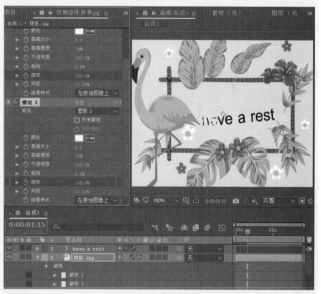

图7-85　设置【结束】参数

12 使用相同的方法绘制其他蒙版路径并设置描边效果，如图7-86所示。

13 将"背景.jpg"层转换为3D图层。将当前时间设置为0:00:00:00，将"背景.jpg"层的【变换】|【位置】设置为250.0、164.5、−100.0，并单击其左侧的【时间变化秒表】按钮，如图7-87所示。

14 将当前时间设置为0:00:08:24，将"背景.jpg"层的【变换】|【位置】设置为250.0、164.5.0、40.0，如图7-88所示。

图7-86 设置蒙版路径和描边效果

图7-87 设置【位置】参数

图7-88 在其他时间设置【位置】参数

⑮将文字图层的 图标关闭,将其隐藏,如图7-89所示。

图7-89 取消显示图层

⑯将合成添加到【渲染队列】中并输出视频,然后将场景文件保存。

7.6 遮罩特效

【遮罩】特效组包含【调整实边遮罩】、【调整柔和遮罩】、mocha shape、【遮罩阻塞工具】和【简单阻塞工具】五种特效,利用【遮罩】特效可以将带有Alpha通道的图像进行收缩或描绘。

7.6.1 调整实边遮罩

使用【调整实边遮罩】效果可改善现有实边 Alpha 通道的边缘。【调整实边遮罩】效果是After Effects 以前版本中【调整遮罩】效果的更新,其参数如图7-90所示。

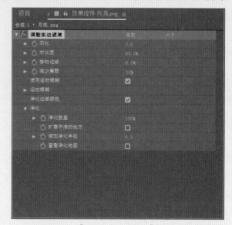

图7-90 【调整实边遮罩】效果设置

- 【羽化】：增大此值，可通过平滑边缘，降低遮罩中曲线的锐度。
- 【对比度】：确定遮罩的对比度。如果【羽化】为 0，则此属性不起作用。与【羽化】属性不同，【对比度】跨边缘应用。
- 【移动边缘】：相对于【羽化】属性值，遮罩扩展的数量。其结果与【遮罩阻塞工具】效果内的【阻塞】属性的结果非常相似，只是值的范围从-100%到 100%（而非 -127 到 127）。
- 【减少震颤】：增大此属性可减少边缘逐帧移动时的不规则更改。如果【减少震颤】值高，则震颤减少程度强，当前帧被认为震颤较少。如果【减少震颤】值低，则震颤减少程度弱，当前帧被认为震颤较多。如果【减少震颤】值为 0，则认为仅当前帧需要遮罩优化。

> **提示** 如果前景物体不移动，但遮罩边缘正在移动和变化，可增加【减少震颤】属性的值。如果前景物体正在移动，但遮罩边缘没有移动，可降低【减少震颤】属性的值。

- 【使用运动模糊】：选中此选项可用运动模糊渲染遮罩。这个高品质选项虽然比较慢，但能产生更干净的边缘。也可以控制样本数和快门角度，其意义与在合成设置的运动模糊相同。在【调整实边遮罩】效果中，如要使用任何运动模糊，则需要打开此选项。
- 【净化边缘颜色】：选中此选项可净化（纯化）边缘像素的颜色。净化的强度由【净化数量】决定。
  - 【净化数量】：确定净化的强度。
  - 【扩展平滑的地方】：只有在【减少震颤】值大于 0 并选择了【净化边缘颜色】选项时才起作用。清洁为减少震颤而移动的边缘。
  - 【增加净化半径】：为边缘颜色净化（也包括任何净化，如羽化、运动模糊和扩展净化）而增加的半径值量（像素）。
  - 【查看净化地图】：显示哪些像素将通过边缘颜色净化而被清除。

7.6.2 调整柔和遮罩

　　【调整柔和遮罩】特效主要是通过参数来调整蒙版与背景之间的衔接过渡，使画面之间过渡更加柔和。使用【调整柔和遮罩】效果可以定义柔和遮罩。此效果使用额外的进程来自动计算更加精细的边缘细节和透明区域，其参数如图7-91所示。

- 【计算边缘细节】：计算半透明边缘，拉出边缘区域中的细节。

- 【其他边缘半径】：沿整个边界添加均匀的边界带，描边的宽度由此值确定。
- 【查看边缘区域】：将边缘区域渲染为黄色，前景和背景渲染为灰度图像（背景光线比前景更暗）。

图7-91 【调整柔和遮罩】效果设置

- 【平滑】：沿 Alpha 边界进行平滑，跨边界保存半透明细节。
- 【羽化】：在优化后的区域模糊 Alpha 通道。如图7-92所示为参数分别为0%（左）和50%（右）的效果。

图7-92 羽化参数不同时的效果

- 【对比度】：在优化后的区域设置 Alpha 通道对比度。
- 【移动边缘】：相对于【羽化】属性值，遮罩扩展的数量，值的范围从 -100%到 100%。
- 【震颤减少】：启用或禁用【震颤减少】。可以在右则选项中选择【更详细】或【更平滑（更慢）】。
- 【减少震颤】：增大此属性可减少边缘逐帧移动时的不规则更改。【更多细节】的最大值为 100%，【更平滑（更慢）】的最大值为 400%。
- 【更多运动模糊】：选中此选项可用运动模糊渲染遮罩。这个高品质选项虽然比较慢，但能产生更干净的边缘。在【调整柔和遮罩】效果中，源图像中的任何运动模糊都会被保留，只有希望在素材中添加效果时才需使

用此选项。
- 【运动模糊】：用于设置抠像区域的动态模糊效果。
  - ◆ 【每帧采样数】：用于设置每帧图像前后采集运动模糊效果的帧数，数值越大动态模糊越强烈，需要渲染的时间也就越长。
  - ◆ 【快门角度】：用于设置快门的角度。
  - ◆ 【更高品质】：选中该复选框，可让图像在动态模糊状态下保持较高的影像质量。
- 【净化边缘颜色】：选中此选项可净化（纯化）边缘像素的颜色。此净化的强度由【净化数量】决定。
  - ◆ 【净化数量】：确定净化的强度。
  - ◆ 【扩展平滑的地方】：只有在【减少震颤】大于 0 并选择了【净化边缘颜色】时才起作用。清洁为减少震颤而移动的边缘。
  - ◆ 【增加净化半径】：为边缘颜色净化（也包括任何净化，如羽化、运动模糊和扩展净化）而增加的半径值（像素）。
  - ◆ 【查看净化地图】：显示哪些像素将通过边缘颜色净化而被清除，其中白色边缘部分为净化半径作用区域，如图7-93所示。

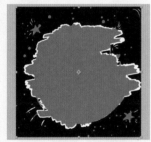

图7-93　查看净化地图

7.6.3　mocha shape

mocha shape特效主要是为抠像层添加形状或颜色蒙版，以便对该蒙版做进一步动画抠像，参数如图7-94所示。
- Blend mode（混合模式）：用于设置抠像层的混合模式，包括Add（相加）、Subtract（相减）和Multiply（正片叠底）三种模式。
- Invert（反转）：选中该复选框，可以对抠像区域进行反转设置。
- Render edge width（渲染边缘宽度）：选中该复选框，可以对抠像边缘的宽度进行渲染。
- Render type（渲染类型）：用于设置抠像区域的渲染类型，包括Shape cutout（形状剪贴）、Color composite（颜色合成）和Color shape cutout（颜色形状剪贴）三种类型。

- Shape colour（形状颜色）：用于设置蒙版的颜色。
- Opacity（透明度）：用于设置抠像区域的不透明度。

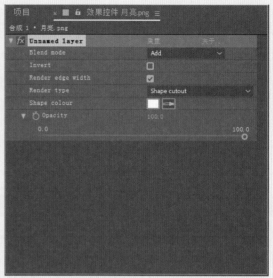

图7-94　mocha shape效果参数

7.6.4　遮罩阻塞工具

【遮罩阻塞工具】特效主要用于对带有Alpha通道的图像进行控制，可以收缩和扩展Alpha通道图像的边缘参数，如图7-95所示。

图7-95　【遮罩阻塞工具】效果参数

- 【几何柔和度1】/【几何柔和度2】：用于设置边缘的柔和程度。
- 【阻塞1】/【阻塞2】：用于设置阻塞的数量。设置为正值，图像扩展；设置为负值，图像收缩。
- 【灰色阶柔和度1】/【灰色阶柔和度2】：用于设置边缘的柔和程度。值越大，边缘柔和程度越强烈。

- 【迭代】：用于设置蒙版扩展边缘的重复次数。如图7-96所示为参数分别为10（左）和50（右）的效果。

图7-96　设置不同的迭代参数时的效果

7.6.5　简单阻塞工具

　　【简单阻塞工具】特效与【遮罩阻塞工具】特效相似，只能作用于Alpha通道，参数如图7-97所示。

图7-97　【简单阻塞工具】效果参数

- 【视图】：在右侧的下拉列表框中可以选择显示图像的最终效果。
  - ◆ 【最终输出】：表示以图像为最终输出效果。
  - ◆ 【遮罩】：表示以蒙版为最终输出效果，如图7-98所示。

图7-98　【最终输出】和【蒙版】效果

- 【阻塞遮罩】：用于设置蒙版的阻塞程度。设置为正值，图像扩展；设置为负值，图像收缩。将值设置

为-50（左）和100（右）的效果如图7-99所示。

图7-99　设置不同的阻塞遮罩参数时的效果

7.7　上机练习——动态显示图片

　　本案例将介绍如何制作动态显示图片。首先添加素材图片，然后在图层上使用【矩形工具】绘制蒙版，通过设置蒙版形状来显示图片，添加多个图层和蒙版后完成效果的制作。完成后的效果如图7-100所示。

图7-100　动态显示图片

01 在【项目】面板中右击，在弹出的快捷菜单中选择【新建合成】命令。在弹出的【合成设置】对话框中，将【宽度】和【高度】分别设置为600 px、634 px，将【像素长宽比】设置为【方形像素】，将【帧速率】设置为25帧/秒，将【持续时间】设置为0:00:08:00，如图7-101所示，然后单击【确定】按钮。

02 将"美发.jpg"素材图片导入【项目】面板中，然后将"美发.jpg"素材图片添加到时间轴中，如图7-102所示。

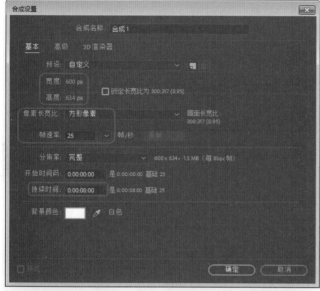

图7-101 【合成设置】对话框

图7-102 添加素材图片层

"美发.jpg"层中的【蒙版】|【蒙版1】|【蒙版路径】右侧的【形状】，在弹出的【蒙版形状】对话框中，设置【定界框】参数，选中【重置为】复选框并在其右侧下拉列表中选择【矩形】，如图7-106所示，然后单击【确定】按钮。

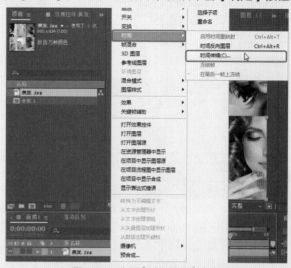

图7-103 选择【时间伸缩】命令

图7-104 设置【新持续时间】参数

03 右击"美发.jpg"层，在弹出的快捷菜单中选择【时间】|【时间伸缩】命令，如图7-103所示。

04 在弹出的【时间伸缩】对话框中，将【新持续时间】设置为0:00:01:00，然后单击【确定】按钮，如图7-104所示。

05 选中"美发.jpg"层，在工具栏中单击【矩形工具】按钮▣，在【合成】面板中绘制一个矩形蒙版，如图7-105所示。

06 将当前时间设置为0:00:00:00，单击"美发.jpg"层中的【蒙版路径】左侧的【时间变化秒表】按钮▣，单击

图7-105 绘制矩形蒙版

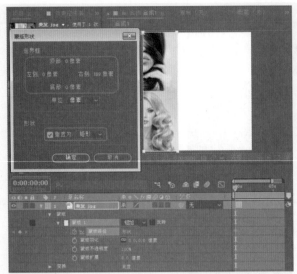

图7-106 【蒙版形状】对话框

07 将当前时间设置为0:00:01:00，单击"美发.jpg"层中的【蒙版】|【蒙版1】|【蒙版路径】右侧的【形状】，在弹出的【蒙版形状】对话框中，设置【定界框】参数，选中【重置为】复选框并在其右侧下拉列表框中选择【矩形】，如图7-107所示，然后单击【确定】按钮。

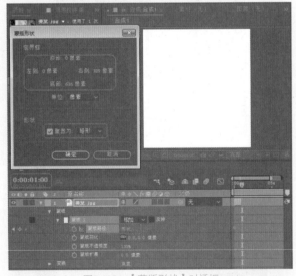

图7-107 【蒙版形状】对话框

08 在时间轴中再次添加"美发.jpg"素材图片，然后单击按钮，如图7-108所示。

09 单击第1个图层中【入】的时间，在弹出的【图层入点时间】对话框中，设置时间为0:00:00:24，如图7-109所示，然后单击【确定】按钮。

10 单击第1个图层中【持续时间】的时间，在弹出的【时间伸缩】对话框中，将【新持续时间】设置为0:00:01:06，如图7-110所示，然后单击【确定】按钮。

图7-108 再次添加新图层

图7-109 【图层入点时间】对话框

图7-110 设置新持续时间

11 选中第1个层，在工具栏中单击【矩形工具】按钮，在【合成】面板中绘制一个矩形蒙版，如图7-111所示。

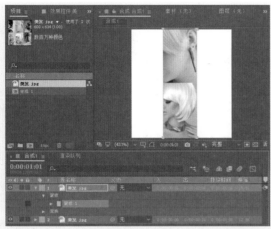

图7-111　绘制矩形蒙版

⑫ 在时间轴中将 🔲 按钮打开。确认当前时间为 0:00:01:00，单击【蒙版路径】左侧的【时间变化秒表】按钮，然后单击如图7-112所示的【形状】，在弹出的【蒙版形状】对话框中，设置【定界框】的参数，选中【重置为】复选框并在其右侧下拉列表框中选择【矩形】，如图7-112所示，最后单击【确定】按钮。

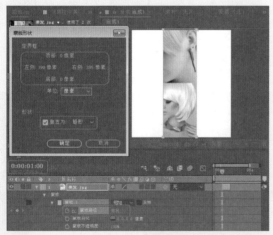

图7-112　设置蒙版参数

⑬ 将当前时间设置为0:00:02:03，然后单击如图7-113所示的【形状】，在弹出的【蒙版形状】对话框中，设置【定界框】的参数，选中【重置为】复选框并在其右侧下拉列表框中选择【矩形】，如图7-113所示，最后单击【确定】按钮。

⑭ 在时间轴中，新添加"美发.jpg"层至最顶层，将【入】时间设置为0:00:02:05，【持续时间】设置为0:00:01:17，如图7-114所示。

⑮ 将当前时间设置为0:00:02:05，选中第1个层，在工具栏中单击【矩形工具】按钮 🔲，在【合成】面板中绘制一个矩形蒙版，单击【蒙版路径】左侧的【时间变化秒表】按钮，然后单击其右侧的【形状】，在弹出

的【蒙版形状】对话框中，设置【定界框】的参数，选中【重置为】复选框并在其右侧下拉列表框中选择【矩形】，如图7-115所示，最后单击【确定】按钮。

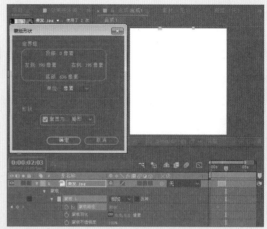

图7-113　【蒙版形状】对话框

图7-114　添加新图层

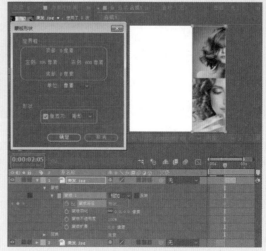

图7-115　【蒙版形状】对话框

将当前时间设置为0:00:03:21，然后单击如图7-116所示的【形状】，在弹出的【蒙版形状】对话框中，设置【定界框】的参数，选中【重置为】复选框并在其右侧下拉列表框中选择【矩形】，如图7-116所示，最后单击【确定】按钮。

图7-116　【蒙版形状】对话框

在时间轴中再次添加"美发.jpg"层至最顶层，将【入】时间设置为0:00:03:21，如图7-117所示。

图7-117　添加新图层

将当前时间设置为0:00:03:22，选中第1个层，在工具栏中单击【矩形工具】按钮■，在【合成】面板中绘制一个矩形蒙版，单击【蒙版路径】左侧的【时间变化秒表】按钮，然后单击其右侧的【形状】，在弹出的【蒙版形状】对话框中，设置【定界框】的参数，选中【重置为】复选框并在其右侧下拉列表框中选择【矩形】，然后单击【确定】按钮，如图7-118所示。

图7-118　【蒙版形状】对话框

将当前时间设置为0:00:03:22，选中第1个层，在工具栏中单击【矩形工具】按钮■，在【合成】面板中继续绘制一个矩形蒙版，单击【蒙版路径】左侧的【时间变化秒表】按钮，然后单击其右侧的【形状】，在弹出的【蒙版形状】对话框中，设置【定界框】的参数，选中【重置为】复选框并在其右侧下拉列表框中选择【矩形】，最后单击【确定】按钮，如图7-119所示。

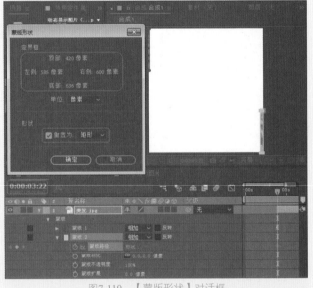

图7-119　【蒙版形状】对话框

将当前时间设置为0:00:05:11，然后单击【蒙版1】下的【蒙版路径】右侧的【形状】，在弹出的【蒙版形状】对话框中，设置【定界框】的参数，选中【重置为】复选框并在其右侧下拉列表框中选择【矩形】，最后单击【确定】按钮，如图7-120所示。

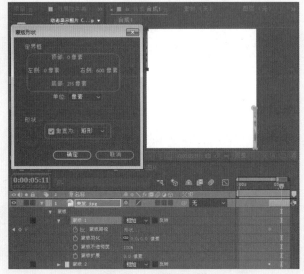

图7-120 设置蒙版1形状

21 将当前时间设置为0:00:05:11，然后单击【蒙版2】下的【蒙版路径】右侧的【形状】，在弹出的【蒙版形状】对话框中，设置【定界框】的参数，选中【重置为】复选框并在其右侧下拉列表框中选择【矩形】，最后单击【确定】按钮，如图7-121所示。

图7-121 设置蒙版参数

22 将当前时间设置为0:00:05:12，选中第1个层，在工具栏中单击【矩形工具】按钮▢，在【合成】面板中继续绘制一个任意矩形蒙版，单击【蒙版路径】左侧的【时间变化秒表】按钮，然后单击其右侧的【形状】，在弹出的【蒙版形状】对话框中，设置【定界框】的参数，选中【重置为】复选框并在其右侧下拉列表框中选择【矩形】，如图7-122所示，最后单击【确定】按钮。

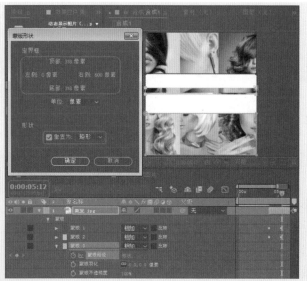

图7-122 【蒙版形状】对话框

23 将当前时间设置为0:00:06:15，然后单击【蒙版3】下的【蒙版路径】右侧的【形状】，在弹出的【蒙版形状】对话框中，设置【定界框】的参数，选中【重置为矩形】复选框，然后单击【确定】按钮，如图7-123所示。

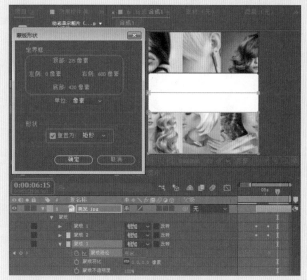

图7-123 设置蒙版参数

24 将合成添加到【渲染队列】中并输出视频，然后将场景文件保存。

7.8 思考与练习

1. 简述蒙版的概念。
2. 如何对蒙版进行羽化？

第8章
色彩控制与抠像特效

在影视制作中，处理图像时经常需要对图像颜色进行调整，色彩的调整主要是通过改变图像的明暗、对比度、饱和度以及色相等来实现的。控制影片的色彩信息，可以制作出更加理想的视频画面效果。抠像是通过利用一定的特效技术，对素材进行整合的一种手段，在AE中专门提供了抠像特效，本章将对其进行详细介绍。

8.1 颜色校正特效

After Effects中的颜色校正包含34种特效，它们集中了AE中最强大的图像效果修正特效，通过版本的不断升级，其中的一些特效得到了完善，从而为用户提供了更好的工作平台。

选择【颜色校正】特效有以下两种方法。

- 在菜单栏中选择【效果】|【颜色校正】命令，在弹出的子菜单栏中选择相应的特效，如图8-1所示。
- 在【效果和预设】面板中单击【颜色校正】左侧的下三角按钮，在打开的下拉列表框中选择相应的特效，如图8-2所示。

图8-1 【颜色校正】菜单　图8-2 【效果和预设】面板

8.1.1 CC Color Offset（CC色彩偏移）特效

CC Color Offset（CC色彩偏移）特效可以对图像中的色彩信息进行调整，可以通过设置各个通道中的颜色相位偏移来获得不同的色彩效果。如图8-3所示为CC Color Offset（CC色彩偏移）特效参数。

- Red Phase/Green Phase/Blue Phase（红色/绿色/蓝色相位）：用来调整图像的红色、绿色、蓝色相位。设置参数后的效果如图8-4所示。
- Overflow（溢出）：用于设置颜色溢出现象的处理方

式，在该下拉列表中分别选择Wrap（包围）、Solarize（曝光过度）、Polarize（偏振）三个选项时的效果如图8-5所示。

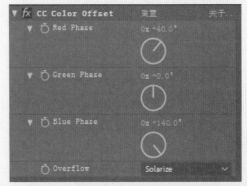

图8-3 CC Color Offset（CC色彩偏移）特效参数

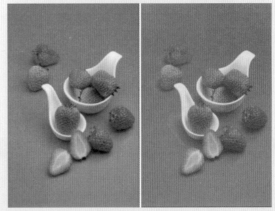

图8-4 调整红、绿、蓝色相位后的效果

图8-5 包围、曝光过度和偏振效果

8.1.2 CC Color Neutralizer（CC彩色中和器）特效

CC Color Neutralizer（CC彩色中和器）特效与CC Color Offset（CC色彩偏移）特效相似，可以对图像中的色彩信息进行调整，该特效的参数如图8-6所示，效果如图8-7所示。

图8-6　C Color Neutralizer（CC 彩色中和器）特效参数

图8-7　调整色彩后的效果

8.1.3　CC Kernel（CC内核）特效

CC Kernel特效用于调节素材的亮度，达到校色的目的，该特效的参数如图8-8所示，效果如图8-9所示。

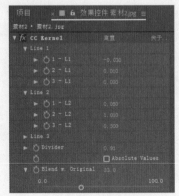

图8-8　CC Color Neutralizer（CC彩色中和器）特效

图8-9　调整亮度后的效果

8.1.4　CC Toner（CC 调色）特效

CC Toner（CC 调色）特效通过调节原图的高光颜色、中间色调和阴影颜色来改变图像的颜色。CC Toner（CC 调色）特效的参数如图8-10所示，应用该特效前后的效果如图8-11所示。

图8-10　CC Toner（CC 调色）特效

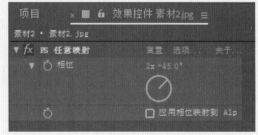

图8-11　应用特效前后的效果

- Highlights（高光）：该选项用于设置图像的高光颜色。
- Midtones（中间）：该选项用于设置图像的中间色调。
- Shadows（阴影）：该选项用于设置图像的阴影颜色。
- Blend w. Original（混合初始状态）：该选项用于调整与原图的混合程度。

8.1.5　【PS任意映射】特效

【PS任意映射】特效可调整图像色调的亮度级别。该特效可用在Photoshop的映像文件上，【PS任意映射】特效的参数如图8-12所示。应用该特效前后的效果如图8-13所示。

图8-12　【PS任意贴图】特效参数

图8-13 图像应用特效前后的效果

- 【相位】：该选项主要用于设置图像颜色的相。
- 【应用相位映射到Alpha】：勾选该复选框，将应用外部的相位映射贴图到该层的Alpha通道。如果确定的映像中不包含Alpha通道，则After Effects会将默认映射（线性分布的亮度）用于Alpha通道。

> **提示** 在【效果控件】面板中单击【选项】按钮可以打开【加载PS任意映射】对话框，用户可在对话框中调用任意文件。

8.1.6 【保留颜色】特效

【保留颜色】特效可以通过设置颜色来指定图像中要保留的颜色，将其他的颜色转换为灰度效果。【保留颜色】特效的参数如图8-14所示；应用该特效前后的效果如图8-15所示。

图8-14 【保留颜色】特效参数

图8-15 图像应用特效前后的效果

- 【脱色量】：该选项用于控制保留颜色以外颜色的脱色百分比。
- 【要保留的颜色】：通过单击该选项右侧的色块或吸管来设置图像中需要保留的颜色。
- 【容差】：该选项用于调整颜色的容差程度，值越大，保留的颜色就越多。

- 【边缘柔和度】：该选项用于调整保留颜色边缘的柔和程度。
- 【匹配颜色】：该选项用于匹配颜色模式。

8.1.7 【更改为颜色】特效

【更改为颜色】特效是通过颜色的选择，将一种颜色直接改变为另一颜色，在用法上与【更改颜色】特效相似。【更改为颜色】特效参数如图8-16所示；应用该特效前后的效果如图8-17所示。

图8-16 【更改为颜色】特效参数

图8-17 图像应用特效前后的效果

- 【自】：利用色块或吸管来设置需要替换的颜色。
- 【至】：利用色块或吸管来设置替换的颜色。
- 【更改】：单击右侧的下三角按钮，在弹出的列表框中选择替换颜色的基准，包括【色相】、【色相和亮度】、【色相和饱和度】、【色相、亮度和饱和度】几个选项。
- 【更改方式】：用于设置颜色的替换方式。单击该选项右侧的下三角按钮，在弹出的下拉列表框中包括【设置为颜色】、【变换为颜色】两种选项。
    - 【设置为颜色】：将受影响的像素直接更改为目标颜色。
    - 【变换为颜色】：使用 HLS 插值将受影响的像素值转变为目标颜色。每个像素的更改量取决于像素的

颜色接近源颜色的程度。

- 【柔和度】：设置替换颜色后的柔和程度。
- 【查看校正遮罩】：选中该复选框，可以将替换后的颜色变为蒙版的形式。

8.1.8 【更改颜色】特效

【更改颜色】特效用于改变图像中某种颜色区域的色调饱和度和亮度，用户可以通过制定某一个基色和设置相似值来确定区域。【更改颜色】特效的参数如图8-18所示，应用该特效前后的效果如图8-19所示。

图8-18　【更改颜色】特效

图8-19　图像应用特效前后的效果

- 【视图】：选择【合成】面板的预览效果模式，包括【校正的图层】和【颜色校正蒙版】。校正的图层将显示更改颜色的结果。颜色校正蒙版将显示灰度遮罩，后者用于指示图层中发生变化的区域。颜色校正蒙版中的白色区域更改得最多，暗区更改得最少。
- 【色相变换】：该选项主要用于设置色调，调节所选颜色区域的色彩校准度。
- 【亮度变换】：设置所选颜色的亮度。
- 【饱和度变换】：设置所选颜色的饱和度。
- 【要更改的颜色】：选择图像中需要调整的区域颜色。
- 【匹配容差】：调节颜色匹配的相似程度。
- 【匹配柔和度】：控制修正颜色的柔和度。
- 【匹配颜色】：用于匹配颜色空间。在其下拉列表中可选择【使用RGB】、【使用色调】、【使用色度】三个选项，使用RGB以红、绿、蓝为基础匹配颜色，使用色调以色调为基础匹配颜色，使用色度以饱和度为基础匹配颜色。

配颜色。

- 【反转颜色校正蒙版】：勾选该复选框，将对当前颜色蒙版的区域进行反转。

8.1.9　实战：更换颜色衣服

本案例将介绍如何更换颜色衣服。首先添加素材图片，然后在图层上设置【更改为颜色】效果，然后设置图层的【不透明度】关键帧，实现图像的转场效果。完成后的效果如图8-20所示。

图8-20　更换衣服颜色

01 启动Adobe After Effects CC 2018，在【项目】面板中双击，在弹出的【导入文件】对话框中，选择"03.jpg"素材图片，然后单击【导入】按钮。将【项目】面板中的"03.jpg"素材图片添加到【时间轴】面板中，如图8-21所示。

图8-21　导入素材图层

02 在时间轴中单击鼠标右键，选择【新建合成】命令，在弹出的【合成设置】对话框中，将【持续时间】设置为0:00:02:00，然后单击【确定】按钮，如图8-22所示。

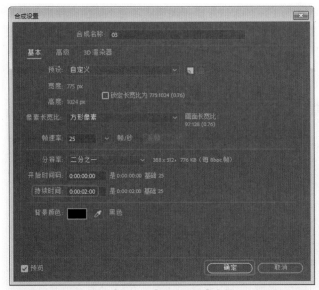

图8-22 设置【持续时间】参数

03 选中时间轴中的"03.jpg"层，在菜单栏中选择【效果】|【颜色校正】|【更改为颜色】命令，如图8-23所示。

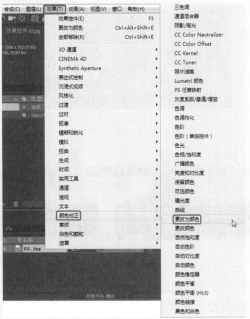

图8-23 选择【更改为颜色】命令

04 在【效果控件】面板中，将【更改为颜色】中的【自】的RGB值设置为118、35、118，【至】的RGB值设置为95、3、208，将【容差】下的【亮度】设置为70.0%，将【柔和度】设置为0，如图8-24所示。

图8-24 设置【更改为颜色】效果

05 将当前时间设置为0:00:01:00，选中时间轴中的"03.jpg"层，按Alt+[组合键，将时间线左侧部分删除，如图8-25所示。

图8-25 剪切素材图层

06 将【项目】面板中的"03.jpg"素材图片添加到时间轴中的最底层，如图8-26所示。

图8-26 添加素材图层

07 将当前时间设置为0:00:00:13，将时间轴底层"03.jpg"的【不透明度】设置为100%，并单击其左侧的◎按

钮，添加关键帧，如图8-27所示。

图8-27　设置【不透明度】关键帧

08　将当前时间设置为0:00:01:00，然后设置两个图层的【不透明度】关键帧都为0，如图8-28所示。

图8-28　设置【不透明度】参数

09　将当前时间设置为0:00:01:12，将顶层"03.jpg"的【不透明度】设置为100%，如图8-29所示。

10　将合成图像渲染输出并保存场景文件。

▶ 8.1.10　【广播颜色】特效

【广播颜色】特效主要用于对影片像素的颜色值进行测试，因为电脑本身与电视播放色彩有很大的区别，在一般的家庭视频设备上是不能显示高于某个波幅以上的信号

的，为了使图像信号能正确地在两种不同的设备中传输与播放，用户可以使用【广播级颜色】特效将计算机产生的颜色亮度或饱和度降低到一个安全值，从而使图像正常播放。【广播颜色】特效参数如图8-30所示，应用该特效前后的效果如图8-31所示。

图8-29　设置【不透明度】参数

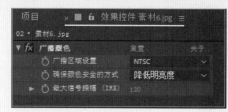

图8-30　【广播颜色】特效参数

图8-31　图像应用特效前后的效果

- 【广播区域设置】：在该下拉列表中选择需要的广播标准制式，其中包括NTSC和PAL两种制式。
- 【确保颜色安全的方式】：在该下拉列表中选择一种获得安全色彩的方式。【降低明亮度】选项可以减少图像像素的明亮度；【降低饱和度】选项可以减少图像像素的饱和度，以降低图像的色彩度；【非安全切断】选项可以使不安全的图像像素透明；【安全切断】选项可以使安全的图像像素透明。

● 【最大信号振幅IRE】：用于限制最大信号幅度，其最小值为90，最大值为120。

8.1.11 【黑色和白色】特效

【黑色和白色】特效主要是通过设置原图像中相应的色系参数，将图像转化为黑白或单色的画面效果。【黑色和白色】特效的参数如图8-32所示，应用该特效的前后效果如图8-33所示。

图8-32 【黑色和白色】特效参数

图8-33 图像应用特效前后的效果

● 【红色/黄色/绿色/青色/蓝色/洋红】：用于设置原图像中颜色的明暗度。数值越大，图像中该色系区域越亮。
● 【淡色】：选中该复选框，可以为图像添加单色效果。
● 【色调颜色】：用于设置图像着色时的颜色。

8.1.12 【灰度系数/基值/增益】特效

【灰度系数/基值/增益】特效可以对每个通道单独调整响应曲线，以便于细致地更改图像的效果。【灰度系数/基值/增益】特效的参数如图8-34所示，应用该特效的前后效果如图8-35所示。

● 【黑色伸缩】：该选项用于控制图像中的黑色像素。
● 【红色、绿色、蓝色灰度系数】：用于控制颜色通道曲线的形状。
● 【红色、绿色、蓝色基值】：用于设置通道中最小输出值，主要控制图像的暗区部分。
● 【红色、绿色、蓝色增益】：用于设置通道中最大输出值，主要控制图像的亮区部分。

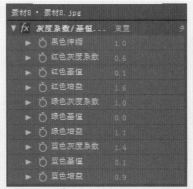

图8-34 【灰度系数/基值/增益】特效参数

图8-35 图像应用特效前后的效果

8.1.13 【可选颜色】特效

【可选颜色】特效可以对图像中的指定颜色进行校正，便于调整图像中不平衡的颜色，其最大的好处就是可以单独调整某一种颜色，而不影响其他颜色。【可选颜色】特效参数如图8-36所示，应用该特效前后的效果如图8-37所示。

图8-36 【可选颜色】特效参数

图8-37 图像应用特效前后的效果

8.1.14 【亮度和对比度】特效

【亮度和对比度】特效主要是对图像的亮度和对比度进行调节。【亮度和对比度】特效参数如图8-38所示，应用该特效前后的效果如图8-39所示。

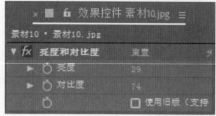

图8-38 【亮度和对比度】特效参数

图8-39 图像应用特效前后的效果

- 【亮度】：用于调整图像的亮度。
- 【对比度】：用于调整图像的对比度。

8.1.15 实战：黑白照片效果

本案例将介绍如何制作黑白照片效果。首先添加素材图片，然后在图层上设置【黑色和白色】与【亮度和对比度】效果，最后设置图层的【缩放】关键帧动画。完成后的效果如图8-40所示。

图8-40 黑白照片效果

01 启动Adobe After Effects CC，在【项目】面板中双击，在弹出的【导入文件】对话框中，选择"04.jpg"素材图片，然后单击【导入】按钮。将【项目】面板中的"04.jpg"素材图片添加到【时间轴】面板中，如图8-41所示。

02 选中时间轴中的04.jpg层，在菜单栏中选择【效果】|【颜色校正】|【黑色和白色】命令，如图8-42所示。

图8-41 添加素材图层

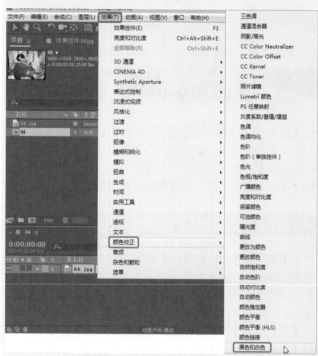

图8-42 选择【黑色和白色】命令

03 在【效果控件】面板中，将【黑色和白色】中的【红色】、【黄色】和【绿色】都设置为50.0，如图8-43所示。

04 在菜单栏中选择【效果】|【颜色校正】|【亮度和对比度】命令，如图8-44所示。

在【效果控件】面板中，将【亮度和对比度】的【亮度】设置为-20.0、【对比度】设置为12.0，如图8-45所示。

在时间轴中右击，在弹出的快捷菜单中选择【合成设置】命令。在弹出的【合成设置】对话框中，将【持续时间】设置为0:00:03:00，然后单击【确定】按钮，如图8-46所示。

图8-43 设置【黑色和白色】参数

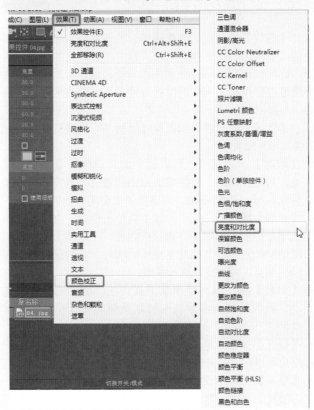

图8-44 选择【亮度和对比度】

> **提示** 将图层的持续时间设置为0:00:03:00。

将当前时间设置为0:00:00:00，将时间轴中的04.jpg层的【缩放】设置为110%，并单击其左侧的◎按钮，添加

关键帧，如图8-47所示。

图8-45 设置【亮度和对比度】参数

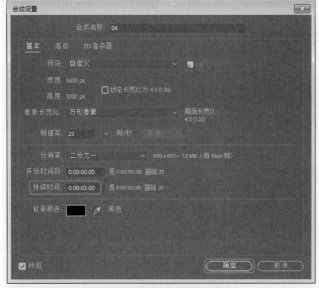

图8-46 设置【持续时间】参数

图8-47 设置【缩放】参数

08 将当前时间设置为0:00:02:23，将时间轴中的"04.jpg"层的【缩放】设置为100%，如图8-48所示。

09 将合成图像渲染输出并保存场景文件。

图8-48　设置【缩放】参数

8.1.16 【曝光度】特效

【曝光度】特效用于调节图像的曝光程度。【曝光度】特效的参数如图8-49所示，应用该特效前后的效果如图8-50所示。

图8-49　【曝光度】特效参数

- 【通道】：在其右侧的下拉列表框中选择要曝光的通道，包括【主要通道】和【单个通道】两种。

- 【主】：该选项主要调整整个图像的色彩。
- 【曝光】：设置整体画面的曝光程度。
- 【补偿】：设置整体画面的曝光偏移量。
- 【Gamma 校正】：设置整体画面的灰度值。
- 【红色/绿色/蓝色】：设置每个RGB色彩通道的曝光、补偿和Gamma校正选项。
- 【不使用线型光转换】：选中该复选框将设置线性光变换旁路。

图8-50　图像应用特效前后的效果

8.1.17 【曲线】特效

【曲线】特效用于调整图像的色调和明暗度，可以精确地调整高光、阴影和中间调区域中任意一点的色调与明暗。该特效与Photoshop中的曲线功能相似，可对图像的各个通道进行控制，调节图像色调范围。在曲线上最多可设置16个控制点。

【曲线】特效参数如图8-51所示，应用该特效前后的效果如图8-52所示。

- 【通道】：在该下拉列表框中选择调整图像的颜色通道。可选择RGB，对图像的RGB通道进行调节，也可选择红、绿、蓝和Alpha，对这些通道分别进行调节。
- 【曲线】工具：选中曲线工具单击曲线，可以在曲线上增加控制点。如果要删除控制点，在曲线上选中要删除的控制点，将其拖动至坐标区域外。按住鼠标左键拖动控制点，可对曲线进行编辑。
- 【铅笔】工具：使用该工具在左侧的控制区单击拖动，可以绘制一条曲线来控制图像的亮区和暗区分布效果。
- 【打开】按钮：单击该按钮可以打开储存的曲线文件，用户可以根据打开的曲线文件控制图像。
- 【保存】按钮：该工具用于对调节好的曲线进行存储，方便再次使用。存储格式为.ACV。
- 【平滑】按钮：单击该工具可以将所设置的曲线转为平滑的曲线。
- 【重置】按钮：单击该按钮可以将曲线恢复为初始的直线效果。
- 【自动】按钮：单击该按钮系统自动调整图像的色调和明暗度。

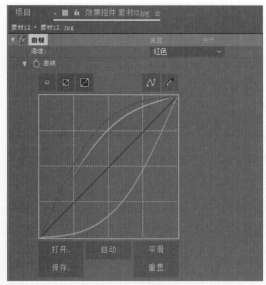

图8-51 【曲线】特效参数

图8-52 图像应用特效前后的效果

8.1.18 【三色调】特效

【三色调】特效与【CC Toner（CC调色）】特效的功能和参数相同，【三色调】特效参数如图8-53所示，应用该特效前后的效果如图8-54所示。

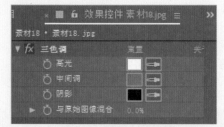

图8-53 【三色调】特效参数

图8-54 图像应用特效前后的效果

8.1.19 【色调】特效

【色调】特效可以通过指定的颜色对图像进行颜色映射处理，【色调】特效参数如图8-55所示，应用该特效前后的效果如图8-56所示。

- 【将黑色映射到】：该选项用于设置图像中黑色和灰色映射的颜色。
- 【将白色映射到】：该选项用于设置图像中白色映射的颜色。
- 【着色数量】：该选项用于设置色调映射时的映射程度。

图8-55 【色调】特效参数

图8-56 图像应用特效前后的效果

8.1.20 【色调均化】特效

【色彩均化】特效用于平均化图像的阶调。用白色取代图像中最亮的像素，用黑色取代图像中最暗的像素，【色彩均化】特效参数如图8-57所示，应用该特效的前后效果如图8-58所示。

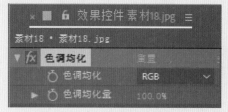

图8-57 【色彩均化】特效参数

- 【色调均化】：该选项用于设置均衡方式。可以在其右侧的下拉列表框中选择RGB、【亮度】、【Photoshop风格】三种均衡方式。RGB基于红、绿、蓝平衡图像；【亮度】会根据每个像素的亮度使图像色调均化；【Photoshop 风格】可重新分布图像中的亮度值，使其

更能表现整个亮度范围。

- 【色调均化量】：重新分布亮度值的量。值为100%时，表示尽可能均匀地散布像素值；百分比值越低，重新分布的像素值越少。

图8-58 图像前后效果

8.1.21 【色光】特效

【色光】特效是一种功能强大的通用效果，可用于在图像中转换颜色和为其设置动画。使用【色光】特效，可以为图像巧妙地着色，也可以彻底更改其调色板。

【色光】特效的参数如图8-59所示，应用该特效前后的效果如图8-60所示。

图8-59 【色光】特效参数

图8-60 图像应用特效前后的效果

- 【输入相位】：该选项主要对色彩的相位进行调整，在该选项中包括多种选择，如图8-61所示。

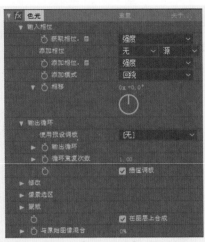

图8-61 【输入相位】子选项

- ◆ 【获取相位，自】：选择产生渐变映射的元素，单击右侧的下三角按钮，在弹出的下拉列表框中选择即可。
- ◆ 【添加相位】：单击该选项右侧的下三角按钮，在弹出的下拉列表框中指定合成图像中的一个层产生渐变映射。
- ◆ 【添加相位，自】：为当前层指定渐变映射的通道。
- ◆ 【相移】：设置相移的旋转角度。
- 【输出循环】：对渐变映射的样式进行设置。
  - ◆ 【使用预设调板】：单击右侧的下三角按钮，在弹出的下拉列表框中设置渐变映射的效果。
  - ◆ 【输出循环】：可以调整三角色块来改变图像中相对应的颜色。
  - ◆ 【循环重复次数】：控制渐变映射颜色的循环次数。
  - ◆ 【插值调板】：取消选中该复选框，系统以256色在色轮上产生粗糙的渐变映射效果。
- 【修改】：可以对渐变映射效果进行更改。
- 【像素选区】：指定色光影响的颜色。
- 【蒙版】：用于指定一个控制色光的蒙版层。
- 【在图层上合成】：将效果合成在图层画面上。
- 【与原始图像混合】：用于设置特效的应用程度。

8.1.22 【色阶】特效

【色阶】特效用于调整图像的阴影、中间调和高光的强度级别，从而校正图像的色调范围和色彩平衡。【色阶】特效的参数如图8-62所示，应用该参数前后的效果如图8-63所示。

- 【通道】：利用该下拉列表框，可以在整个颜色范围对图像进行色调调整，也可以单独编辑特定颜色的色调。

- 【直方图】：显示图像中像素的分布情况。
- 【输入黑色】：设置输入图像中暗区的阈值，输入的数值将应用到图像的暗区。
- 【输入白色】：设置输入图像中白色的阈值。由直方图中右边的白色小三角控制。
- 【灰度系数】：设置输出的中间色调。
- 【输出黑色】：设置输出图像中黑色的阈值。由直方图下方灰阶条中左侧的黑色小三角控制。
- 【输出白色】：设置输出图像中白色的阈值。在直方图下方灰阶条中由右侧的白色小三角控制。
- 【修剪以输出黑色】：用于设置修剪暗区输出的状态。
- 【修剪以输出白色】：用于设置修剪亮区输出的状态。

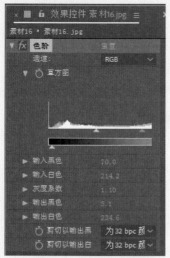

图8-62 【色阶】特效参数

图8-63 图像应用特效前后的效果

8.1.23 【色阶（单独控件）】特效

【色阶（单独控件）】特效与【色阶】特效的应用方法相同，【色阶（单独控件）】特效可以为每个通道调整单独的颜色值。更加细化了【色阶】的效果。该特效各项参数的含义与【色阶】特效的参数相同，此处就不再赘述。【色阶（单独控件）】特效的参数如图8-64所示，应用该参数前后的效果如图8-65所示。

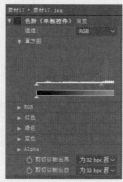

图8-64 【色阶（单独控件）】特效参数

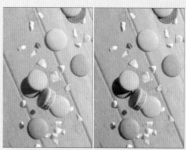

图8-65 图像应用特效前后的效果

8.1.24 【色相/饱和度】特效

【色相/饱和度】特效用于调整图像中单个颜色分量的【主色调】、【主饱和度】和【主亮度】。其应用的效果与【色彩平衡】特效相似。【色相/饱和度】特效的参数如图8-66所示。

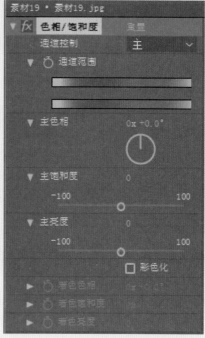

图8-66 【色相/饱和度】特效参数

- 【通道控制】：用于设置颜色通道。如果设置为【主】，将对所有颜色应用效果，选择其他选项，则对相应的颜色应用效果。
- 【通道范围】：控制所调节的颜色通道范围。两个色条表示其在色轮上的顺序，上面的色条表示调节前的颜色，下面的色条表示在全饱和度下调整后的效果。
- 【主色相】：控制所调节的颜色通道的色调。利用颜色控制轮盘改变总的色调，对其进行设置前后的效果如图8-67所示。

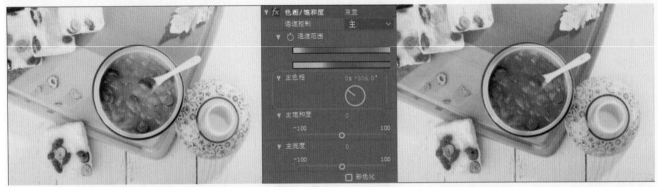

图8-67 调整【主色调】参数前后的效果

- 【主饱和度】：用于控制所调节的颜色通道的饱和度，设置该参数前后的效果如图8-68所示。

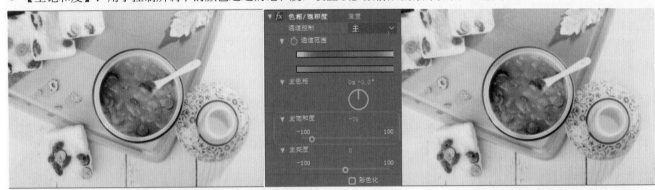

图8-68 调整【主饱和度】参数前后的效果

- 【主亮度】：控制所调节的颜色通道的亮度，调整该参数后的效果如图8-69所示。

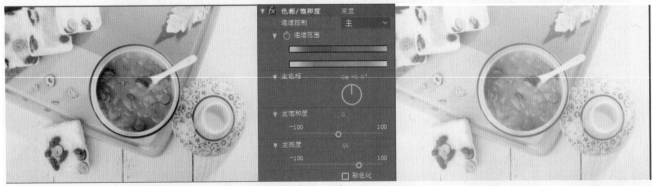

图8-69 调整【主亮度】参数前后的效果

- 【彩色化】：选中该复选框，图像将被转换为单色调，效果如图8-70所示。
- 【着色色相】：设置彩色化图像后的色调，调整前后的效果如图8-71所示。

图8-70　勾选【彩色化】复选框前后的效果

图8-71　调整着色色相前后的效果

- 【着色饱和度】：设置彩色化图像后的饱和度，调整前后的效果如图8-72所示。

图8-72　调整【饱和度】参数前后的效果

- 【着色亮度】：设置彩色化图像后的亮度。

▶ 8.1.25 【通道混合器】特效

　　【通道混合器】特效可通过混合当前的颜色通道来修改颜色通道。利用该命令可以创建高品质的灰度图像、棕褐色调图像或其他色调图像，也可以对图像进行创造性的颜色调整。【通道混合器】特效参数如图8-73所示，应用该特效前后的效果如图8-74所示。

- 【红色、绿色、蓝色】：该组合选项可以调整图像色彩。
- 【单色】：选中该复选框，图像将变为灰色，即单色图像。此时再次调整通道色彩将会改变单色图像的明暗关系。

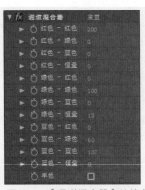

图8-73 【通道混合器】特效参数　　图8-74 图像前后效果

▶ 8.1.26 实战：电影调色

本案例将介绍电影调色的方法。首先添加素材图片，然后为图层添加【照片滤镜】、【通道混合器】和【曲线】效果，最后设置图层的【缩放】和【不透明度】关键帧动画。完成后的效果如图8-75所示。

图8-75 电影调色

01 启动Adobe After Effects CC 2018，在【项目】面板中双击，在弹出的【导入文件】对话框中，选择"01.jpg"素材图片，然后单击【导入】按钮。将【项目】面板中的"01.jpg"素材图片添加到【时间轴】面板中，如图8-76所示。

图8-76 添加素材图层

02 选择时间轴中的"01.jpg"层，在菜单栏中选择【效果】|【颜色校正】|【照片滤镜】命令，如图8-77所示。

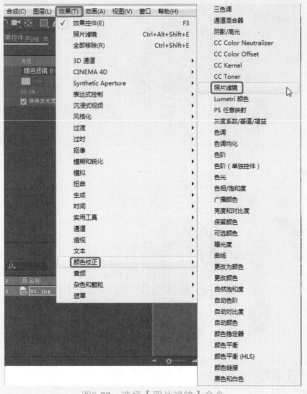

图8-77 选择【照片滤镜】命令

03 在【效果控件】面板中，将【照片滤镜】中的【滤镜】设置为【自定义】，然后将【颜色】的RGB值设置为27、80、107，将【密度】设置为75.0%，如图8-78所示。

图8-78 设置【照片滤镜】参数

04 在菜单栏中选择【效果】|【颜色校正】|【通道混合器】命令，如图8-79所示。

> 提示 【照片滤镜】效果可模拟以下技术：在摄像机镜头前面加彩色滤镜，以便调整通过镜头传输的光的颜色平衡和色温；为照片增加曝光度。可以选择颜色预设将色相调整应用到图像，也可以使用拾色器或吸管指定自定义颜色。

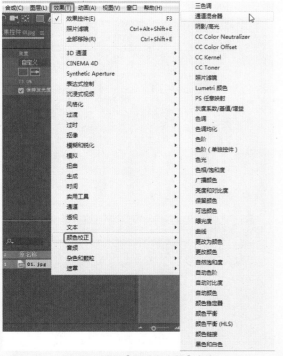

图8-79 选择【通道混合器】命令

⑤ 在【效果控件】面板中，设置【通道混合器】效果的参数，将【红色-蓝色】设置为33、【红色-恒量】设置为-18、【绿色-红色】设置为15、【绿色-蓝色】设置为-13、【绿色-恒量】设置为3、【蓝色-红色】设置为-22、【蓝色-绿色】设置为-23、【蓝色-蓝色】设置为100、【蓝色-恒量】设置为17，如图8-80所示。

图8-80 设置【通道混合器】的效果参数

⑥ 在菜单栏中选择【效果】|【颜色校正】|【曲线】命令，如图8-81所示。

> **提示** 【通道混合器】效果可通过混合当前的颜色通道来修改颜色通道。使用此效果可执行使用其他颜色调整工具无法轻易完成的创意颜色调整：通过从每个颜色通道中选择贡献百分比来创建高品质的灰度图像，创建高品质的棕褐色调或其他色调的图像，以及互换或复制通道。

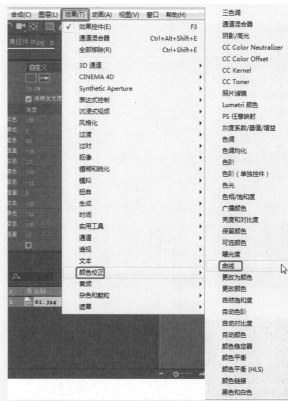

图8-81 选择【曲线】命令

⑦ 在【效果控件】面板中，设置【曲线】的效果参数，对曲线进行调整，如图8-82所示。

图8-82 设置【曲线】效果参数

⑧ 在时间轴中右击，在弹出的快捷菜单中选择【合成设置】命令。在弹出的【合成设置】对话框中，将【持续时间】设置为0:00:08:00，将【背景颜色】设置为黑色，然后单击【确定】按钮，如图8-83所示。

⑨ 确认当前时间为0:00:00:00，将"01.jpg"层的【变换】|【缩放】设置为218.0%，将【不透明度】设置为0，然后单击【缩放】和【不透明度】左侧的 按钮，如图8-84所示。

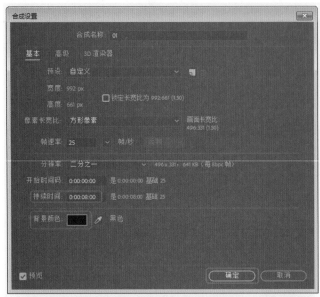

图8-83 【合成设置】对话框

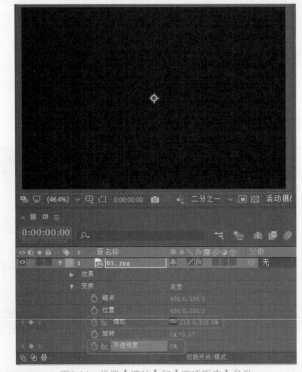

图8-84 设置【缩放】和【不透明度】参数

关键帧，如图8-86所示。

图8-85 设置【不透明度】参数

图8-86 设置【缩放】和【不透明度】参数

10 将当前时间设置为0:00:01:11，将【不透明度】设置为100%，如图8-85所示。

> 将图层的持续时间设置为0:00:08:00。

11 将当前时间设置为0:00:06:02，将【缩放】设置为100.0%，然后单击【不透明度】左侧的■图标，添加

12 将当前时间设置为0:00:07:24，将【不透明度】设置为0，如图8-87所示。

13 按Ctrl+M组合键，在【渲染队列】面板中，设置合成的输出位置和名称，然后单击【渲染】按钮，如图8-88所示。最后将场景文件保存。

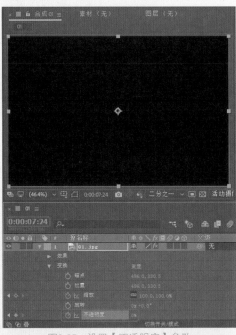

图8-87 设置【不透明度】参数

图8-88 渲染输出视频

8.1.27 【颜色链接】特效

【颜色链接】特效用于将当前图像的颜色信息覆盖在当前层上，以改变当前图层的颜色。用户可以通过设置不透明，使图像产生透过玻璃看画面的效果。【颜色】特效的参数如图8-89所示，应用该特效前后的效果如图8-90所示。

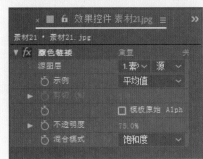

图8-89 【颜色链接】特效参数

图8-90 图像应用特效前后的效果

- 【源图层】：通过该下拉列表框选择需要与之颜色匹配的图层。
- 【示例】：在其右侧的下拉列表框中选择一种默认的样品来调节颜色。
- 【剪切（%）】：用于设置调整的程度。
- 【模板原始Alpha】：读取原稿的透明模板，如果原稿中没有Alpha通道，通过抠像也可以产生类似的透明区域，所以，对此选项的勾选很重要。
- 【不透明度】：该选项用于设置所调整颜色的透明度。
- 【混合模式】：调整所选颜色层的混合模式，这是此命令的另一个关键点，最终的颜色连接通过此模式完成。

8.1.28 【颜色平衡】特效

【颜色平衡】特效主要用于调整整体图像的色彩平衡，以及对于普通色彩的校正，通过对图像的R（红）、G（绿）、B（蓝）通道进行调节，分别调节颜色在暗部、中间色调和高亮部分的强度，【颜色平衡】特效的参数如图8-91所示；应用该特效前后的效果如图8-92所示。

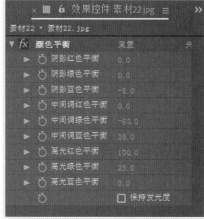

图8-91 【颜色平衡】特效参数

- 【阴影红色/绿色/蓝色平衡】：分别设置阴影区域中红、绿、蓝的色

彩平衡程度，一般默认值为-100~100。

- 【中间调红色/绿色/蓝色平衡】：主要用于调整中间区域的色彩平衡程度。
- 【高光红色/绿色/蓝色平衡】：主要用于调整高光区域的色彩平衡程度。

图8-92　图像应用特效前后的效果

8.1.29　【颜色平衡（HLS）】特效

　　【颜色平衡（HLS）】特效与【颜色平衡】基本相似，不同的是该特效不是调整图像的RGB而是HLS，即调整图像的色相、亮度和饱和度参数，以改变图像的颜色。【颜色平衡（HLS）】特效参数如图8-93所示，应用该特效前后的效果如图8-94所示。

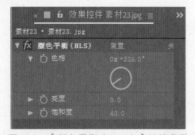

图8-93　【颜色平衡（HLS）】特效参数

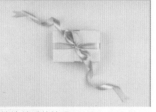

图8-94　图像应用特效前后的效果

- 【色相】：主要用于调整图像的色调。
- 【亮度】：主要用于控制图像的明亮程度。
- 【饱和度】：主要控制图像整体颜色的饱和度。

8.1.30　【颜色稳定器】特效

　　【颜色稳定器】特效可以根据周围的环境改变素材的颜色，用户可以通过设置采样颜色来改变画面色彩的效果。【颜色稳定器】特效参数如图8-95所示，应用该特效

前后的效果如图8-96所示。

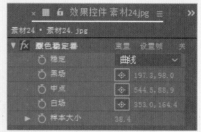

图8-95　【颜色稳定器】特效参数

图8-96　图像应用特效前后的效果

- 【稳定】：主要设置颜色稳定的方式，在其右侧的下拉列表框中有【亮度】、【电平】、【曲线】三种形式。
- 【黑场】：主要用来指定图像中黑色点的位置。
- 【中点】：用于在亮点和暗点中间设置一个保持不变的中间色调。
- 【白场】：用来指定白色点的位置。
- 【样本大小】：用于设置采样区域的大小。

8.1.31　【阴影/高光】特效

　　【阴影/高光】特效适合校正由于强逆光而形成剪影的照片，也可以校正由于太接近相机闪光灯而导致发白的焦点，在用其他方式采光的图像中，这种调整也可以使阴影区域变亮。【阴影/高光】是非常有用的命令，它能够基于阴影或高光中的局部相邻像素来校正每个像素，在调整阴影区域时，对高光区域的影响很小，而调整高光区域又对阴影区域的影响很小。【阴影/高光】特效的参数如图8-97所示，应用该特效前后的效果如图8-98所示。

- 【自动数量】：选中该复选框，系统将自动对图像进行阴影和高光的调整。选中该复选框后，【阴影数量】和【高光数量】将不能使用。
- 【阴影数量】：调整图像的阴影数量。
- 【高光数量】：调整图像的高光数量。
- 【瞬时平滑（秒）】：调整时间轴向滤波。
- 【场景侦测】：选中该复选框，则设置场景检测。
- 【更多选项】：在该参数项下可进一步设置特效的参数。
- 【与原始图像混合】：设置效果与原图像的混合程度。

图8-97 【阴影/高光】特效参数

图8-98 图像应用特效前后的效果

8.1.32 【照片滤镜】特效

【照片过滤】特效的作用就是为画面加上合适的滤镜。当拍摄时，如果需要特定的光线感觉，往往需要为摄像器材的镜头加上适当的滤光镜或偏正镜。如果在拍摄素材时，没有合适的滤镜，【照片滤镜】可以在后期对这个过程进行补偿。【照片滤镜】特效的参数如图8-99所示。

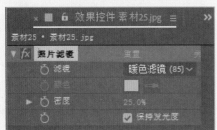

图8-99 【照片滤镜】特效参数

- 【滤镜】：在其右侧的下拉列表框中选择一个滤镜，选择【冷色滤镜（80）】和【深红】选项时的效果如图8-100所示。
- 【颜色】：将【滤镜】设置为【自定义】时，可单击该选项右侧的颜色块，在打开的【拾色器】中自定义的滤镜颜色。

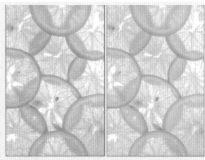

图8-100 选择【冷色滤镜（80）】和【深红】选项的效果对比

- 【密度】：用来设置滤光镜的滤光浓度，该值越高，颜色的调整幅度就越大。如图8-101所示为不同密度值的效果。
- 【保持亮度】：选中该复选框，将对图像中的亮度进行保护，可在添加颜色的同时保持原图像的明暗关系。

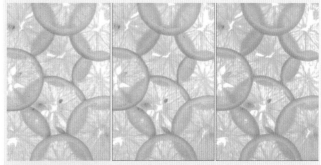

图8-101 密度不同时的效果

8.1.33 【自动对比度】特效

【自动对比度】特效将对图像的自动对比度进行调整。如果图像值和自动对比度的值相近，应用该特效后图像变换效果较小。【自动对比度】特效的参数如图8-102所示，应用该特效前后的效果如图8-103所示。

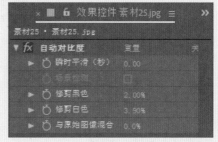

图8-102 【自动对比度】特效

- 【瞬时平滑（秒）】：用于指定一个时间滤波范围，以秒为单位。
- 【场景检测】：检测层中图像的图像。

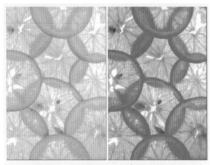

图8-103　图像应用特效前后的效果

- 【修剪黑色】：修剪阴影部分的图像，加深阴影。
- 【修剪白色】：修剪高光部分的图像，提高高光亮度。
- 【与原始图像混合】：用于设置特效图像与原图像间的混合比例。

8.1.34　【自动色阶】特效

　　【自动色阶】特效可以对画面的色阶进行自动化处理，使用命令内置的参数，不需要弹出对话框进行操作，使用起来非常方便快捷。【自动色阶】特效的参数如图8-104所示，应用该特效前后的效果如图8-105所示。

图8-104　【自动色阶】特效参数

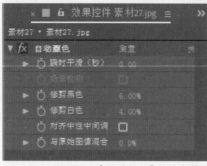

图8-105　图像应用特效前后的效果

8.1.35　【自动颜色】特效

　　【自动颜色】特效与【自动对比度】特效类似，只是比【自动对比度】特效多了个【对齐中性中间调】选项。【自动颜色】特效的参数如图8-106所示，应用该特效前后的效果如图8-107所示。

图8-106　【自动颜色】特效参数　　图8-107　图像应用特效前后的效果

【对齐中性中间调】：识别并自动调整中间颜色调。

8.1.36　【自然饱和度】特效

　　使用【自然饱和度】特效调整饱和度以便在图像颜色接近最大饱和度时，最大限度地减少修剪。【自然饱和度】特效的参数如图8-108所示，应用该特效前后的效果如图8-109所示。

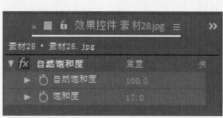

图8-108　【自动饱和度】特效参数　　图8-109　图像应用特效前后的效果

- 【自然饱和度】：设置颜色的饱和度轻微变化效果。数值越大，饱和度越高；反之饱和度越小。
- 【饱和度】：设置颜色浓烈的饱和度差异效果。数值越大，饱和度越高；反之饱和度越小。

8.1.37　【Lumetri颜色】特效

　　After Effects 提供了专业品质的 Lumetri 颜色分级和颜色校正工具，可以直接在时间轴上为素材分级。可以从【效果】菜单以及【效果和预设】面板中的【颜色校正】类别访问 Lumetri 颜色效果。Lumetri 颜色经过 GPU 加速，可实现更快的性能。使用这些工具，可以用具有创意的全新方式按序列调整颜色、对比度和光照。【Lumetri颜色】特效的参数如图8-110所示，应用该特效前后的效果如图8-111所示。

图8-110 【Lumetri颜色】特效参数

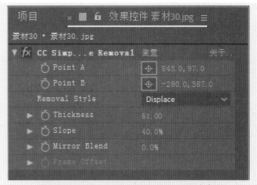

图8-112 CC Simple Wire Removal特效参数

图8-113 图像应用特效前后的效果

- Point A（点A）：设置控制点A在图像中的位置。
- Point B（点B）：设置控制点B在图像中的位置。
- Removal Style（移除样式）：设置钢丝的样式。
- Thickness（厚度）：设置线的厚度。
- Slope（倾斜）：设置钢丝的倾斜角度。
- Mirror Blend（镜像混合）：设置线与原图像的混合程度。值越大，越模糊；值越小，越清晰。
- Frame Offset（帧偏移）：当Removal Style（移除样式）为Frame Offset时，该选项才能够使用。

图8-111 图像应用特效前后的效果

8.2 键控特效

【键控】有时也叫叠加或抠像，在影视制作领域是被广泛采用的技术手段。它和蒙版在应用上基本相似，键控主要是将素材中的背景去掉，从而保留场景的主体。

8.2.1 CC Simple Wire Removal （擦钢丝）特效

CC Simple Wire Removal（擦钢丝）特效是利用一根线将图像分割，在线的部位产生模糊效果。CC Simple Wire Removal（擦钢丝）特效的参数如图8-112所示，应用该特效后的前后对比如图8-113所示。

8.2.2 Keylight（1.2）特效

Keylight（1.2）特效可以通过指定颜色对图像进行抠取，用户可以对其进行参数设置，从而产生不同的效果。Keylight（1.2）特效的参数如图8-114所示，应用该特效前后的效果如图8-115所示。

- View（视图）：可以在其右侧的下拉列表框中选择不同的视图。
- Screen Color（屏幕颜色）：可以使用该选项设置要抠取的颜色。
- Screen Gain（屏幕增益）：设置屏幕颜色的饱和度。
- Screen Balance（屏幕平衡）：设置屏幕色彩的平衡。

图8-114　Keylight（1.2）特效参数

- Screen Mask（屏幕蒙版）：调节图像所占的比例及图像的柔和度。
- Inside Mask（内侧遮罩）：为图像添加并设置抠像内侧的遮罩属性。
- Outside Mask（外侧遮罩）：为图像添加并设置抠像外侧的遮罩属性。
- Foreground Color Correction（前景色校正）：设置蒙版影像的色彩属性。
- Edge Color Correction（边缘色校正）：校正特效的边缘色。
- Source Crops（来源）：设置裁剪影像的属性类型及参数。

图8-115　图像应用特效前后的效果

实例操作001——制作绿色健康图像

本案例将介绍如何制作绿色健康图像。首先添加素材图片，然后在图层上添加Keylight（1.2）效果，通过设置吸取的颜色，抠取图像。完成后的效果如图8-116所示。

01 在【项目】面板中右击，在弹出的快捷菜单中选择【新建合成】命令。在弹出的【合成设置】对话框中，将【合成名称】设置为"绿色健康图像"，将【宽度】和【高度】分别设置为1024 px、768 px，将【像素长宽比】设置为【方形像素】，将【帧速率】设置为25帧/秒，

将【分辨率】设置为【完整】，将【持续时间】设置为0:00:00:01，然后单击【确定】按钮，如图8-117所示。

图8-116　绿色健康图像

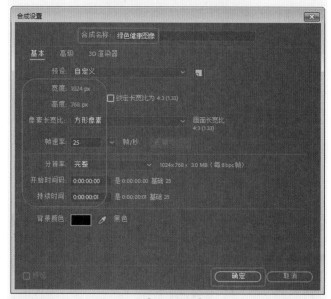

图8-117　【合成设置】对话框

02 在【项目】面板中双击，在弹出的【导入文件】对话框中，选择"L01.jpg"和"L02.jpg"素材，然后单击【导入】按钮，将素材导入【项目】面板中，如图8-118所示。

图8-118　导入素材图片

03 将【项目】面板中的"L02.jpg"素材图片添加到时间轴中，然后将"L02.jpg"层的【缩放】设置为30.0%，如图8-119所示。

04 将【项目】面板中的"L01.jpg"素材图片添加到时间轴的顶层，然后将"L01.jpg"层的【缩放】设置为30.0%，将【位置】设置为620.0、410.0，如图8-120所示。

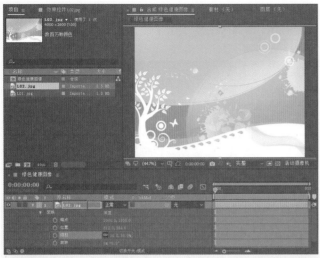

图8-119 设置【缩放】参数

图8-120 设置【位置】和【缩放】参数

05 选中时间轴中的"L01.jpg"层，在菜单栏中选择【效果】|【键控】|Keylight（1.2）命令。在【效果控件】面板中，使用Screen Colour右侧的工具吸取"L01.jpg"层中的蓝色，抠取图像，将Screen Balance设置为95.0，如图8-121所示。最后将场景文件保存。

图8-121 设置Keylight（1.2）参数

实例操作002——飞机轰炸短片

本案例将介绍如何制作飞机轰炸短片。首先添加素材视频，然后在背景图层上设置【缩放】关键帧动画，为视频添加Keylight（1.2）效果，通过设置吸取的颜色，抠取图像。完成后的效果如图8-122所示。

图8-122 飞机轰炸短片

01 在【项目】面板中右击，在弹出的快捷菜单中选择【新建合成】命令。在弹出的【合成设置】对话框中，将【合成名称】设置为"飞机轰炸短片"，将【宽度】和【高度】分别设置为1300 px、731 px，将【像素长宽比】设置为【方形像素】，将【帧速率】设置为25帧/秒，将【分辨率】设置为【完整】，将【持续时间】设置为0:00:07:00，然后单击【确定】按钮，如图8-123所示。

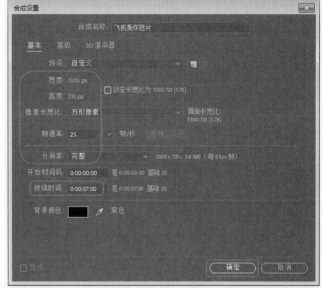

图8-123 【合成设置】对话框

02 将"着火的汽车.jpg"和"F03.avi"素材视频导入【项目】面板中，然后将【项目】面板中的"着火的汽车.jpg"素材图片添加到时间轴中，如图8-124所示。

03 确认当前时间为0:00:00:00，设置"城市背景.jpg"层的【缩放】为111.0%，并单击【缩放】左侧的按钮，设置关键帧，如图8-125所示。

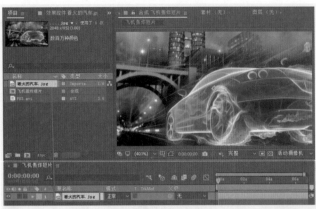

图8-124　添加素材层

图8-125　设置【缩放】关键帧

> **04** 将当前时间设置为0:00:02:10，将"城市背景.jpg"层的【缩放】设置为65.0%，如图8-126所示。

图8-126　设置【缩放】参数

> **05** 将【项目】面板中的"F03.avi"素材添加到时间轴的顶层，将其所在图层的【缩放】设置为287.0%，如图8-127所示。

图8-127　设置【缩放】参数

> **06** 在时间轴中单击■图标，将"F03.avi"层的【入】时间设置为0:00:02:10，如图8-128所示。

图8-128　设置【入】时间

> **07** 选中时间轴中的"F03.avi"层，在菜单栏中选择【效果】|【键控】|Keylight（1.2）命令。在【效果控件】面板中，使用Screen Colour右侧的■工具吸取"F03.avi"层中的绿色，抠取图像，如图8-129所示。

> **08** 将合成图像添加到【渲染队列】中并输出视频，最后将场景文件保存。

图8-129　设置Keylight（1.2）参数

8.2.3　【差值遮罩】特效

【差值遮罩】特效通过对差异层与特效层进行颜色对比，将相同颜色的区域抠出，制作出透明的效果。【差值遮罩】特效的参数如图8-130所示。

- 【视图】：用于选择不同的图像视图。
- 【差值图层】：用于指定与特效层进行比较的差异层。
- 【如果图层大小不同】：设置差异层与特效层的对齐方式。
- 【匹配容差】：设置颜色对比的范围。值越大，包含的颜色信息量就越多。
- 【匹配柔和度】：设置颜色的柔化程度。
- 【差值前模糊】：设置模糊值。

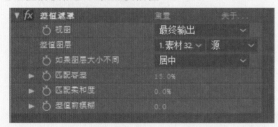

图8-130　【差值遮罩】特效参数

8.2.4　【亮度键】特效

【亮度键】特效主要是利用图像中像素的不同亮度进行抠图，主要用于明暗对比度比较大但色相变化不大的图像。【亮度键】特效的参数如图8-131所示，应用该特效前后的效果如图8-132所示。

图8-131　【亮度键】特效参数

图8-132　图像应用特效前后的效果

- 【键控类型】：用于指定亮度键类型。抠出较亮区域使比指定亮度值亮的像素透明；抠出较暗区域使比指定亮度值暗的像素透明；抠出亮度相似的区域使亮度值宽容度范围内的像素透明；抠出亮度不同的区域使亮度值宽容度范围外的像素透明。
- 【阈值】：指定图像的亮度值。
- 【容差】：指定图像亮度的宽容度。
- 【薄化边缘】：设置对键出区域边界的调整。
- 【羽化边缘】：设置键出区域边界的羽化度。

8.2.5　【内部/外部键】特效

【内部/外部键】特效可以通过遮罩来定义内边缘和外边缘，然后根据内外遮罩进行图像差异比较，从而得到一个透明的效果。【内部/外部键】特效的参数如图8-133所示，应用该特效前后的效果如图8-134所示。

图8-133　【内部/外部键】特效参数

图8-134　图像应用特效前后的效果

- 【前景（内部）】：为键控特效指定前景遮罩。
- 【其他前景】：对于较为复杂的键控对象，需要为其指

定多个遮罩，以进行不同部位的键出。

- 【背景（外部）】：为键控特效指定外边缘遮罩。
- 【其他背景】：在该选项中添加更多的背景遮罩。
- 【单个蒙版高光半径】：当使用单一遮罩时，修改该参数就可以扩展遮罩的范围。
- 【清理前景】：在该参数栏中，可以根据指定的遮罩路径，清除前景色。
- 【清理背景】：在该参数栏中，可以根据指定的遮罩路径，清除背景。
- 【薄化边缘】：用于设置边缘的粗细。
- 【羽化边缘】：用于设置边缘的柔化程度。
- 【边缘阈值】：用于设置边缘颜色的阈值。
- 【反转提取】：勾选该复选框，将设置的提取范围进行反转操作。
- 【与原始图像混合】：设置特效图像与原图像间的混合比例，值越大，特效图与原图就越接近。

▶ 8.2.6　【提取】特效

　　【提取】特效根据指定的亮度范围来产生透明效果，亮度范围的选择基于通道的直方图，对于具有黑色或白色背景的图像，或背景亮度与保留对象之间亮度反差很大的复杂背景图像，使用该滤镜特效效果较好。【提取】特效的参数如图8-135所示，应用该特效前后的效果如图8-136所示。

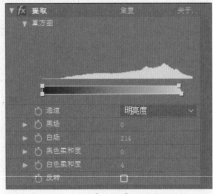

图8-135　【提取】特效参数

图8-136　图像应用特效前后的效果

- 【直方图】：显示图像亮区、暗区的分布情况和参数值

的调整情况。

- 【通道】：设置抠像图层的色彩通道，其中包括【亮度】、【红色】、【绿色】等五种通道。
- 【黑场】：设置黑点的范围，小于该值的黑色区域将变成透明状态。
- 【白场】：设置白点的范围，小于该值的白色区域将变成透明状态。
- 【黑色柔和度】：用于调节暗色区域的柔和程度。
- 【白色柔和度】：用于调节亮色区域的柔和程度。
- 【反转】：选中该复选框后，可反转蒙版。

▶ 8.2.7　【线性颜色键】特效

　　【线性颜色键】特效可以根据RGB色彩信息或色相及饱和度信息与指定的键控色进行比较。【线性颜色键】特效的参数如图8-137所示，应用该特效前后的效果如图8-138所示。

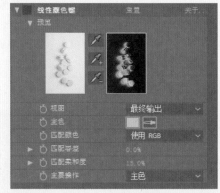

图8-137　【线性颜色键】特效参数

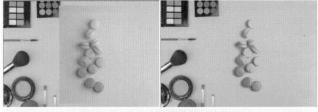

图8-138　图像应用特效前后的效果

- 【预览】：用于显示素材视图和键控预览效果图。
  - 素材视图：用于显示素材原图。
  - 预览视图：用于显示键控的效果。
  - 【键控滴管】：用于在素材视图中选择键控色。
  - 【加滴管】：增加键控色的颜色范围。
  - 【减滴管】：减少键控色的颜色范围。
- 【视图】：用于设置视图的查看效果。
- 【主色】：用于设置需要设为透明色的颜色。
- 【匹配颜色】：用于设置抠像的色彩空间模式，可以

在其右侧的下拉列表中选择【使用RGB】、【使用色相】、【使用色相】三种模式。【使用RGB】是以红、绿、蓝为基准的键控色；使用色相以主色为基础匹配颜色；【使用色度】的键控色基于颜色的色调和饱和度。

- 【匹配容差】：设置透明颜色的容差度，较低的数值产生透明区域较少，较高的数值产生透明区域较多。
- 【匹配柔和度】：用于调节透明区域与不透明区域之间的柔和度。
- 【主要操作】：用于设置键控色是键出还是保留原色。

【颜色差值键】特效是将制定的颜色划分为A、B两个部分实现抠像操作，蒙版A是指定键控色之外的其他颜色区域透明，蒙版B是指定的键控颜色区域透明，将两个蒙版透明区域进行组合得到第3个蒙版的透明区域，这个新的透明区域就是最终的Alpha通道。【颜色差值键】特效的参数如图8-139所示，应用该特效前后的效果如图8-140所示。

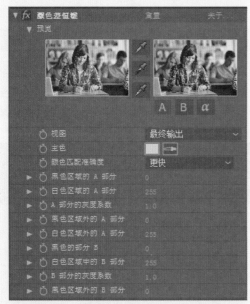

图8-139 【颜色差值键】特效参数

图8-140 图像应用特效前后的效果

- 【预览】：预演素材视图和遮罩视图。素材视图用于显示源素材画面缩略图，遮罩视图用于显示调整的遮罩情况。单击下面的按钮A、B、α分别用于查看【遮罩A】、【遮罩B】、【Alpha遮罩】。
- 【视图】：设置图像在合成面板中的显示模式，其右侧的下拉列表中共提供了九种查看模式。
- 【主色】：设置需要抠取的颜色，用户可用吸管直接在面板中取得，也可通过色块设置颜色。
- 【颜色匹配准确度】：设置颜色匹配的精确度。可在其右侧的下拉列表中选择【更快】和【更精确】。
- 【黑色区域的A部分】：设置A遮罩的非溢出黑平衡。
- 【白色区域的A部分】：设置A遮罩的非溢出白平衡。
- 【A部分的灰度系数】：设置A遮罩的伽玛校正值。
- 【黑色区域外的A部分】：设置A遮罩的溢出黑平衡。
- 【白色区域外的A部分】：设置A遮罩的溢出白平衡。
- 【黑色的部分B】：设置B遮罩的非溢出黑平衡。
- 【白色区域中的B部分】：设置B遮罩的非溢出白平衡。
- 【B部分的灰度系数】：设置B遮罩的伽玛校正值。
- 【黑色区域外的B部分】：设置B遮罩的溢出黑平衡。
- 【白色区域外的B部分】：设置B遮罩的溢出白平衡。
- 【黑色遮罩】：设置Alpha遮罩的非溢出黑平衡。
- 【白色遮罩】：设置Alpha遮罩的非溢出白平衡。
- 【遮罩灰度系数】：设置Alpha遮罩的伽玛校正值。

【颜色范围】特效通过键出指定的颜色范围产生透明效果，可以应用的色彩空间包括Lab、YUV和RGB。这种键控方式可以应用在背景包含多个颜色、背景亮度不均匀和包含相同颜色的阴影，如玻璃、烟雾等，这个新的透明区域就是最终的Alpha通道。【颜色范围】特效的参数如图8-141所示，应用该特效前后的效果如图8-142所示。

图8-141 【颜色范围】特效参数

图8-142 图像应用特效前后的效果

- 【键控滴管】 : 该工具可从蒙版缩略图中吸取键控色，用于在遮罩视图中选择键控颜色。
- 【加滴管】 : 该工具可增加键控色的颜色范围。
- 【减滴管】 : 该工具可减少键控色的颜色范围。
- 【模糊】: 对边界进行柔和模糊，用于调整边缘柔和度。
- 【色彩空间】: 设置键控颜色范围的颜色空间，有Lab、YUV和RGB三种方式。
- 【最小值】/【最大值】: 对颜色范围的开始和结束颜色进行精细调整，精确调整颜色空间参数，（L，Y，R）、（a，U，G）和（b，V，B）代表颜色空间的三个分量。【最小值】调整颜色范围开始，【最大值】调整颜色范围结束。L、Y、R滑块控制指定颜色空间的第一个分量；a、U、G滑块控制指定颜色空间的第二个分量；b、V、B滑块控制第三个分量。拖动【最小值】滑块对颜色范围的开始部分进行精细调整，拖动【最大值】滑块对颜色的结束范围进行精确调整。

8.2.10 【颜色键】特效

【颜色键】特效可以将素材的某种颜色及其相似的颜色范围设置为透明，还可以对素材进行边缘预留设置，这是一种比较初级的键控特效。如果要处理的图像背景复杂，不适合使用该特效。【颜色键】特效的参数如图8-143所示。

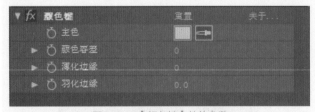

图8-143 【颜色键】特效参数

- 【主色】: 该选项用于设置透明的颜色值，可以通过单击其右侧的色块或用吸管工具设置其颜色，效果如图8-144所示。
- 【颜色容差】: 设置键出色彩的容差范围。容差范围越大，就有越多与指定颜色相近的颜色被键出；容差范围越小，则被键出的颜色越少。当该值设置为30时的效果如图8-145所示。

- 【薄化边缘】: 用于对键出区域的边界进行调整。
- 【羽化边缘】: 设置抠像蒙版边缘的虚化程度，数值越大，与背景的融合效果越好。

图8-144 提取设置透明的颜色

图8-145 颜色容差为30时的效果

8.2.11 【溢出抑制】特效

【溢出抑制】特效可以去除键控后图像残留的键控痕迹，可以将素材的颜色替换成另外一种颜色。【溢出抑制】特效的参数如图8-146所示，应用该特效前后的效果如图8-147所示。

图8-146 【溢出抑制】特效参数

图8-147 图像应用特效前后的效果

- 【要抑制的颜色】: 设置需要抑制的颜色。
- 【抑制】: 设置抑制程度。

8.3 上机练习——季节变换效果

本案例将介绍如何制作季节变换效果。首先添加素材图片，然后在图层上设置三个【更改颜色】效果，最后通过设置【不透明度】关键帧，设置图层之间的转场动画。完成后的效果如图8-148所示。

图8-148 季节变换效果

01 在【项目】面板中右击，在弹出的快捷菜单中选择【新建合成】命令。在弹出的【合成设置】对话框中，将【合成名称】设置为"季节变换效果"，将【宽度】和【高度】分别设置为1024 px、682 px，将【像素长宽比】设置为【方形像素】，将【帧速率】设置为25帧/秒，将【分辨率】设置为【完整】，将【持续时间】设置为0:00:05:00，将【背景颜色】设置为黑色，然后单击【确定】按钮，如图8-149所示。

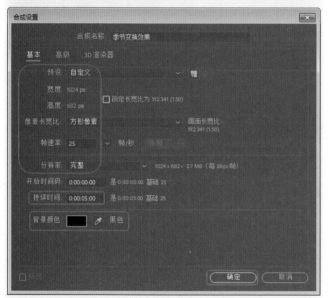

图8-149 【合成设置】对话框

02 在【项目】面板中双击鼠标，在弹出的【导入文件】对话框中，选择"08.jpg"素材图片，然后将素材图片添加到时间轴中，如图8-150所示。

图8-150 添加素材图层

03 选中"08.jpg"层，在菜单栏中选择【效果】|【颜色校正】|【更改颜色】命令。在【效果控件】面板中，将【更改颜色】中的【色相变换】设置为44.0，将【要更改的颜色】的RGB值设置为149、99、23，如图8-151所示。

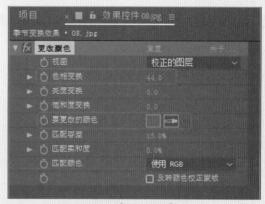

图8-151 设置【更改颜色】效果参数

04 继续添加【更改颜色】效果，将【更改颜色】中的【色相变换】设置为29.0，将【要更改的颜色】的RGB值设置为224、133、67，如图8-152所示。

图8-152 设置【更改颜色】效果参数

05 继续添加【更改颜色】效果，将【更改颜色】中的【色相变换】设置为49.0，将【要更改的颜色】的RGB值设置为53、22、0，如图8-153所示。

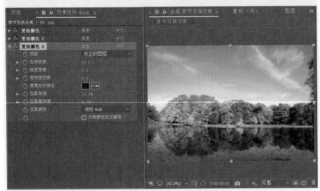

图8-153 设置【更改颜色】效果参数

06 将【项目】面板中的"08.jpg"素材图片添加到时间轴的底层，然后将当前时间设置为0:00:02:00，设置第1个图层的【不透明度】为100%，然后单击左侧的▣按钮，如图8-154所示。

图8-154 设置【不透明度】参数

07 将当前时间设置为0:00:02:13，设置第1个图层的【不透明度】为0，第2个图层的【不透明度】为0%，并单击其左侧的▣按钮，如图8-155所示。

08 将当前时间设置为0:00:03:00，设置第2个图层的【不透明度】为100%，如图8-156所示。

09 将合成图像渲染输出并保存场景文件。

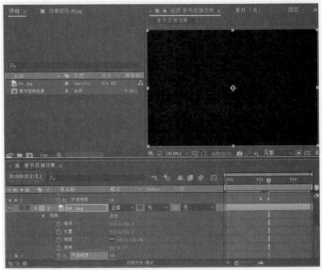

图8-155 设置【不透明度】参数

图8-156 设置【不透明度】参数

 8.4 思考与练习

1. 简述CC Color Offset（CC色彩偏移）特效的作用。
2. 简述【颜色稳定器】特效的作用。
3. 简述【溢出抑制】特效的作用。

第9章
仿真特效

本章节主要介绍如何利用仿真特效制作逼真的效果，其中包括下雨、下雪、泡泡、泡沫特效等。

9.1 CC Rainfall（CC 下雨）特效

CC Rainfall（CC 下雨）特效可以模仿真实世界中下雨的效果，设置该特效参数前后的效果如图9-1和图9-2所示。

图9-1　未添加特效的效果　　　图9-2　添加特效后的效果

- Drops（数量）：设置在相同时间内雨滴的数量。
- Size（大小）：设置雨滴的大小。
- Sccne Depth（雨的深度）：设置雨的深度。
- Speed（角度）：设置下雨时的整体角度。
- Wind（风）：设置风的速度。
- Variation%（Wind）（变动风能）：设置变动风能大小。
- Spread（角度的紊乱）：设置雨的旋转角度。
- Color（颜色）：设置雨的颜色。
- Opacity（透明度）：设置雨的透明度。
- Background Reflection（背景反射）：设置背景的反射强度。
- Transfer Mode（传输模式）：设置雨的传输模式。
- Composite With Original：取消该单选按钮，则背景不显示。
- Extras（其他）：用于设置其他参数，包括外观、偏移量等。

9.2 CC Snowfall（CC 下雪）特效

CC Snowfall（CC下雪）特效可以模仿真实世界中下雪的效果，用户可以通过调整其参数控制下雪片的数量以及雪花的大小。设置该特效参数前后的效果如图9-3和图9-4所示。

图9-3　未添加特效的效果　　　图9-4　添加特效后的效果

- Flakes（雪片数量）：可以设置雪片的数量。
- Size（大小）：设置雪花的大小。
- Variation%（Size）（雪的变化）：设置变动雪的面积。

- Scene Depth（雪的深度）：设置雪的深度。
- Speed（角度）：设置下雪时的整体角度。
- Variation%（Speed）（速度变化）：设置雪的变化速度。
- Wind（风）：设置风速。
- Variation%（Wind）（风的变化）：设置风的变化速度。
- Spread（角度的紊乱）：设置雪的旋转角度。
- Wiggle（蠕动）：设置雪的位置。
- Color（颜色）：设置雪的颜色。
- Opacity（不透明度）：设置雪的不透明度。
- Background Reflection（背景反射）：设置背景的反射强度。
- Transfer Mode（传输模式）：设置雪的传输模式。
- Composite With Original：取消该单选按钮，则背景不现实。
- Extras（其他）：用于设置其他参数，包括外观、偏移量等。

9.3 CC Pixel Polly（CC 像素多边形）特效

CC Pixel Polly（CC 像素多边形）特效主要用于模拟图像炸碎的效果，用户可以通过调整其参数从而产生不同方向和角度的抛射移动动画效果。设置该特效参数前后的效果如图9-5和图9-6所示。

图9-5　未添加特效的效果　　　图9-6　添加特效后的效果

- Force（力）：可以设置爆破力的大小。
- Gravity（重力）：可以设置重力大小。
- Spinning（旋转速度）：碎片的自旋速度控制。
- Force Center（力中心）：设置爆破的中心位置。
- Direction Randomness（方向的随机性）：可以设置爆破的随机方向。
- Speed Randomness（速度的随机性）：可以设置爆破速度的随机性。
- Grid Spacing（碎片的间距）：可以设置碎片的间距，值越大则间距越大，值越小则间距越小。
- Object（显示）：可以设置碎片的显示，包括多边形、纹理多边形、方形等。
- Enable Depth Sort（应用深度排序）：选中该项可以有

效地避免碎片的自交叉问题。
- Start Time（sec）（开始时间，秒）：设置爆破的开始时间。

9.4 CC Bubbles（CC 气泡）特效

CC Bubbles（CC 气泡）特效可以使画面产生梦幻效果，创建该特效时，泡泡会以图像创建不同的泡泡。设置该特效参数前后的效果如图9-7和图9-8所示。

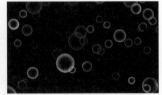

图9-7 未添加特效的效果　　图9-8 添加特效后的效果

- Bubble Amount（气泡量）：用来设置气泡的数量。
- Bubble Speed（气泡的速度）：用来设置气泡的运动速度。
- Wobble Amplitude（摆动幅度）：用来设置气泡的摆动幅度。
- Wobble Frequency（摆动频率）：用来设置气泡的摆动频率。
- Bubble Size（气泡大小）：用来设置气泡的大小。
- Reflection Type（反射类型）：设置泡泡的属性，有两种类型分别是Liquid（流体）和Metal（金属）。
- Shading Type（着色方式）：不同的着色对流体和金属泡泡可以产生不同的效果，在很大程度上影响泡泡的质感。

9.5 CC Scatterize（CC 散射）特效

CC Scatterize（CC散射）特效可以将图像变为很多的小颗粒，并加以旋转，使其产生绚丽多彩的效果，如图9-9和图9-10所示。

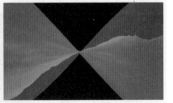

图9-9 未添加特效的效果　　图9-10 添加特效后的效果

- Scatter（分散）：用于设置分散的程度。

- Right Twist（右侧旋转）：以图形右侧为开始端开始旋转。
- Left Twist（左侧旋转）：以图形左侧为开始端开始旋转。
- Transfer Mode（传输模式）：可以在右侧的下拉列表中选择碎片间的叠加模式。

9.6 CC Star Burst（CC 星爆）特效

CC Star Burst（CC星爆）特效可以模拟夜晚星空或在宇宙星体间穿行的效果，效果如图9-11和图9-12所示。

图9-11 未添加特效的效果　　图9-12 添加特效后的效果

- Scatter（分裂）：该数值可以设置分散的强度，数值越大则分散强度越大，反之越小。
- Speed（速度）：可以设置星体的运动速度。
- Phase（相位）：利用不同的相位，可以设置不同的星体结构。
- Grid Spacing（网格间距）：可以调整星体之间的间距，以控制星体的大小和数量。
- Size（大小）：可以设置星体的大小。
- Blend w.Original（混合强度）：设置特效与原来图像的混合程度。

9.7 【卡片动画】特效

【卡片动画】特效是根据指定层的特征分割画面的三维特效，用户可以通过调整其参数使画面产生卡片舞蹈的效果，如图9-13和图9-14所示。

图9-13 未添加特效的效果　　图9-14 添加特效后的效果

- 【行数和列数】：在其右侧的下拉列表框中可以选择【独立】和【列数受行数控制】两种方式。其中，【独立】选项可单独调整行与列的数值，【列数受行数控制】选项为列的参数跟随行的参数进行变化。
- 【行数】：设置行数。
- 【列数】：设置列数。
- 【背面图层】：在其右侧的下拉列表框中将合成图像指定为背景层。
- 【渐变图层1】：在右侧的下拉列表框中为合成图像指定渐变图层。
- 【渐变图层2】：在右侧的下拉列表框中为合成图像指定渐变图层。
- 【旋转顺序】：在其右侧的下拉列表框中选择卡片的旋转顺序。
- 【变换顺序】：在其右侧的下拉列表框中指定卡片的变化顺序。
- 【X/Y/Z轴位置】：用于控制卡片在X、Y、Z轴上的位移变化。
  - 【源】：在其右侧的下拉列表框中指定影响卡片的素材特征。
  - 【乘数】：用于控制图像效果的强弱。一般情况下，该参数影响卡片间的位置。
  - 【偏移】：用于设置图像偏移值。
- 【X/Y/Z轴旋转】：控制卡片在X、Y、Z轴上的旋转属性，其控制参数的设置与【X/Y/Z轴位置】基本相同。
- 【X/Y 轴缩放】：用于设置卡片在X、Y轴上的比例属性。控制方式同【位置】参数栏相同。其控制参数设置与【X/Y/Z轴位置】相同。
- 【摄像机系统】：用于设置特效中所使用的摄像机系统。选择不同的摄像机，效果也不同。
- 【摄像机位置】：通过设置下拉列表选项的参数，可以调整创建效果的空间位置及角度。
- 【边角定位】：当【摄影机系统】选项设置为【角度】时，可对【边角定位】下拉列表进行调整。通过设置下拉列表选项参数，可调整图片的角度。
- 【灯光】：控制特效中所使用的灯光参数。
  - 【灯光类型】：用于选择特效使用的灯光类型。当选择【点光源】时，系统将使用点光源照明；当选择【远距光】时，系统使用远光照明；选择【首选合成照明】时，系统将使用合成图像中的第一盏灯为特效场景照明。当使用三维合成时，选择【首选合成照明】可以产生更为真实的效果，灯光由合成图像中的灯光参数控制，不受特效下的灯光参数影响。
  - 【照明强度】：设置灯光照明的强度大小。

- 【照明色】：设置灯光的照明颜色。
- 【灯光位置】：可以使用该选项调整灯光的位置，也可直接使用移动工具在【合成】面板中移动灯光的控制点调整灯光位置。
- 【照明纵深】：设置灯光在Z轴上的深度位置。
- 【环境光】：设置环境灯光的强度。
- 【材质】：设置特效场景中素材的材质属性。
  - 【漫反射】：控制漫反射强度。
  - 【镜面反射】：控制镜面反射强度。
  - 【高光锐度】：调整高光锐化度。

9.8 【碎片】特效

【碎片】特效可以对图像进行爆炸粉碎处理，使其产生爆炸分散的碎片，用户还可以通过调整其参数来控制碎片的位置、焦点以及半径等，如图9-15和图9-16所示。

- 【视图】：设置查看爆炸效果的方式。
  - 【已渲染】：显示特效最终效果，在【查看】下拉列表框中选择该选项时的效果如图9-16所示。

图9-15　未添加特效的效果　　　图9-16　添加特效后的效果

  - 【线框正视图】：以线框方式观察前视图的爆炸效果，刷新速度较快。
  - 【线框】：以线框方式显示爆炸效果。
  - 【线框正视图+作用力】：以线框方式观察前视图爆炸效果，并显示爆炸的受力状态。
  - 【线框+作用力】：以线框方式显示爆炸效果，并显示爆炸的受力状态。
- 【渲染】：该选项只有在将【视图】设置为【已渲染】时才会显示其效果，选择该下拉列表框中三个不同的选项时的效果如图9-17所示。

图9-17　选择不同选项后的效果

- ◆ 【全部】：显示所有爆炸和未爆炸的对象。
- ◆ 【图层】：仅显示未爆炸的层。
- ◆ 【块】：仅显示已爆炸的碎片。
- ● 【形状】：该选项组中的参数主要用来控制爆炸产生碎片的状态。
  - ◆ 【图案】：设置碎片破碎时的形状，用户可以在其右侧的下拉列表框中选择所需要的碎片形状。
  - ◆ 【自定义碎片图】：当【图案】设置为自定义时，该选项才会出现自定义碎片的效果。
  - ◆ 【白色拼贴已修复】：选中该项使用白色平铺的适配功能。
  - ◆ 【重复】：设置碎片的重复数量，值越大，产生的碎片越多，当该参数调整为10和20时的效果如图9-18和图9-19所示。

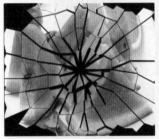

图9-18　参数设置为10时的效果　　图9-19　参数设置为20时的效果

  - ◆ 【方向】：设置爆炸的方向。
  - ◆ 【源点】：设置碎片裂纹的开始位置。可直接调节参数，也可在【合成】面板中直接拖动控制点改变位置。
  - ◆ 【凸出深度】：设置爆炸层及碎片的厚度。参数越大，会更有立体感，当数值为3和7时的效果如图9-20和图9-21所示。

图9-20　参数设置为3时的效果　　图9-21　参数设置为7时的效果

- ● 【作用力1】：为目标图层设置产生爆炸的力。可同时设置两个力场，默认情况下系统只使用一个力。
  - ◆ 【位置】：调整产生爆炸的位置，用户还可以通过调整其控制点来调整爆炸产生的位置。
  - ◆ 【深度】：设置力的深度，当深度设置为-0.3和0.3时的效果如图9-22和图9-23所示。

图9-22　参数设置为-0.3时的效果　图9-23　参数设置为0.3时的效果

  - ◆ 【半径】：用于控制力的半径，该数值越大其半径就越大，目标层的受力面积越大，当力为0时不会出现任何变化。
  - ◆ 【强度】：用于控制力的强度。设置的参数越大，强度越大，碎片飞散得越远。当参数为正值时，碎片向外飞散；当参数为0时，无法产生飞散爆炸的碎片，但力的半径范围内的部分会受到重力的影响；当参数为负值时，碎片飞散方向与正值时的方向相反。
- ● 【作用力2】：该选项组中的参数设置与【作用力1】选项组中的参数设置基本相同。
- ● 【渐变】：用于指定一个渐变层，利用该层的渐变来影响爆炸效果。
- ● 【物理学】：对爆炸的旋转隧道、翻滚坐标及重力等进行设置。
  - ◆ 【旋转速度】：设置爆炸产生碎片的旋转速度。数值为0时，碎片不会翻滚旋转。参数越大，旋转速度越快。
  - ◆ 【倾覆轴】：设置爆炸后碎片的翻滚旋转方式。可以在其右侧的下拉列表中选择不同的滚动轴，该选项默认为【自由】，碎片自由翻滚；当将其设置为【无】时，碎片不产生翻滚；选择其他的方式，则将碎片锁定在相应的轴上进行翻滚。
  - ◆ 【随机性】：设置碎片飞散的随机值。较大的值可产生不规则的、凌乱的碎片飞散效果。
  - ◆ 【黏性】：设置碎片的黏度。参数较大会使碎片聚集在一起。
  - ◆ 【大规模方差】：设置爆炸碎片集中的百分比。
  - ◆ 【重力】：用于为爆炸设置一个重力，模拟自然界中的重力效果。
  - ◆ 【重力方向】：用于为重力设置方向。
  - ◆ 【重力倾斜】：用于为重力设置一个倾斜度。
- ● 【纹理】：可对碎片的颜色、纹理贴图等进行设置。
  - ◆ 【颜色】：设置碎片的颜色。
  - ◆ 【不透明度】：设置颜色的不透明度。
  - ◆ 【正面模式/侧面模式/背面模式】：分别设置爆炸碎片前面、侧面、背面的模式。

- ◆ 【背面图层】：为爆炸碎片的背面设置层。
- ◆ 【摄像机系统】：设置特效中的摄像机系统，可以在其右侧的下拉列表框中选择不同的摄像机，从而得到的效果也不同。
- ● 【摄像机位置】：可设置碎片的X、Y、Z轴旋转，XYZ轴位置、焦距、变换顺序等参数。
- ● 【X、Y、Z轴旋转】：设置摄像机在X、Y、Z轴上的旋转角度。
  - ◆ 【X、Y、Z位置】：设置摄像机在三维空间中的位置属性。
  - ◆ 【焦距】：设置摄像机的焦距。
  - ◆ 【变换顺序】：设置摄像机的变换顺序。
- ● 【角度定位】：将【摄像机系统】设置为【角度】方式后，该参数将被激活，用户才可以对其进行设置。
  - ◆ 【角度】：系统在层的4个角上定义了4个控制点，用户可以调整4个控制点来改变层的形状。
  - ◆ 【自动焦距】：选中该复选框后，系统可以自动控制焦距。
  - ◆ 【焦距】：用于控制焦距。
- ● 【灯光】：设置特效中使用的灯光的参数。
  - ◆ 【灯光类型】：在其右侧的下拉列表框中选择灯光类型。选择【点光源】时，系统使用点光源照明；选择【远距光】时，系统使用远光照明；选择【首选合成灯光】时，系统使用合成图像中的第一盏灯为特效场景照明。当使用三维合成时，选择该项可以产生更为真实的效果。选择该项后，灯光由合成图像中的灯光参数控制，不受特效下的灯光参数影响。
  - ◆ 【灯光强度】：设置灯光的照明强度。
  - ◆ 【灯光颜色】：设置灯光的照明颜色。
  - ◆ 【灯光位置】：调整灯光的位置。用户可在【合成】面板中直接拖动灯光的控制点改变其位置。
  - ◆ 【灯光深度】：设置灯光在Z轴上的深度位置。
  - ◆ 【环境光】：设置环境灯光的强度。
- ● 【材质】：设置特效中素材的材质属性。
  - ◆ 【漫反射】：设置漫反射的强度。
  - ◆ 【镜面反射】：控制镜面反射的强度。
  - ◆ 【高光锐度】：控制高光的锐化程度。

(9.9) 【焦散】特效

【焦散】特效可以用来模拟大自然的折射和反射效果，其效果如图9-24和图9-25所示。

图9-24　未添加特效的效果　　　　图9-25　添加特效后的效果

- ● 【底部】：设置应用【焦散】特效的底层，如图9-26所示。

图9-26　【底部】参数

- ◆ 【底部】：在其右侧的下拉列表框中指定一个层为底层，即水下图层。默认情况下底层为当前图层。
- ◆ 【缩放】：对设置的底层进行缩放。当该参数为1时，底层为原始大小。当该参数大于1或小于1时，底层也会随之放大或缩小；当设置的数值为负数时，图层将进行反转，效果如图9-27所示。

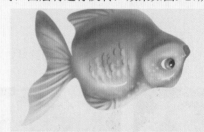

图9-27　缩放参数为负数的效果

- ◆ 【重复模式】：缩小底层后，可以在其右侧的下拉列表框中选择如何处理底层中的空白区域。其中，【一次】模式使空白区域透明，只显示缩小后的底层；【平铺】模式重复底层；【反射】模式可反射底层。
- ◆ 【如果图层大小不同】：在【底部】中指定其他层作为底层时，有可能其尺寸与当前层不同。此时，可在【如果图层大小不同】中选择伸缩以适合选项，使底层与当前层尺寸相同。如果选择【中心】，则底层尺寸不变，且与当前层居中对齐。
- ◆ 【模糊】：用于对复制出的效果进行模糊处理。

- 【水】：指定用作水面的图层。
  - 【水面】：在下拉列表中指定合成中的一个层作为水波纹理，效果如图9-28所示。
  - 【波形高度】：设置波纹的高度。
  - 【平滑】：设置波纹的平滑程度。该数值越大，波纹越平滑，但是效果也更弱。将该值设置为20时的效果如图9-29所示。
  - 【水深】：该选项用于设置所产生波纹的深度。
  - 【折射率】：该选项用于控制水波的折射率。

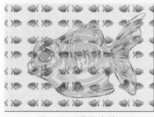 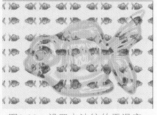

图9-28　设置水纹　　　　图9-29　设置水波纹的平滑度

  - 【表面色】：为产生的波纹设置颜色。
  - 【表面不透明度】：设置水波表面的透明度，将其参数设置为1时的效果如图9-30所示。
  - 【焦散强度】：用于控制聚光的强度。数值越大，聚光强度越大。焦散强度设为1时的效果如图9-31所示。

图9-30　设置不透明度　　图9-31　设置焦散强度为1时的效果

- 【天空】：用于为水波指定一个天空反射层，控制水波对水面外场景的反射效果。
  - 【天空】：在其右侧的下拉列表框中选择一个层作为天空反射层。
  - 【缩放】：该选项可对天空层进行缩放设置，如图9-32所示为设置缩放后的效果。
  - 【重复模式】：在其右侧的下拉列表框中选择缩小后天空层空白区域的填充方式。
  - 【如果图层大小不同】：设置天空层与当前层尺寸不同时的处理方式。
  - 【强度】：设置天空层的强度，该参数值越大其效果就越明显。该参数值为0.7时的效果如图9-33所示。
  - 【融合】：用于对反射边缘进行处理，参数值越大，边缘越复杂。

图9-32　设置缩放后的效果　　图9-33　设置强度为0.7时的效果

- 【灯光】：设置特效中灯光的各项参数。
  - 【灯光类型】：在其右侧的下拉列表框中选择特效使用的灯光方式。选择【点光源】时，系统将使用点光源照明；选择【远光源】时，系统将使用远光照明；选择【首选合成灯光】时，系统将使用合成图像中的第一盏灯为特效场景照明。当使用三维合成时，选择【首选合成灯光】可以产生更为真实的效果，灯光由合成图像中的灯光参数控制，不受特效下的灯光参数影响。
  - 【灯光强度】：设置灯光照明的强度。
  - 【灯光颜色】：设置灯光照明的颜色，可以通过单击其右侧的颜色框或使用吸管工具来设置照明的颜色。照明色的RGB值为255、0、0时的效果如图9-34所示。
  - 【灯光位置】：用于调整灯光的位置。也可直接使用移动工具在【合成】面板中移动灯光的控制点，调整灯光的位置。
  - 【灯光高度】：用于设置灯光的高度。
  - 【环境光】：设置环境光的强度。环境光设为2时的效果如图9-35所示。

图9-34　设置照明色后的效果　　图9-35　环境光设为2时的效果

- 【材质】：设置特效场景中素材的材质属性。
  - 【漫反射】：设置漫反射的强度。
  - 【镜面反射】：设置镜面反射强度。
  - 【高光锐度】：该选项用于设置高光锐化度。

9.10 【泡沫】特效

【泡沫】特效可以产生泡沫或泡泡，用户可以对其进行设置达到想要的效果，特效设置前后的效果如图9-36

和图9-37所示。

图9-36 未添加特效的效果　　　图9-37 添加【泡沫】特效

- 【视图】：用于设置气泡效果的显示方式，在下拉列表框中选择【草图】和【已渲染】选项时的效果如图9-38和图9-39所示。

图9-38 【草图】效果　　　　图9-39 【已渲染】效果

- ◆ 【草图】：以草图模式渲染气泡效果，不能看到气泡的最终效果，但可预览气泡的运动方式和设置状态，且使用该方式计算速度快。
- ◆ 【草图+流动映射】：为特效指定影响通道后，使用该方式可以看到指定的影响对象。
- ◆ 【已渲染】：在该方式下可以预览气泡的最终效果，但是计算速度相对较慢。
- 【制作者】：设置气泡的粒子发射器。
- ◆ 【产生点】：设置发射器的位置，可以通过参数或控制点调整产生点的位置。
- ◆ 【产生X、Y大小】：设置发射器的大小。
- ◆ 【产生方向】：设置泡泡产生的方向。
- ◆ 【缩放产生点】：如果将产生点的位置设置在图层左上角，然后缩小该图层，在未选择【缩放产生点】时，此产生点会停留在屏幕的左上角。如果选择【缩放产生点】，则在范围缩小时该点会与范围一起移动，该点最后更接近屏幕的中心。
- ◆ 【生成速率】：该选项用于设置发射速度。一般情况下，数值越大，发射速度较快，在相同时间内产生的气泡粒子也较多。当数值为0时，不发射气泡粒子。
- 【气泡】：该参数用于对气泡粒子的尺寸、生命、强度等进行设置。
- ◆ 【大小】：该选项用于调整产生泡沫的尺寸。数值越大则气泡越大，反之越小。
- ◆ 【大小差异】：用于控制气泡粒子的大小差异。数值越大，每个气泡粒子的大小差异越大。数值为0时，每个气泡粒子的最终大小都是相同的。
- ◆ 【寿命】：设置每个气泡粒子的生命值。每个气

粒子在发射产生后，最终都会消失。所谓生命值，是指粒子从产生到消失之间的时间。

- ◆ 【气泡增长速度】：用于设置每个气泡粒子生长的速度，即气泡粒子从产生到最终大小的时间。
- ◆ 【强度】：调整产生泡沫的数量，数值越大，产生泡沫的数量也就越多。
- 【物理学】：设置气泡粒子的运动效果。
- ◆ 【初始速度】：设置泡沫特效的初始速度。
- ◆ 【初始方向】：设置泡沫特效的初始方向。
- ◆ 【风速】：设置影响气泡粒子的风速。
- ◆ 【风向】：设置风的方向。
- ◆ 【湍流】：设置气泡粒子的混乱度。该数值越大，粒子运动越混乱；数值越小，则粒子运动越有序和集中。
- ◆ 【摇摆量】：用于设置气泡粒子的晃动强度。参数较大时，气泡粒子会产生摇摆变形。
- ◆ 【排斥力】：用于在气泡粒子间产生排斥力。参数越大，气泡粒子间的排斥性越强。
- ◆ 【弹跳速率】：设置粒子的总速率。
- ◆ 【黏度】：设置粒子间的黏性。参数越小，粒子越密。
- ◆ 【黏性】：设置粒子间的黏着性。参数越小，粒子堆砌得越紧密。
- 【缩放】：该选项用于调整气泡粒子的大小。
- 【综合大小】：该参数用于设置气泡粒子效果的综合尺寸。在【草图】和【草图+流动映射】方式下可看到综合尺寸范围框。
- 【正在渲染】：该参数项用于设置气泡粒子的渲染属性。该参数项的设置效果只有在【已渲染】方式下可以看到。
- ◆ 【混合模式】：用于设置气泡粒子间的融合模式。【透明】方式下，气泡粒子与气泡粒子间进行透明叠加。选择【旧实体在上】方式，则旧气泡粒子置于新生气泡粒子之上。选择【新实体在上】方式，则将新生气泡粒子叠加到旧气泡粒子之上。
- ◆ 【气泡纹理】：可在该下拉列表中选择气泡粒子的纹理方式，在该下拉列表框中选择不同泡沫材质的效果。
- ◆ 【气泡纹理分层】：除了系统预制的气泡粒子纹理外，还可以指定合成图像中的一个层作为气泡粒子纹理。该层可以是一个动画层，气泡粒子将使用其动画纹理。在下拉列表中选择气泡粒子纹理层时，首先要在【气泡纹理】中将气泡粒子纹理设置为【用户定义】。
- ◆ 【气泡方向】：用于设置气泡的方向。可使用默认

的【固定】方式，或选择【物理定向】、【气泡速度】方式。

- ◆ 【环境映射】：用于指定气泡粒子的反射层。
- ◆ 【反射强度】：设置反射的强度。
- ◆ 【反射融合】：设置反射的聚焦度。
- 【流动映射】：通过调整下拉选项参数属性，设置创建泡沫的流动动画效果。
  - ◆ 【流动映射】：指定用于影响粒子效果的层。
  - ◆ 【流动映射黑白对比】：用于设置参考图对粒子的影响效果。
  - ◆ 【流动映射匹配】：用于设置参考图的大小。可设置为【总体范围】或【屏幕】。
  - ◆ 【模拟品质】：设置气泡粒子的仿真质量。
- 【随机植入】：设置气泡粒子的随机种子数。

9.11 上机练习——雷雨效果

下面将讲解如何创建雷雨动画效果，效果如图9-40所示，其具体操作步骤如下。

图9-40　雷雨效果图

01 新建一个项目，在【项目】面板中单击【新建合成】按钮，在弹出的对话框中将【合成名称】设置为"雷雨"，将【宽度】、【高度】分别设置为1024 px、768 px，将【像素长宽比】设置为【方形像素】，将【帧速率】设置为25帧/秒，将【持续时间】设置为0:00:05:00，如图9-41所示。

图9-41　设置合成参数

02 设置完成后，单击【确定】按钮，在【项目】面板中双击鼠标，在弹出的对话框中选择素材文件，如图9-42所示。

图9-42　选择素材文件

03 单击【导入】按钮，在【项目】面板中选择"雷雨背景"素材文件，按住鼠标将其拖至【时间轴】面板中，将当前时间设置为0:00:00:00，将【位置】设置为508、384，单击其左侧的【时间变化秒表】按钮，将【缩放】设置为44%，选中关键帧，按Shift+F9组合键将关键帧转换为缓入，如图9-43所示。

图9-43　设置位置与缩放参数

04 将当前时间设置为0:00:04:24，将【位置】设置为631、384，按F9键将关键帧转换为缓动，如图9-44所示。

05 在【时间轴】面板中右击，在弹出的快捷菜单中选择【新建】|【纯色】命令，如图9-45所示。

图9-44　设置【位置】参数

06 在弹出的对话框中将【名称】设置为"云"，将【颜色】的RGB值设置为0、0、0，如图9-46所示。

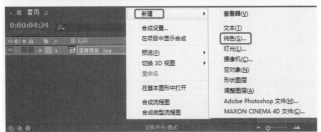

图9-45　选择【纯色】命令

图9-46　设置纯色参数

07 设置完成后，单击【确定】按钮。在工具栏中单击【钢笔工具】，在【合成】面板中绘制一个蒙版，

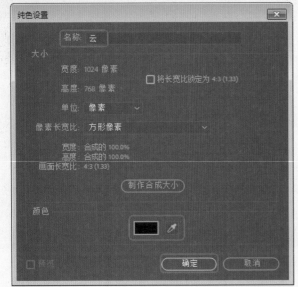

在【时间轴】面板中将【蒙版羽化】设置为95，将【蒙版扩展】设置为60像素，如图9-47所示。

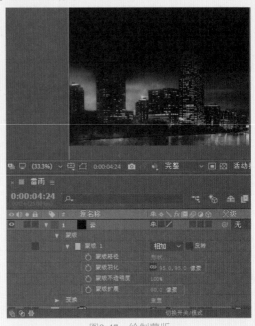

图9-47　绘制蒙版

08 在【效果和预设】面板中搜索【分形杂色】效果，双击该效果，为"云"图层添加该效果。将当前时间设置为0:00:00:00，在【时间轴】面板中将【杂色类型】设置为【线性】，将【亮度】设置为-18，单击【演化】左侧的【时间变化秒表】按钮，如图9-48所示。

图9-48　设置【分形杂色】参数

将当前时间设置为0:00:04:24，将【演化】设置为790，如图9-49所示。

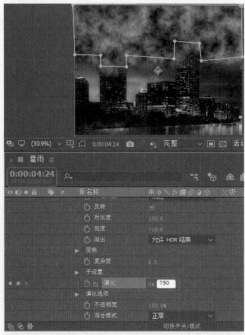

图9-49　设置【演化】参数

继续选中该图层，在【效果和预设】面板中搜索【快速模糊（旧版）】效果，双击鼠标为其添加该效果，将【模糊度】设置为10，将【模糊方向】设置为【水平和垂直】，将【重复边缘像素】设置为【开】，如图9-50所示。

图9-50　设置【快速模糊（旧版）】参数

搜索【边角定位】效果，为"云"图层添加该效果，将【左上】设置为−298.7、0，将【右上】设置为1342.6、0，将【左下】设置为0、524，将【右下】设置为1024、524，如图9-51所示。

图9-51　设置【边角定位】参数

搜索CC Toner效果，为"云"图层添加该效果，将Midtones的RGB值设置为67、89、109，如图9-52所示。

图9-52　设置Midtones参数

13 继续选中"云"图层，在【时间轴】面板中将该图层的混合模式设置为【屏幕】，如图9-53所示。

置为【随机】，将【源点】设置为375.9、148.9，将【外径】设置为1040、810，单击【外径】左侧的【时间变化秒表】按钮，将【核心半径】与【核心不透明度】分别设置为3、100%，单击【核心不透明度】左侧的【时间变化秒表】按钮，将【发光半径】、【发光不透明度】分别设置为30、50%，单击【发光不透明度】左侧的【时间变化秒表】按钮，将【发光颜色】的RGB值设置为42、57、150，将【Alpha障碍】、【分叉】分别设置为10、11%，将【分形类型】设置为【半线性】，如图9-55所示。

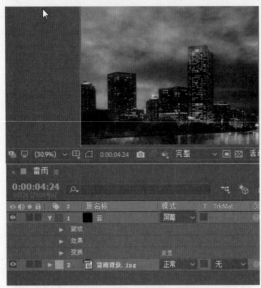

图9-53　设置图层混合模式

14 新建一个"雨"纯色图层，为其添加CC Rainfall效果，在【时间轴】面板中将Size设置为6，将Wind、Variation%（Wind）分别设置为870、38，将Opacity设置为50，将图层的混合模式设置为【屏幕】，如图9-54所示。

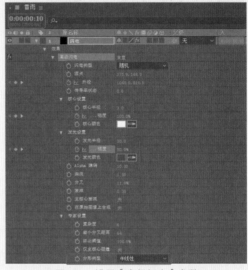

图9-55　设置【高级闪电】参数

16 将当前时间设置为0:00:01:10，将【外径】设置为577、532，将【核心不透明度】、【发光不透明度】分别设置为50%、0，将图层混合模式设置为【相加】，如图9-56所示。

图9-54　设置下雨效果

15 新建一个"闪电"纯色图层，将其入点时间设置为0:00:00:10，为其添加【高级闪电】效果，确认当前时间为0:00:00:10，在【时间轴】面板中将【闪电类型】设

图9-56　在其他时间设置【高级闪电】参数

继续选中"闪电"图层，将当前时间设置为0:00:01:01，将时间滑块结尾处与时间线对齐，如图9-57所示。

图9-57 调整时间滑块

继续选中该图层，按Ctrl+D组合键对其进行复制，将复制后的对象命名为"闪电2"，将其入点时间设置为0:00:02:00，将当前时间设置为0:00:02:00，将【闪电类型】设置为【击打】，将【源点】设置为847.5、148.9，将【方向】设置为648、519，将【核心不透明度】设置为75%，如图9-58所示。

图9-58 设置【闪电2】参数

图9-59 设置【核心不透明度】参数

图9-60 设置【高级闪电】参数

将当前时间设置为0:00:03:00，在【时间轴】面板中将【核心不透明度】设置为0，如图9-59所示。

在时间轴面板中选择"闪电2"图层，按Ctrl+D组合键对其进行复制。将当前时间设置为0:00:03:10，将该图层的入点时间设置为0:00:03:10，将【闪电类型】设置为【方向】，将【源点】设置为460.8、-38，将【方向】设置为418、504，如图9-60所示。

在【项目】面板中选择"打雷声音"音频文件，按住鼠标将其拖至"闪电3"图层的下方，将该图层的入点时间设置为0:00:01:21，如图9-61所示。

图9-61 设置打雷声音的入点时间

22 在【项目】面板中选择"下雨声音"音频文件，按住鼠标将其拖至"雷雨背景"图层的下方，将其入点时间设置为0:00:00:00，如图9-62所示。

图9-62　添加下雨声音音频文件

9.12 思考与练习

1. 简述 CC Snowfall效果的作用。
2. 什么特效可以产生泡沫或泡泡的特效？

第10章
渲染输出

　　After Effects中提供了多种输出格式，方便用户将制作的影片应用到不同的地方。渲染的效果会直接影响最终输出的影片效果，用户一定要熟练掌握渲染技术，把好最后一关，做出精彩的效果。

10.1 设置渲染工作区

制作完成一部合成影片后，需要对其进行渲染输出。在After Effects CC 2018中不但可以全部渲染输出，也可以只渲染影片的一部分，只需要在【时间轴】面板中设置渲染工作区即可。渲染工作区由【工作区域开头】和【工作区域结尾】标识来控制，如图10-1所示。

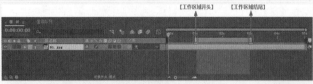

图10-1　渲染工作区

10.1.1　手动调整渲染工作区

下面介绍如何手动调整渲染工作区。首先在【时间轴】面板中，将鼠标指针放置在【工作区域开头】位置，当指针变为双向箭头时按住鼠标左键不放拖动鼠标至合适位置后松开鼠标，即可修改工作区域开始点的位置，如图10-2所示。

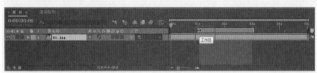

图10-2　修改工作区域开始点

将鼠标指针放置在【工作区域结尾】位置，当指针变为双向箭头时按住鼠标左键不放拖动鼠标至合适位置后松开鼠标，即可修改工作区域结束点的位置，如图10-3所示。调整完成后就可以只对工作区内的动画进行渲染了。

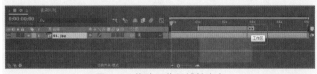

图10-3　修改工作区域结束点

> 提示　也可以先将时间滑块调整至需要开始的时间处，按住键盘上Shift键的同时拖动【工作区域开头】至滑块任意位置，此时开始点可以精确吸附到滑块上。使用相同的方法设置结束位置，这样即可精确地控制开始和结束的时间。

10.1.2　利用快捷键调整渲染工作区

使用快捷键进行调整的方法如下。

- 在【时间轴】面板中将时间滑块拖至开始的位置，然后按键盘上的B键，即可使【工作区域开头】吸附至时间滑块上。
- 在【时间轴】面板中将时间滑块拖动至需要结束的位置，然后按键盘上的N键，即可使【工作区域结尾】吸附至时间滑块上。

10.2 开启【渲染队列】面板

完成影片的制作后，就可以对影片进行渲染输出了。执行【合成】|【添加到渲染队列】命令，打开【渲染队列】面板，如图10-4所示。在【渲染队列】面板中，主要设置输出影片的格式，这也决定了影片的播放模式。

图10-4　【渲染队列】面板

在【渲染队列】面板中可以设置每个项目的输出类型，每种输出类型都有独特的设置。渲染是一项重要的技术，熟悉渲染技术的操作是使用After Effects完成影片渲染输出的关键。

10.3 【渲染队列】面板参数介绍

本节来了解【渲染队列】面板参数。

10.3.1　渲染组

渲染组显示要进行渲染的合成列表以及合成的名称、状态、渲染时间等信息，并可以对其中的参数进行设置。

1. 添加多个合成项目

 在【项目】面板中选择多个合成文件，然后执行【合成】|【添加到渲染队列】命令，如图10-5所示。

02 设置完成后，【渲染队列】面板中就添加了刚选择的多个合成项目，如图10-6所示。

图10-5　选择【添加到渲染队列】命令

图10-6　添加多个合成项目

> **提示**　还可以在【项目】面板中选择一个或多个合成文件直接拖至【渲染队列】面板中。

2. 调整渲染顺序

添加多个合成项目后，默认渲染顺序是自上而下依次渲染，如果需要修改渲染顺序，可以调整合成的位置。在渲染组中选择一个或多个合成项目，按住鼠标左键的同时拖动鼠标至合适位置，当出现一条蓝线时松开鼠标，即可调整合成的位置，操作方法如图10-7所示。

图10-7　调整渲染顺序

3. 删除渲染组中的合成项目

删除合成项目的方法有以下两种。

- 在渲染组中选择一个或多个需要删除的合成项目，然后执行【编辑】|【清除】命令，如图10-8所示，即可将选择的合成项目删除。
- 选择需要删除的合成项目，按键盘上的Delete键直接将其删除。

4. 设置渲染组标签颜色

每一个渲染合成项目前都有一个暗黄色色块，单击该色

图10-8　删除合成项目

块，即可弹出颜色选择菜单，该菜单中有多种颜色可供选择，选择相应的颜色后即可对标签颜色进行更改，如图10-9所示。

图10-9　修改标签颜色

10.3.2　渲染细节

单击【当前渲染】左侧的▶按钮，可展开当前渲染的详细数据，如图10-10所示。

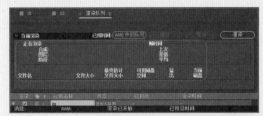

图10-10　渲染细节窗口

- 【合成】：显示当前区域下正在渲染的合成项目名称。
- 【图层】：显示当前区域下正在渲染的层。
- 【阶段】：显示当前渲染的内容。
- 【上次】：显示当前渲染的剩余时间。
- 【差值】：显示最近时间中的差值。
- 【平均】：显示当前渲染时间的平均值。
- 【文件名】：显示影片输出的名称及格式。
- 【文件大小】：显示当前已经输出文件的大小。
- 【最终估计文件大小】：显示预计输出影片的最终大小。
- 【可用磁盘空间】：显示当前输出影片所在磁盘的剩余空间。
- 【溢出】：显示溢出磁盘的数值。
- 【当前磁盘】：显示输出影片所在的磁盘名称。

10.3.3　渲染信息

单击【渲染】按钮后，系统开始进行渲染，相关的渲染信息也会显示出来，如图10-11所示。

- 【消息】：渲染状态信息。
- RAM：渲染时内存的使用状况。
- 【渲染已开始】：渲染的开始时间。
- 【已用总时间】：渲染耗费的时间。
- 【最近错误】：渲染日志的文件名与位置。

图10-11 渲染信息

> 提示 单击【渲染】按钮后，该按钮切换为【暂停】或【停止】两个按钮，用户可暂停或停止渲染的进程。单击【继续】按钮，可继续进行渲染。

10.4 渲染设置

单击【渲染设置】左侧的▶按钮，展开【渲染设置】，可查看详细的渲染数据，如图10-12所示。

图10-12 渲染设置数据

单击【渲染设置】右侧的▼按钮，弹出如图10-13所示的菜单，该菜单包含【最佳设置】、【DV设置】、【多机设置】、【当前设置】、【草图设置】、【自定义】和【创建模板】七个选项。

选择【创建模板】命令后，打开【渲染设置模板】对话框，如图10-14所示。用户可以将常用的渲染设置制作为渲染模板，方便下次直接使用。

图10-13 设置菜单

图10-14 【渲染设置模板】对话框

10.4.1 【渲染设置】对话框

用户可在【渲染设置】对话框中设置自己需要的渲染方式。选择【自定义】命令或直接在当前设置类型的名称上单击，都可打开【渲染设置】对话框，如图10-15所示。

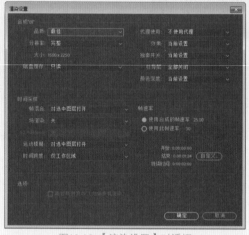

图10-15 【渲染设置】对话框

1. 合成组名称

- 【品质】：设置影片的渲染质量，有【最佳】、【草稿】、【线框图】三种模式。
- 【分辨率】：设置影片的分辨率。
- 【大小】：设置渲染影片的尺寸。在创建合成时已经设置。
- 【磁盘缓存】：设置渲染缓存。
- 【代理使用】：设置渲染时是否使用代理。
- 【效果】：设置渲染时是否渲染效果。
- 【独奏开关】：设置是否渲染独奏层。
- 【引导层】：设置是否渲染引导层。
- 【颜色深度】：设置渲染项目的颜色深度。

2. 时间采样

- 【帧混合】：设置渲染项目中所有层的帧混合。
- 【场渲染】：设置渲染时的场。如果选择【关】，系统将渲染不带场的影片。也可以选择渲染带场的影片，用户还要选择是上场优先还是下场优先。
- 3：2 Pulldown：设置引导相位。
- 【动态模糊】：设置渲染项目中所有层的运动模糊。当用户选择打开已选中图层时，系统将只对【时间轴】面板中开关栏中使用了运动模糊的层进行运动模糊渲染，也可以选择关闭所有层的运动模糊选项。
- 【时间跨度】：设置渲染项目的时间范围。选择【合成长度】时，系统渲染整个项目；选择【仅工作区域】时，系统将只渲染【时间轴】面板中工作区域部分的项目；选择【自定义】时，用户可自己设置渲染的时间范围。

- 【帧速率】：设置渲染项目的帧速率。选择【使用合成帧速率】时，系统将保持默认项目的帧速率；选择【使用此帧速率】时，用户可自定义项目的帧速率。

3. 选项

【跳过现有文件（允许多机渲染）】：设置渲染时是否忽略已渲染完成的文件。

10.4.2 日志

【日志】：该选项用于设置创建日志的文件内容，其中包括【仅错误】、【增加设置】和【增加每帧信息】三个选项，如图10-16所示。

图10-16 【日志】选项

10.5 输出设置

单击【输出模块】左侧的 ▶ 按钮，展开【输出模块】，可查看详细的数据，如图10-17所示。

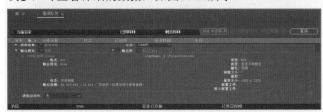

图10-17 输出模块数据

10.5.1 【输出模块】选项

单击【输出模块】右侧的 ▼ 按钮，弹出如图10-18所示的菜单，用户可在菜单中选择输出模块的类型。

图10-18 【输出模块】菜单

图10-19 【输出模块模板】对话框

10.5.2 输出模块设置

用户可在【输出模块设置】对话框中进行设置。选择【自定义】命令或直接在当前设置类型的名称上单击，都可打开【输出模块设置】对话框，如图10-20所示。

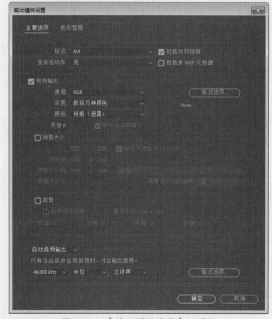

图10-20 【输出模块设置】对话框

1. 主要选项

- 【格式】：用于设置格式。单击下拉按钮，会显示不同的格式选项，如图10-21所示。
- 【渲染后动作】：设置渲染后要继续的操作。

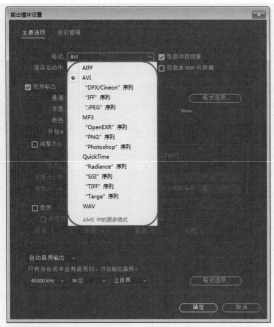

图10-21　文件格式

2. 视频输出

- 【通道】：设置渲染影片的输出通道。依据文件格式和使用的编码解码器的不同，输出的通道也有所不同。
- 【深度】：用于设置渲染影片的颜色深度。
- 【颜色】：用于设置产生Alpha通道的类型。
- 【格式选项】：单击该按钮，打开【视频压缩】对话框。可在该对话框中设置格式。如果在格式中选择QuickTime选项，则可以在该项中设置影片使用的编码解码器。

3. 调整大小

设置是否调整渲染影片的尺寸。用户可以在【调整大小到】中输入新的影片尺寸，也可以在【自定义】下拉列表中选择常用的影片格式。

4. 裁剪

设置是否在渲染影片边缘修剪像素。正值剪裁像素，负值增加像素。

5. 音频输出

如果影片带有音频，单击【格式选项】按钮，可以选择相应的编码解码器。在下方的下拉列表中，可分别设置音频素材的采样速率、量化位数以及回放格式。

6. 色彩管理

切换到【色彩管理】选项卡，如图10-22所示。在该选项卡中可进行影片色彩的相关设置。

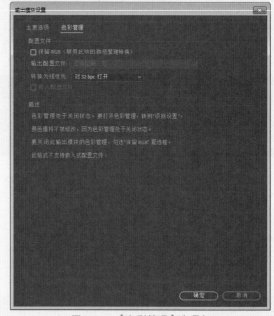

图10-22　【色彩管理】选项卡

10.6　思考与练习

1. 如何只渲染影片的一部分？
2. 如何在渲染组中添加多个合成项目？
3. 如何调整渲染顺序？

第11章
项目指导——常用特效的制作与技巧

光效和粒子经常用于制作视频中的环境背景，也能够制作特殊的炫酷效果。本章将通过为多个案例视频添加特效，介绍光效和粒子在After Effects中的应用。

11.1 泡沫效果

本案例将介绍如何制作泡沫效果。首先添加素材图片，然后创建纯色图层，为其添加【分形杂色】、【贝塞尔曲线变形】、【色相/饱和度】和【发光】效果，复制多个图层后，继续创建一个纯色图层，为其添加【泡沫】效果。完成后的效果如图11-1所示。

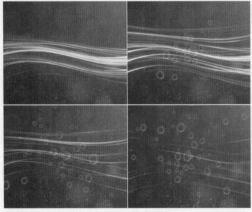

图11-1　泡沫效果

01 在【项目】面板中右击，在弹出的快捷菜单中选择【新建合成】命令。在弹出的【合成设置】对话框中，将【合成名称】设置为"气泡飞舞"，将【预设】设置为PAL D1/DV，将【持续时间】设置为0:00:07:00，然后单击【确定】按钮，如图11-2所示。

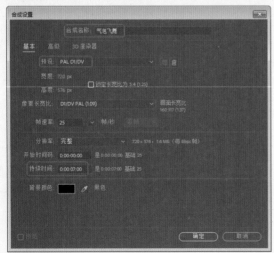

图11-2　【合成设置】对话框

02 在【项目】面板中双击，在弹出的【导入文件】对话框中，选择"背景01.jpg"素材图片，然后将"背景01.jpg"素材图片添加到时间轴中，将【缩放】设置为128%，将【位置】设置为360、384，如图11-3所示。

图11-3　添加素材图层

03 在时间轴中右击，在弹出的快捷菜单中选择【新建】|【纯色】命令，在弹出的【纯色设置】对话框中将【颜色】设置为黑色，将【宽度】设置为350像素，将【高度】设置为750像素，然后单击【确定】按钮，如图11-4所示。

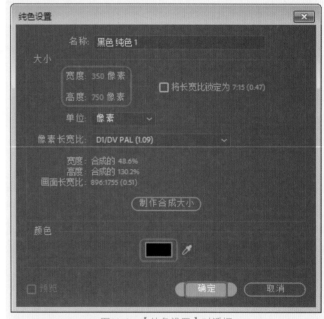

图11-4　【纯色设置】对话框

04 选中时间轴中的纯色图层，在菜单栏中选择【效果】|【杂色和颗粒】|【分形杂色】命令。在【效果控件】面板中，将【分形杂色】中的【对比度】设置为530.0，将【亮度】设置为-100.0，将【溢出】设置为【剪切】，在【变换】组中，取消选中【统一缩放】复选框，将【缩放宽度】设置为60.0，将【缩放高度】设置为3300.0，将【复杂度】设置为10.0，如图11-5所示。

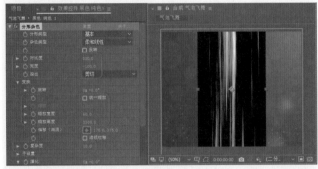

图11-5 设置【分形杂色】参数

05 在时间轴中，将纯色图层的【变换】下的【旋转】设置为0x+90.0°，将【缩放】设置为77.3%、130.0%，将【位置】设置为358、311，如图11-6所示。

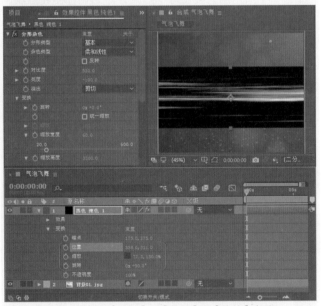

图11-6 设置【位置】、【缩放】和【旋转】参数

06 将当前时间设置为0:00:00:00，在【效果控件】面板中将【变换】下的【偏移（湍流）】设置为175.0、675.0，并单击其左侧的◌按钮，然后单击【演化】左侧的◌按钮，如图11-7所示。

07 将当前时间设置为0:00:06:24，在【效果控件】面板中将【变换】下的【偏移（湍流）】设置为175.0、

75.0，将【演化】设置为0x+350.0°，如图11-8所示。

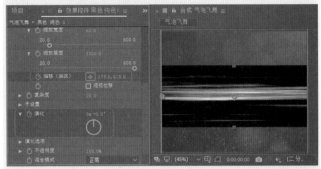

图11-7 设置关键帧

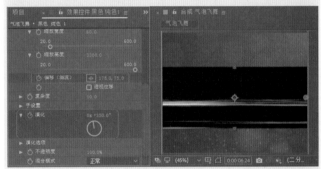

图11-8 设置关键帧

08 在菜单栏中选择【效果】|【扭曲】|【贝塞尔曲线变形】命令，然后调整曲线的顶点和切点，如图11-9所示。

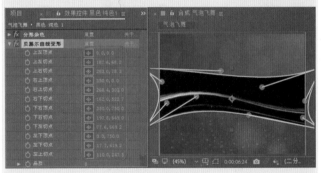

图11-9 调整曲线

09 在时间轴中，将纯色图层的【模式】设置为【屏幕】，如图11-10所示。

10 为纯色图层添加【色相/饱和度】效果，在【效果控件】面板中选中【色相/饱和度】中的【彩色化】复选框，将【着色色相】设置为0x+150.0°，将【着色饱和度】设置为50，如图11-11所示。

11 在菜单栏中选择【效果】|【风格化】|【发光】命令，为纯色图层添加【发光】效果。在【效果控件】面板中将【发光】的【发光阈值】设置为80.0%，将【发光半径】设置为150.0，如图11-12所示。

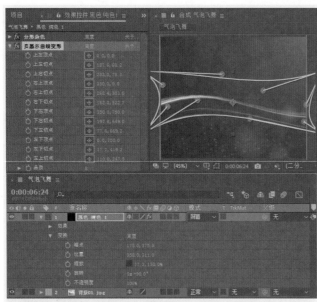

图11-10 设置图层模式

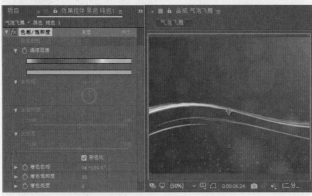

图11-11 设置【色相/饱和度】参数

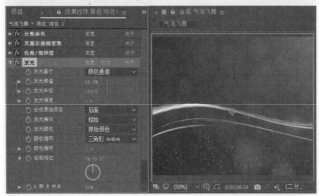

图11-12 设置【发光】参数

按Ctrl+D组合键，复制纯色图层，将复制得到的图层的【位置】设置为360.0、265.0，然后在【效果控件】面板中，将【色相/饱和度】中的【着色色相】

设置为0x+250.0°，将【着色饱和度】设置为80，如图11-13所示。

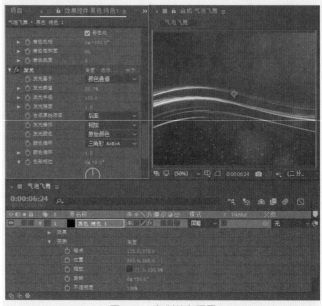

图11-13 复制纯色图层

⑬ 选中【贝塞尔曲线变形】效果，然后调整曲线形状，如图11-14所示。

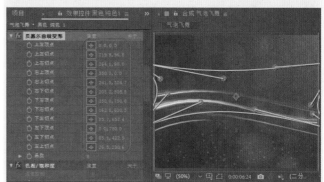

图11-14 调整曲线

⑭ 按Ctrl+D组合键，复制纯色图层，将复制得到的图层的【位置】设置为359、381，然后在【效果控件】面板中将【色相/饱和度】中的【着色色相】设置为0x+240.0°，将【着色饱和度】设置为60，如图11-15所示。

⑮ 选中【贝塞尔曲线变形】效果，然后调整曲线形状，如图11-16所示。

⑯ 在时间轴中右击，在弹出的快捷菜单中选择【新建】|【纯色】命令。在弹出的【纯色设置】对话框中，将【名称】设置为"泡沫"，单击【制作合成大小】按钮，然后单击【确定】按钮，如图11-17所示。

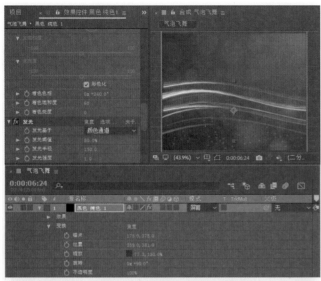

图11-15　复制纯色图层并设置其参数

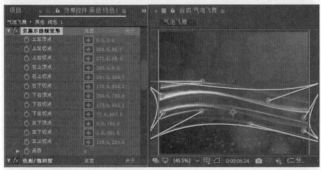

图11-16　调整曲线

图11-17　【纯色设置】对话框

⑰ 选中新建的"泡沫"层，在菜单栏中选择【效果】|【模拟】|【泡沫】命令。在【效果控件】面板中，将【泡沫】的【视图】设置为【已渲染】，将【大小】设置为0.2，将【大小差异】设置为1.0，将【寿命】设置为100.0，将【气泡增长速度】设置为0.3，将【强度】设置为50.0，将【缩放】设置为2.0，将【综合大小】设置为2.0，如图11-18所示。

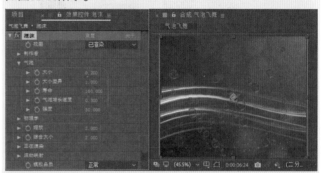

图11-18　设置【泡沫】参数

⑱ 将"泡沫"层的【模式】设置为【线性减淡】，如图11-19所示。

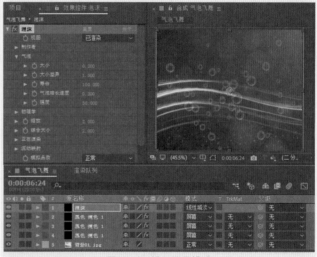

图11-19　设置图层模式

11.2 魔幻方块

本案例将介绍如何制作魔幻方块。首先制作方块背景，创建纯色图层，为其添加【分形杂色】效果，然后创建调整图层，为其添加【色相/饱和度】和【色阶】效果，为背景设置颜色。之后绘制矩形，并设置矩形展开动画。最后输入文字并设置文字动画。完成后的效果如图11-20所示。

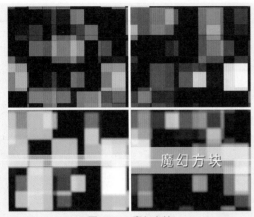

图11-20 魔幻方块

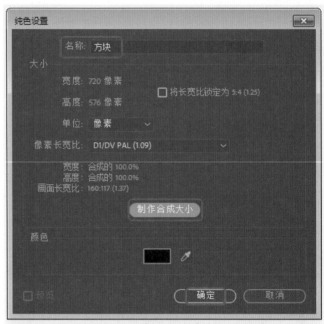

图11-22 【纯色设置】对话框

01 在【项目】面板中右击，在弹出的快捷菜单中选择【新建合成】命令。在弹出的对话框中，将【合成名称】设置为"魔幻方块"，将【预设】设置为PAL D1/DV，将【持续时间】设置为0:00:10:00，然后单击【确定】按钮，如图11-21所示。

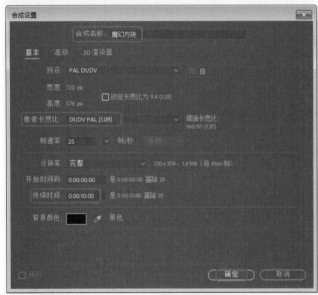

图11-21 【合成设置】对话框

02 在时间轴上右击，在弹出的快捷菜单中选择【新建】|【纯色】命令。在弹出的【纯色设置】对话框中，将【名称】设置为"方块"，单击【制作合成大小】按钮，然后单击【确定】按钮，如图11-22所示。

03 选中"方块"纯色图层，在菜单栏中选择【效果】|【杂色和颗粒】|【分形杂色】命令。在【效果控件】面板中，将【分形杂色】中的【分形类型】设置为【湍流平滑】，将【杂色类型】设置为【块】，将【对比度】设置为150.0，将【亮度】设置为-40.0，将【变换】中的【缩放】设置为240.0，将【复杂度】设置为2.0，如图11-23所示。

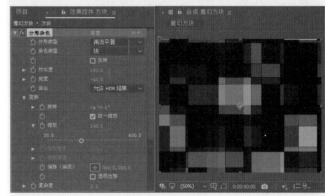

图11-23 设置【分形杂色】效果参数

04 将当前时间设置为0:00:00:00，将【演化】设置为0x+0.0°，然后单击其左侧的按钮，如图11-24所示。

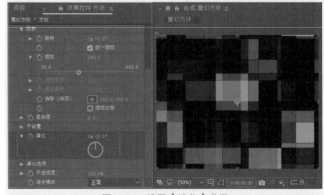

图11-24 设置【演化】参数

05 将当前时间设置为0:00:09:24，将【演化】设置为1x+240.0°，如图11-25所示。

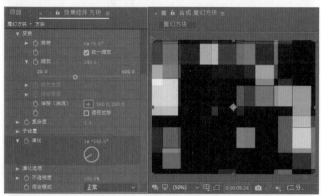

图11-25 设置【演化】参数

06 在时间轴上右击，在弹出的快捷菜单中选择【新建】|【调整图层】命令。选中调整图层，将当前时间设置为0:00:00:00，在菜单栏中选择【效果】|【颜色校正】|【色相/饱和度】命令。在【效果控件】面板中选中【彩色化】复选框，将【着色色相】设置为0x+200.0°，单击其左侧的按钮，将【着色饱和度】设置为80，如图11-26所示。

图11-26 设置【色相/饱和度】参数

07 将当前时间设置为0:00:09:24，将【着色色相】设置为1x+200.0°，如图11-27所示。

08 在菜单栏中选择【效果】|【颜色校正】|【曲线】命令，在【效果控件】面板中调整曲线，如图11-28所示。

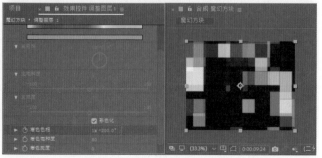

图11-27 设置【着色色相】参数

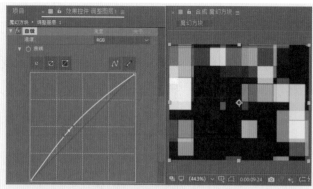

图11-28 调整曲线

09 将当前时间设置为0:00:05:00，在菜单栏中选择【效果】|【模糊和锐化】|【摄像机镜头模糊】命令。在【效果控件】面板中，将【摄像机镜头模糊】中的【模糊半径】设置为0.0，然后单击其左侧的按钮，如图11-29所示。

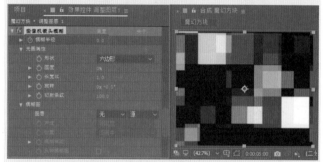

图11-29 设置【摄像机镜头模糊】参数

10 将当前时间设置为0:00:06:00，在【效果控件】面板中，将【摄像机镜头模糊】中的【模糊半径】设置为10.0，如图11-30所示。

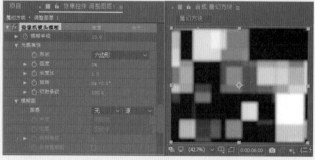

图11-30 设置【模糊半径】参数

11 在工具栏中使用【矩形工具】，在【合成】面板中绘制矩形，然后将其【颜色】设置为白色，将【不透明度】设置为70%，如图11-31所示。

12 将当前时间设置为0:00:06:00，在【矩形路径1】中，设置【大小】为800.0、3.0，将【位置】设置为-800.0、0.0，然后单击【大小】和【位置】左侧的按钮，如图11-32所示。

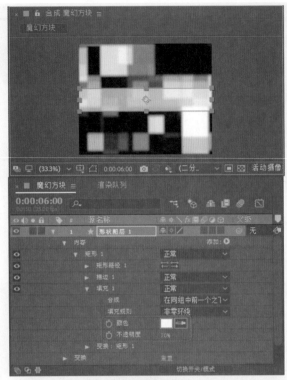

图11-31 绘制矩形

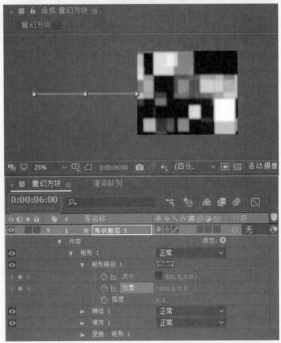

图11-32 设置【大小】和【位置】参数

⑬ 将当前时间设置为0:00:06:14，单击【大小】左侧的⑥按钮，添加关键帧，然后设置【位置】为0.0、0.0，如图11-33所示。

图11-33 添加关键帧

⑭ 将当前时间设置为0:00:07:12，设置【大小】为800.0、150.0，如图11-34所示。

图11-34 设置【大小】参数

⑮ 在工具栏中使用【横排文字工具】，在【合成】面板中输入文字，将【字体】设置为【微软雅黑】，将【字体颜色】设置为白色，将【字体大小】设置为80像素，将【字符间距】设置为300，如图11-35所示。

图11-35 输入并设置文字

⑯ 在菜单栏中选择【效果】|【透视】|【投影】命令，在【效果控件】面板中，将【投影】的【不透明度】设置为80%，如图11-36所示。

⑰ 将当前时间设置为0:00:07:12，将文字图层的【不透明度】设置为0，并单击其左侧的⑥按钮，添加关键帧，如图11-37所示。

⑱ 将当前时间设置为0:00:08:12，将文字图层的【不透明度】设置为100%，如图11-38所示。

图11-36 设置【投影】参数

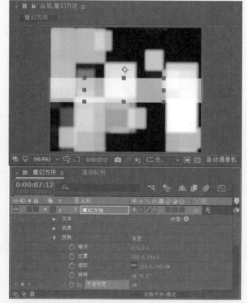

图11-37 添加关键帧

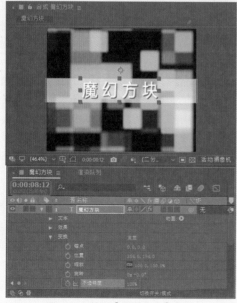

图11-38 设置【不透明度】参数

11.3 粒子运动

本案例将介绍如何制作粒子运动效果。首先添加素材图片，然后为文本添加斜面Alpha效果，制作出【文字组】合成，最后将合成文件进行组合，制作出粒子运动效果。完成后的效果如图11-39所示。

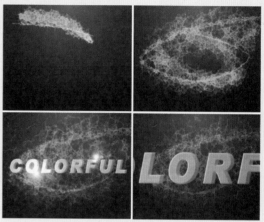

图11-39 粒子运动效果

01 在【项目】面板中右击，在弹出的快捷菜单中选择【新建合成】命令。在弹出的【合成设置】对话框中将【合成名称】设置为"文字"，将【预设】设置为PAL D1/DV，将【持续时间】设置为0:00:08:00，然后单击【确定】按钮，如图11-40所示。

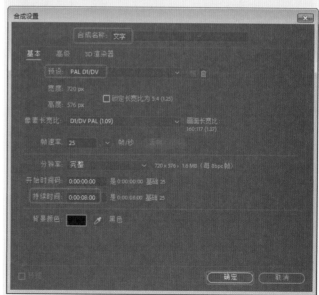

图11-40 【合成设置】对话框

02 在【项目】面板中双击，在弹出的【导入文件】对话框中，选择"背景02.jpg"素材图片，然后将"背景

02.jpg"素材图片添加到时间轴中，在【时间轴】面板中将【缩放】设置为136%，如图11-41所示。

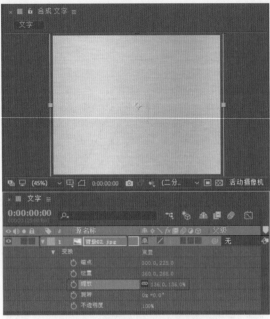

图11-41　添加素材图层并设置缩放

在工具栏中使用【横排文字工具】**T**，在【合成】面板中输入英文"COLORFUL"，将【字体】设置为Arial Black，将【字体颜色】的RGB值设置为251、93、22，将【描边颜色】的RGB值设置为248、1、59，将【字体大小】设置为100像素，将【字符间距】设置为139，将【描边宽度】设置为0像素，单击【仿粗体】按钮**T**，然后将文字图层的【位置】设置为41、327，如图11-42所示。

图11-42　输入文字并设置

在时间轴中将"背景02.jpg"层的轨道遮罩设置为【Alpha遮罩"COLORFUL"】，如图11-43所示。

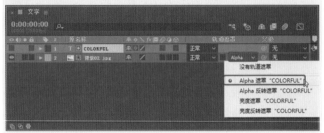

图11-43　设置轨道遮罩

在【项目】面板中右击，在弹出的快捷菜单中选择【新建合成】命令。在弹出的【合成设置】对话框中将【合成名称】设置为"文字组"，然后单击【确定】按钮，如图11-44所示。

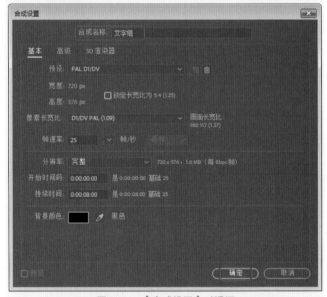

图11-44　【合成设置】对话框

将【项目】面板中的"文字"合成添加到时间轴中的"文字组"合成中，如图11-45所示。

选中时间轴中的"文字"合成，在菜单栏中选择【效果】|【透视】|【斜面Alpha】命令。在【效果控件】面板中将【斜面Alpha】中的【边缘厚度】设置为3.00，如图11-46所示。

> **提示**　【斜面 Alpha】效果可为图像的 Alpha 边界增添凿刻、明亮的外观，通常为 2D 元素增添 3D 外观。如果图层完全不透明，则将效果应用到图层的定界框。通过此效果创建的边缘比通过边缘斜面效果创建的边缘柔和。

图11-45 添加合成图层

图11-46 设置【斜面Alpha】效果

08 选中文字合成图层，按Ctrl+D组合键复制图层，并按一次方向键中的左键，将复制的图层向左移动，形成文字厚度，如图11-47所示。

09 选中文字合成图层，按Ctrl+D组合键复制图层，并按一次方向键中的左键，将复制的图层向左移动，形成文字厚度，如图11-48所示。

图11-47 复制图层并移动图层

图11-48 复制图层并移动图层

10 在【项目】面板中右击，在弹出的快捷菜单中选择【新建合成】命令。在弹出的【合成设置】对话框中将【合成名称】设置为"粒子运动"，然后单击【确定】按钮，如图11-49所示。

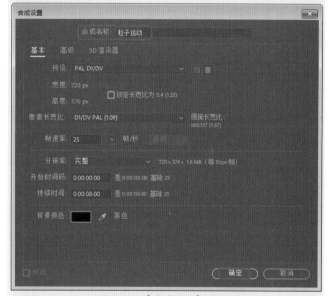

图11-49 【合成设置】对话框

11 在时间轴上右击，在弹出的快捷菜单中选择【新建】|【纯色】命令。在弹出的【纯色设置】对话框中将【名称】设置为"背景图层"，单击【制作合成大小】按钮，然后单击【确定】按钮，如图11-50所示。

12 选中时间轴中的【背景图层】，在菜单栏中选择【效果】|【生成】|【梯度渐变】命令。在【效果控件】面板中，将【渐变形状】设置为【径向渐变】，将【起始颜色】的RGB值设置为1、57、100，将【结束颜色】设置为黑色，如图11-51所示。

图11-50 【纯色设置】对话框

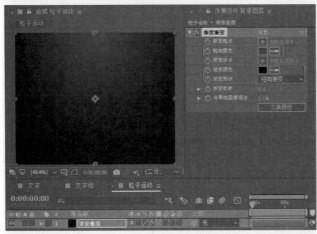

图11-51 设置梯度渐变效果

为0.1，将Resistance设置为100.0，然后单击其左侧的◎按钮，添加关键帧，将Direction设置为0x+0.0°，如图11-54所示。

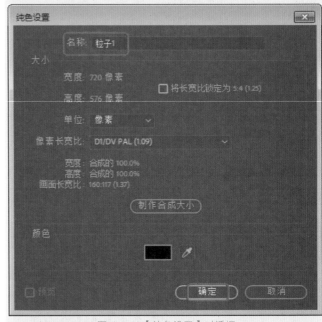

图11-52 【纯色设置】对话框

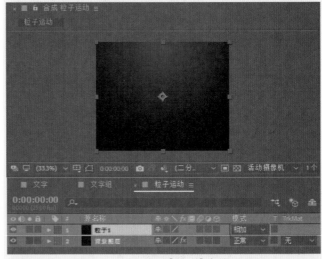

图11-53 设置【模式】参数

⑬ 在时间轴上右击，在弹出的快捷菜单中选择【新建】|【纯色】命令。在弹出的【纯色设置】对话框中，将【名称】设置为"粒子1"，然后单击【确定】按钮，如图11-52所示。

⑭ 在时间轴中选中创建的"粒子1"图层，将其【模式】设置为【相加】，如图11-53所示。

⑮ 将当前时间设置为0:00:00:00，在菜单栏中选择【效果】|【模拟】|CC Particle Systems Ⅱ命令。在【效果控件】面板中将Birth Rate设置为2.0，将Longevity（sec）设置为5.0，在Producer组中将Position设置为46.0、94.0，然后单击其左侧的◎按钮，添加关键帧，将Radius X设置为0.0，将Radius Y设置为0.0，在Physics组中将Animation设置为Jet Sideways，将Velocity设置为-0.2，将Gravity设置

⑯ 在Particle组中将Particle Type设置为Faded Sphere，将Birth Size设置为0.08，将Death Size设置为0.15，将Max Opacity设置为100.0%，将Birth Color的RGB值设置为175、228、247，将Death Color的RGB值设置为0、126、179，如图11-55所示。

⑰ 将当前时间设置为0:00:05:19，将Position设置为-200.0、506.0，将Resistance设置为0.0，如图11-56所示。

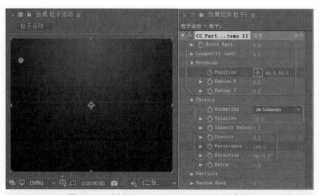

图11-54 设置CC Particle Systems Ⅱ参数

图11-57 添加关键帧动画

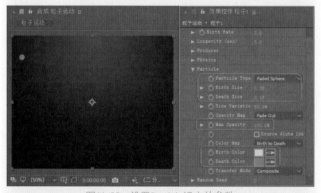

图11-55 设置Particle组中的参数

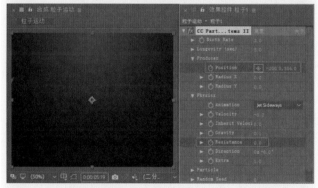

图11-56 设置关键帧

18 在Position的两个关键帧之间设置关键帧动画，如图11-57所示。

19 拖动时间线查看其效果，如图11-58所示。

20 在菜单栏中选择【效果】|【风格化】|【发光】命令。在【效果控件】面板中，将【发光】中的【发光颜色】设置为【A和B颜色】，如图11-59所示。

21 在菜单栏中选择【效果】|【模糊和锐化】|CC Vector Blur命令。在【效果控件】面板中将CC Vector Blur下的Amount设置为30.0，将Ridge Smoothness设置为8.00，将Map Softness设置为6.0，如图11-60所示。

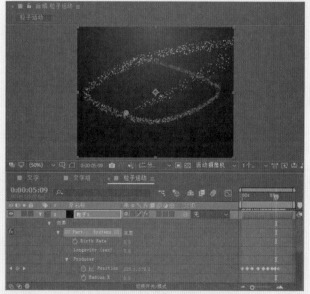

图11-58 查看效果

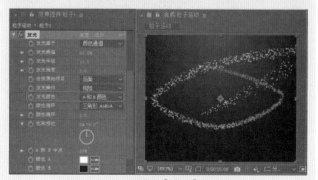

图11-59 设置【发光】效果

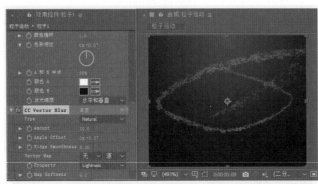

图11-60　设置CC Vector Blur参数

㉒ 在菜单栏中选择【效果】|【过时】|【快速模糊（旧版）】命令。在【效果控件】面板中将【快速模糊（旧版）】中的【模糊度】设置为1.0，如图11-61所示。

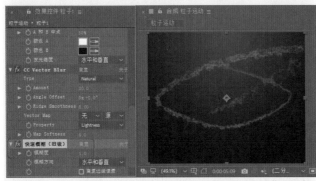

图11-61　设置【快速模糊】效果

㉓ 在时间轴中，将【粒子1】图层的【运动模糊】 开启，如图11-62所示。

图11-62　开启【运动模糊】

㉔ 按Ctrl+D组合键，复制【粒子1】图层，将复制得到的图层重命名为"粒子2"，如图11-63所示。

图11-63　复制图层

㉕ 选中"粒子2"图层，更改CC Particle Systems Ⅱ中的Position关键帧参数，如图11-64所示。

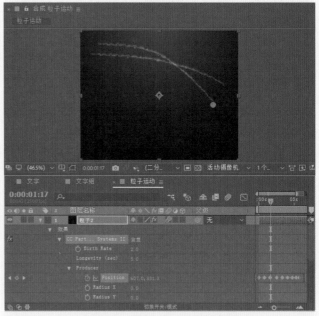

图11-64　调整Position关键帧参数

㉖ 在【效果控件】面板中将CC Particle Systems Ⅱ中的Birth Rate设置为5.0，在Physics组中将Velocity设置为-1.5，将Inherit Velocity设置为10.0，Gravity设置为0.2，如图11-65所示。

㉗ 将【发光】中的【发光颜色】设置为【原始颜色】，如图11-66所示。

㉘ 将CC Vector Blur中的Amount设置为40.0，将Property设置为Alpha，将Map Softness设置为10.0，如图11-67所示。

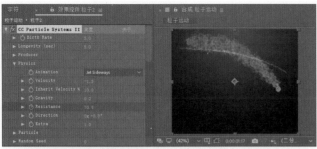

图11-65 设置CC Particle Systems Ⅱ参数

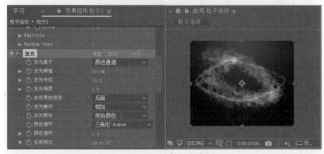

图11-66 设置【发光】效果

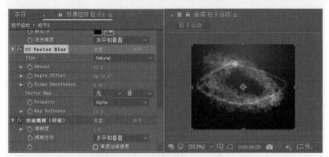

图11-67 设置CC Vector Blur

29 新建调整图层，然后为其添加【曲线】效果。在【效果控件】面板中调整曲线，如图11-68所示。

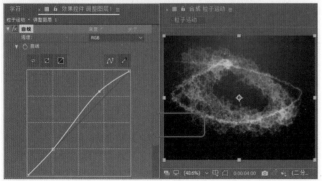

图11-68 设置曲线

30 将【通道】更改为【红色】，然后调整曲线，如图11-69所示。

31 将【通道】更改为【绿色】，然后调整曲线，如图11-70所示。

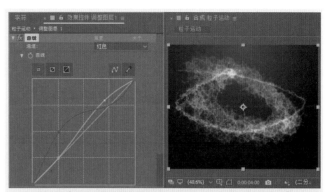

图11-69 设置【红色】曲线

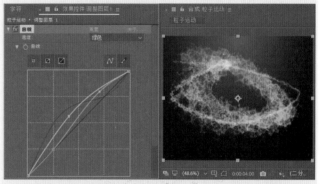

图11-70 设置【绿色】曲线

32 将【通道】更改为【蓝色】，然后调整曲线，如图11-71所示。

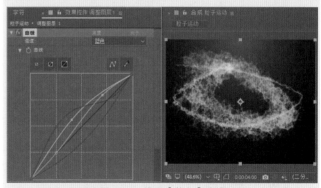

图11-71 设置【蓝色】曲线

33 将【项目】面板中的"文字组"合成添加到时间轴顶层，将当前时间设置为0:00:05:06，选中"文字组"图层并按Alt+[组合键，将时间线左侧部分删除，如图11-72所示。

34 将当前时间设置为0:00:05:06，将"文字组"图层的【缩放】设置为8.0%，然后单击其左侧的 按钮，添加关键帧，如图11-73所示。

35 将当前时间设置为0:00:05:15，将【缩放】设置为100.0%，如图11-74所示。

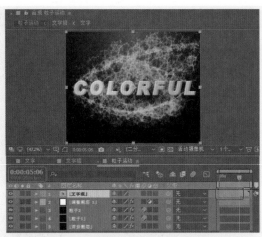

图11-72　剪切图层

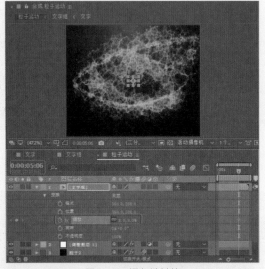

图11-73　添加关键帧

图11-74　设置【缩放】参数

36 将当前时间设置为0:00:06:17，为【缩放】和【不透明度】添加关键帧，如图11-75所示。

图11-75　添加关键帧

37 将当前时间设置为0:00:07:24，将【缩放】设置为900.0%，将【不透明度】设置为0，如图11-76所示。

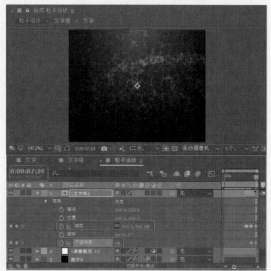

图11-76　设置【缩放】和【不透明度】参数

38 新建纯色图层，将其命名为"镜头光晕"，然后将其【模式】设置为【相加】，如图11-77所示。

39 将当前时间设置为0:00:05:12，选中"镜头光晕"图层并按Alt+[组合键，将时间线左侧部分删除，如图11-78所示。

40 将当前时间设置为0:00:05:15，为"镜头光晕"图层添加【镜头光晕】效果。在【效果控件】面板中，将【光晕中心】设置为90.0、240.0，然后单击其左侧的 按钮，添加关键帧，如图11-79所示。

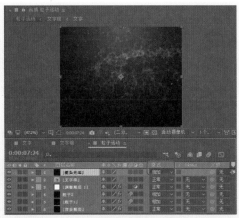

图11-77 新建纯色图层

图11-78 剪切图层

图11-79 设置【镜头光晕】效果

㊶ 将当前时间设置为0:00:06:15，将【光晕中心】设置为665.0、240.0，将【光晕亮度】设置为70%，然后单击其左侧的 ⏱ 按钮，添加关键帧，如图11-80所示。

图11-80 设置【镜头光晕】关键帧

㊷ 将当前时间设置为0:00:06:17，将【光晕亮度】设置为0，如图11-81所示。

图11-81 设置【光晕亮度】参数

㊸ 在【效果控件】面板中选中【镜头光晕】效果，按Ctrl+D组合键将其进行复制，将当前时间设置为0:00:05:15，将【镜头光晕2】的【镜头类型】设置为【105毫米定焦】，将【光晕中心】设置为640.0、330.0，如图11-82所示。

图11-82 设置【镜头光晕】效果

㊹ 将当前时间设置为0:00:06:15，将【镜头光晕2】的【光晕中心】设置为45.0、330.0，如图11-83所示。

图11-83 设置【光晕中心】参数

㊺ 将场景文件保存，然后按Ctrl+M组合键，在【渲染队列】面板中，设置输出模块与渲染输出位置。单击【渲染】按钮，将合成渲染输出，如图11-84所示。

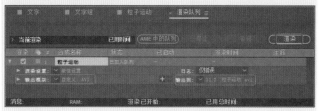

图11-84 渲染输出视频

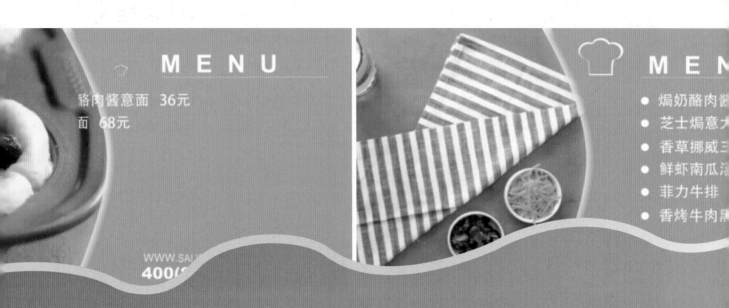

第12章
项目指导——餐厅电
子菜单

本案例将介绍如何制作餐厅电子菜单。首先创建合成文件，然后通过对图层与合成文件进行嵌套、设置，以及添加关键帧等操作，完成餐厅电子菜单的制作，效果如图12-1所示。

图12-1 餐厅电子菜单

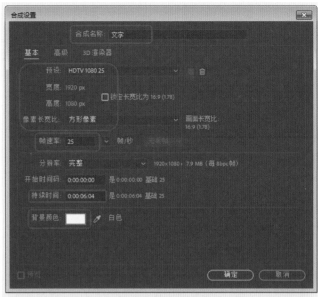

图12-3 设置合成参数

03 设置完成后，单击【确定】按钮，在【时间轴】面板中右击，在弹出的快捷菜单中选择【新建】|【文本】命令，如图12-4所示。

12.1 制作开始动画

下面首先介绍如何制作开始动画，操作步骤如下。

01 新建一个项目，在【项目】面板中右击，在弹出的快捷菜单中选择【新建合成】命令，如图12-2所示。

图12-2 选择【新建合成】命令

02 在弹出的【合成设置】对话框中将【合成名称】设置为"文字"，将【预设】设置为HDTV 1080 25，将【宽度】、【高度】分别设置为1920、1080，将【像素长宽比】设置为【方形像素】，将【帧速率】设置为25帧/秒，将【持续时间】设置为0:00:06:04，将【背景颜色】的RGB值设置为255、255、255，如图12-3所示。

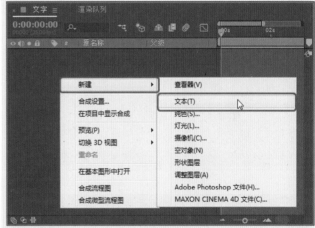

图12-4 选择【文本】命令

04 在【字符】面板中将【字体】设置为【华文行楷】，将【字体大小】设置为161，将【字符间距】设置为20，单击【仿粗体】按钮 T，将【字体颜色】的RGB值设置为136、187、239，如图12-5所示。

05 在【项目】面板中单击【新建合成】按钮 ，在弹出的【合成设置】对话框中将【合成名称】设置为"多个星星"，将【宽度】、【高度】分别设置为1920 px、544 px，将【持续时间】设置为0:00:20:00，将【背景颜色】的RGB值设置为0、0、0，如图12-6所示。

06 设置完成后，单击【确定】按钮，在【时间轴】面板中右击，在弹出的快捷菜单中选择【新建】|【形状图

层】命令，如图12-7所示。

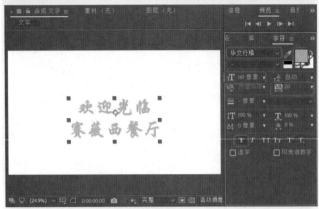

图12-5　设置文字参数

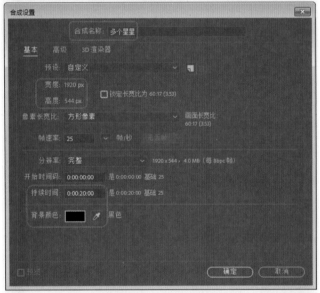

图12-6　设置合成参数

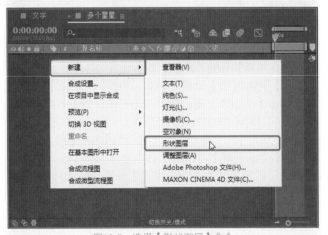

图12-7　选择【形状图层】命令

07　在【时间轴】面板中单击【形状图层1】下方的【添加】右侧的按钮 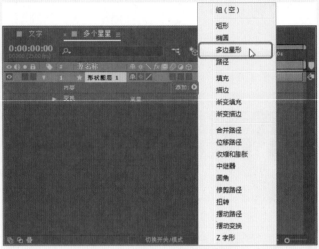，在弹出的快捷菜单中选择【多边星形】命令，如图12-8所示。

图12-8　选择【多边星形】命令

08　继续选中该图层，将【内径】设置为28，将【外径】设置为68，单击【添加】右侧的 ⊙ 按钮，在弹出的下拉菜单中选择【填充】命令，如图12-9所示。

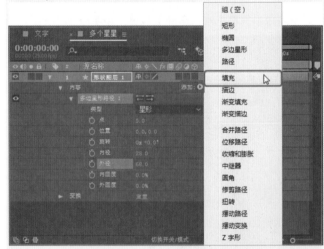

图12-9　选择【填充】命令

09　在【时间轴】面板中将【填充1】下的【颜色】的RGB值设置为255、255、255，单击【添加】右侧的 ⊙ 按钮，在弹出的菜单中选择【描边】命令，如图12-10所示。

10　在【时间轴】面板中将【描边1】下的【描边宽度】设置为5，将【颜色】的RGB值设置为255、255、255，如图12-11所示。

11　继续选中该图层，将当前时间设置为0:00:00:17，在【时间轴】面板中将【位置】设置为960、453.5，将【缩放】设置为0，并单击其左侧的【时间变化秒表】按

钮，如图12-12所示。

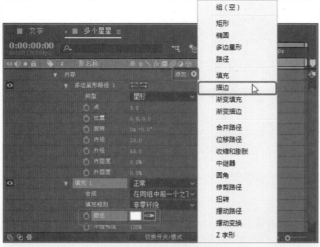

图12-10　选择【描边】命令

图12-11　设置描边参数

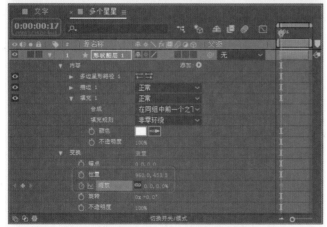

图12-12　设置【位置】与【缩放】参数

⑫ 将当前时间设置为0:00:01:09，将【缩放】设置为68.8%，如图12-13所示。

图12-13　设置【缩放】参数

⑬ 在【时间轴】面板中选择【形状图层1】，按Ctrl+D组合键对选中的图层进行复制，此时复制的图层自动命名为"形状图层2"，将当前时间设置为0:00:01:11，将【位置】设置为860、457.5，将该图层的第二个关键帧拖至与时间线对齐，将【缩放】设置为53.8%，如图12-14所示。

图12-14　复制图层并设置【位置】与【缩放】参数

⑭ 在【时间轴】面板中选择【形状图层2】，按Ctrl+D组合键对选中的图层进行复制，在【时间轴】面板中将【位置】设置为1058、457.5，如图12-15所示。

⑮ 在【时间轴】面板中选择【形状图层3】，按Ctrl+D组合键对选中的图层进行复制，将当前时间设置为0:00:01:00，在【时间轴】面板中将【位置】设置为1150、456.5，选择【缩放】右侧的第一个关键帧，按住鼠标将其拖至与时间线对齐，如图12-16所示。

⑯ 将当前时间设置为0:00:01:17，将【缩放】右侧的第二个关键帧拖至与时间线对齐，将【缩放】设置为50.8，如图12-17所示。

⑰ 在【时间轴】面板中选择【形状图层4】，按Ctrl+D组合键对选中的图层进行复制，在【时间轴】面板中将

【位置】设置为766、456.5，如图12-18所示。

图12-15　设置【位置】参数

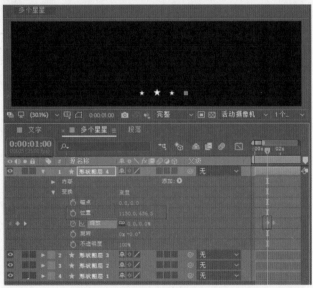

图12-16　复制图层并调整关键帧位置

色】的RGB值设置为136、187、239，如图12-21所示。

图12-17　设置【缩放】参数

图12-18　复制图层并设置位置

18 在【项目】面板中单击【新建合成】按钮■，在弹出的对话框中将【合成名称】设置为"开始动画"，将【宽度】、【高度】分别设置为1920、544，将【持续时间】设置为0:00:03:20，如图12-19所示。

19 设置完成后，单击【确定】按钮，在【时间轴】面板中右击，在弹出的快捷菜单中选择【新建】|【纯色】命令，如图12-20所示。

20 在弹出的对话框中将【名称】设置为"蓝色"，将【宽度】、【高度】分别设置为1920、1080，将【颜

21 设置完成后，单击【确定】按钮，将当前时间设置为0:00:00:00，在【时间轴】面板中取消【缩放】的【约束比例】，将【缩放】设置为100、0，单击【缩放】左侧的【时间变化秒表】按钮，如图12-22所示。

22 将当前时间设置为0:00:01:09，在【时间轴】面板中将【缩放】设置为100、51.6，如图12-23所示、

23 在【项目】面板中双击鼠标，在弹出的对话框中选择"LOGO.png""美食.mp4"素材文件，如图12-24所示。

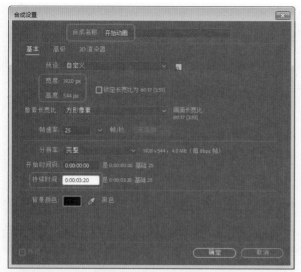

图12-19　设置合成参数

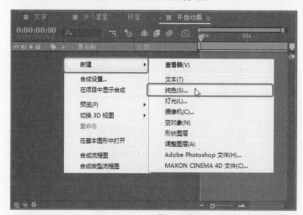

图12-20　选择【纯色】命令

图12-21　设置纯色参数

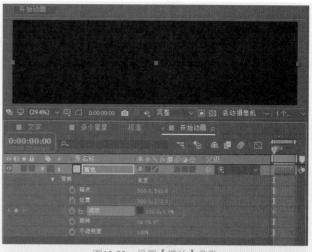

图12-22　设置【缩放】参数

图12-23　在其他时间设置缩放

图12-24　选择素材文件

(24) 单击【导入】按钮，在【项目】面板中单击【新建合成】按钮，在弹出的对话框中将【合成名称】设置为"LOGO"，将【宽度】、【高度】分别设置为1200 px、500 px，将【持续时间】设置为0:00:20:00，如图12-25所示。

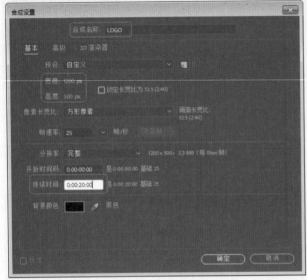

图12-25 设置合成参数

(25) 设置完成后，单击【确定】按钮，在【项目】面板中选择"LOGO.png"素材文件，按住鼠标将其拖曳至【时间轴】面板中，将【位置】设置为596、278，将【缩放】设置为14，如图12-26所示。

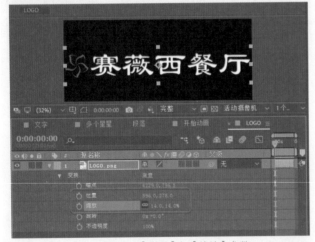

图12-26 设置【位置】与【缩放】参数

(26) 切换至"开始动画"合成中，在【项目】面板中选择"LOGO"合成文件，按住鼠标将其拖曳至"蓝色"图层的上方，将当前时间设为0:00:00:08，将其开始处与时间线对齐，将【位置】设置为963、−104，并单击其左侧的【时间变化秒表】按钮，将【缩放】设置为60，如图12-27所示。

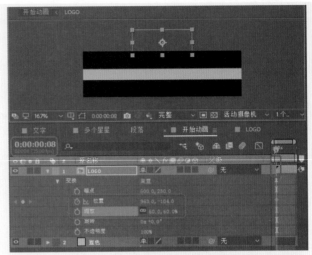

图12-27 设置【位置】与【缩放】参数

(27) 选中该关键帧，右击，在弹出的快捷菜单中选择【关键帧辅助】|【缓出】命令，如图12-28所示。

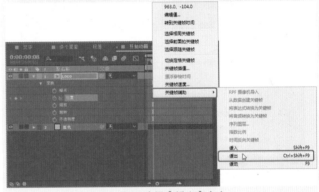

图12-28 选择【缓出】命令

(28) 将当前时间设置为0:00:02:09，在【时间轴】面板中将【位置】设置为963、142，如图12-29所示。

图12-29 设置【位置】参数

㉙ 在【时间轴】面板中右击，在弹出的快捷菜单中选择【新建】|【形状图层】命令，单击【添加】右侧的按钮 ⦿，在弹出的菜单中选择【路径】命令，如图12-30所示。

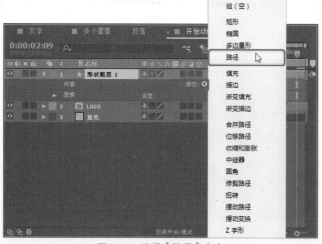

图12-30 选择【路径】命令

㉚ 绘制一条路径，单击【添加】右侧的按钮 ⦿，在弹出的菜单中选择【描边】命令，将【颜色】的RGB值设置为255、255、255，将【描边宽度】设置为5，如图12-31所示。

图12-31 设置【描边】参数

㉛ 单击【添加】右侧的按钮 ⦿，在弹出的菜单中选择【修剪路径】命令，将当前时间设置为0:00:00:01，将【开始】、【结束】都设置为50，并单击其左侧的【时间变化秒表】按钮 ⦿，如图12-32所示。

㉜ 将当前时间设置为0:00:02:09，将【开始】设置为0，将【结束】设置为100，如图12-33所示。

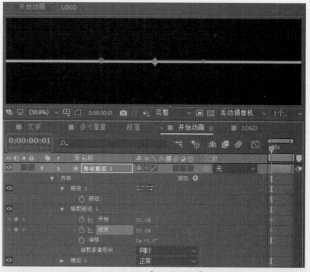

图12-32 设置【修剪路径】参数

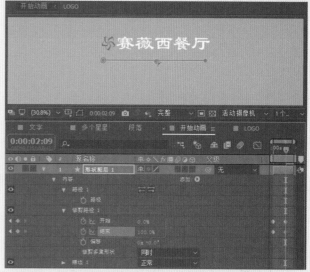

图12-33 设置【开始】和【结束】参数

㉝ 在【时间轴】面板中选择【开始】、【结束】右侧的第二个关键帧，右击，在弹出的快捷菜单中选择【关键帧辅助】|【缓动】命令，如图12-34所示。

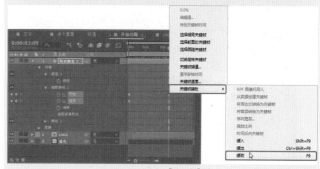

图12-34 选择【缓动】命令

34 在【项目】面板中选择"多个星星"合成文件，按住鼠标将其拖曳至"形状图层1"的上方，将【位置】设置为963、244，如图12-35所示。

图12-35 设置【位置】参数

12.2 制作菜单动画

制作完成开始动画后，接下来将介绍如何制作菜单动画，具体操作步骤如下。

01 在【项目】面板中单击【新建合成】按钮，在弹出的对话框中将【合成名称】设置为"菜单动画"，将【宽度】、【高度】分别设置为1920 px、1080 px，将【持续时间】设置为0:00:14:05，如图12-36所示。

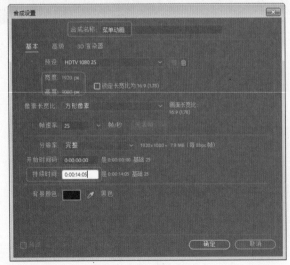

图12-36 设置合成参数

02 设置完成后，单击【确定】按钮，在【时间轴】面板中右击，在弹出的快捷菜单中选择【新建】|【文本】图层。输入相应的文字，在【字符】面板中将【字体】设置为【Adobe 黑体 Std】，将【字体大小】设置为60，将【基线偏移】设置为2，将【字体颜色】的RGB值设置为255、255、255，在【段落】面板中单击【左对齐文本】按钮，如图12-37所示。

图12-37 设置文字参数

03 将当前时间设置为0:00:00:12，在【时间轴】面板中将【位置】设置为-764.7、320，并单击其左侧的【时间变化秒表】按钮，如图12-38所示。

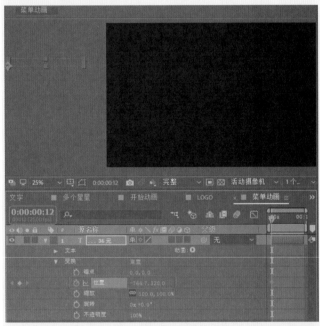

图12-38 添加【位置】关键帧

04 将当前时间设置为0:00:01:18，在【时间轴】面板中将【位置】设置为403.8、320，如图12-39所示。

05 选择【位置】右侧的第二个关键帧，右击，在弹出的快捷菜单中选择【关键帧辅助】|【缓动】命令，并使用同样的方法输入其他文字，效果如图12-40所示。

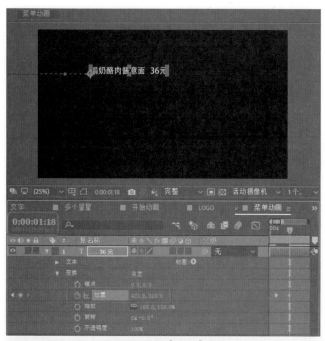

图12-39　设置【位置】参数

图12-40　输入其他文字

> 06 新建一个形状图层，在工具栏中单击【椭圆工具】◯，按住Shift键绘制一个正圆。在【时间轴】面板中将【大小】设置为32，将【描边1】关闭，将【填充1】下的【颜色】的RGB值设置为255、255、255，将【变换：椭圆1】下的【位置】设置为-312、404，如图12-41所示。

图12-41　设置形状参数

> 07 将当前时间设置为0:00:01:05，在【时间轴】面板中将【变换】下的【锚点】设置为-312、404，将【位置】设置为351.8、298，将【缩放】设置为0，并单击其左侧的【时间变化秒表】按钮◎，按住Alt键单击【缩放】左侧的【时间变化秒表】按钮◎，并输入表达式，如图12-42所示。

图12-42　设置【变换】参数

> 08 将当前时间设置为0:00:01:11，在【时间】面板中将【缩放】设置为100，如图12-43所示。

在此输入的表达式如下。

```
amp = .03;//
freq = 3;//
decay = 7;//
n = 0;
if （numKeys > 0) {
n = nearestKey（time）.index;
if （key（n）.time > time) {
n--;
}
}
if （n == 0) {
t = 0;
}else{
t = time - key（n）.time;
}

if （n > 0) {
v = velocityAtTime（key（n）.time - thisComp.
frameDuration/10);
    value + v*amp*Math.sin（freq*t*2*Math.PI）/Math.exp
（decay*t）;
    }else{
    value;
    }
```

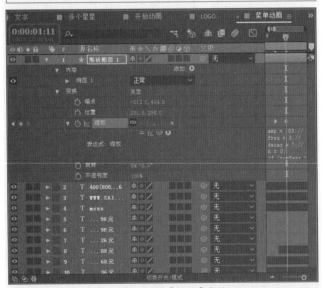

图12-43　设置【缩放】参数

09 使用相同的方法创建其他形状图层，并对其进行相应的设置，效果如图12-44所示。

图12-44　创建其他形状图层后的效果

10 创建一个"菜单"合成文件，将其【持续时间】设置为0:00:14:05，在【项目】面板中选择"美食.mp4"素材文件，按住鼠标将其拖曳至"菜单"合成中，将【变换】下的【位置】设置为324、540，如图12-45所示。

图12-45　添加素材文件并进行设置

11 在【项目】面板中选择"蓝色"纯色图层，按住鼠标将其拖曳至【时间轴】面板中"美食.mp4"的上方，在工具栏中单击【钢笔工具】按钮，在【合成】面板中绘制一个蒙版，如图12-46所示。

图12-46 绘制蒙版

⑫ 在【时间轴】面板中选择"蓝色"层，在【效果和预设】面板中选择【投影】效果，双击鼠标，为选中的层添加【投影】效果，在【效果控件】面板中将【阴影颜色】设置为255、255、255，将【不透明度】设置为91，将【方向】设置为-89，将【距离】设置为38，如图12-47所示。

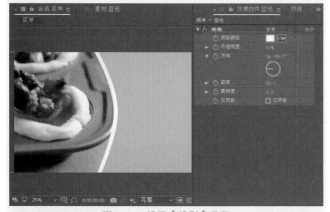

图12-47 设置【投影】参数

⑬ 继续在【时间轴】面板中选择"蓝色"层，在【效果和预设】面板中选择【投影】效果，双击鼠标，为选中的层添加【投影】效果。在【效果控件】面板中将【阴影颜色】设置为0、0、0，将【不透明度】设置为50，将【方向】设置为-89，将【距离】设置为5，将【柔和度】设置为121，在【效果控件】面板中选择【投影2】，按住鼠标将其调整至【投影】上方，如图12-48所示。

⑭ 在【项目】面板中选择"菜单动画"，按住鼠标将其拖曳至"蓝色"图层的上方，将【位置】设置为

1770、540，如图12-49所示。

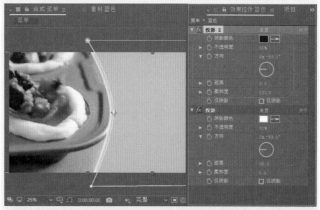

图12-48 再次添加【投影】效果并设置

图12-49 添加合成并设置其位置

12.3 嵌套合成

全部制作完成后，需要将制作完成后的合成文件进行嵌套，操作步骤如下。

① 新建一个合成文件，将其命名为"餐厅电子菜单"，将【宽度】、【高度】分别设置为1920 px、1080 px，将【持续时间】设置为0:00:14:05，将【背景颜色】设置为255、255、255。在【项目】面板中选择"文字"合成文件，按住鼠标将其拖曳至【时间轴】面板中，在工具栏中单击【矩形工具】，在【合成】面板中绘制一个矩形蒙版，如图12-50所示。

图12-50　创建蒙版

02 将当前时间设置为0:00:00:00，在【时间轴】面板中将【位置】设置为1960、540，并单击【位置】与【缩放】左侧的【时间变化秒表】按钮◎，并将【位置】右侧的第一个关键帧设置为【缓出】，如图12-51所示。

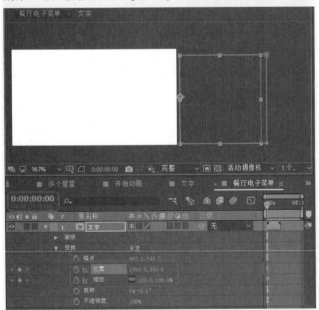

图12-51　设置【位置】与【缩放】参数

03 将当前时间设置为0:00:01:06，在【时间轴】面板中将【位置】设置为960、540，如图12-52所示。

04 将当前时间设置为0:00:06:04，在【时间轴】面板中将【缩放】设置为115，如图12-53所示。

05 使用相同的方法制作另一侧文字，在【项目】面板中选择"开始动画"合成文件，按住鼠标将其拖曳至

"文字"图层的上方，并将其入点时间设置为0:00:03:04，如图12-54所示。

图12-52　设置【位置】参数

图12-53　设置【缩放】参数

06 在【时间轴】面板中新建一个白色纯色图层，将其入点时间设置为0:00:06:07，将【持续时间】设置为0:00:01:05，如图12-55所示。

07 在【效果和预设】面板中搜索【线性擦除】效果，为纯色图层添加该效果，将当前时间设置为0:00:06:07，

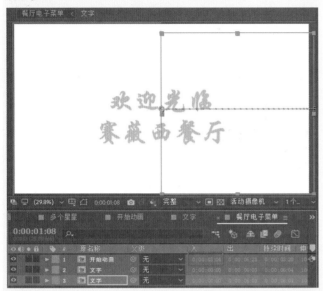

将【过渡完成】设置为100，并单击其左侧的【时间变化秒表】按钮，将【擦除角度】设置为-90，如图12-56所示。

图12-54 添加合成文件并设置入点时间

图12-56 设置【线性擦除】参数

图12-55 设置入点与持续时间

图12-57 设置【过渡完成】参数

08 将当前时间设置为0:00:07:03，将【过渡完成】设置为0，选中该关键帧，按F9键将其转换为【缓动】，如图12-57所示。

09 在【项目】面板中选择"菜单"合成文件，按住鼠标将其拖曳至白色纯色图层的上方，将入点时间设置为0:00:07:00，如图12-58所示。

图12-58 设置入点时间

10 在【合成】面板中预览效果即可，效果如图12-59所示。

图12-59 预览效果

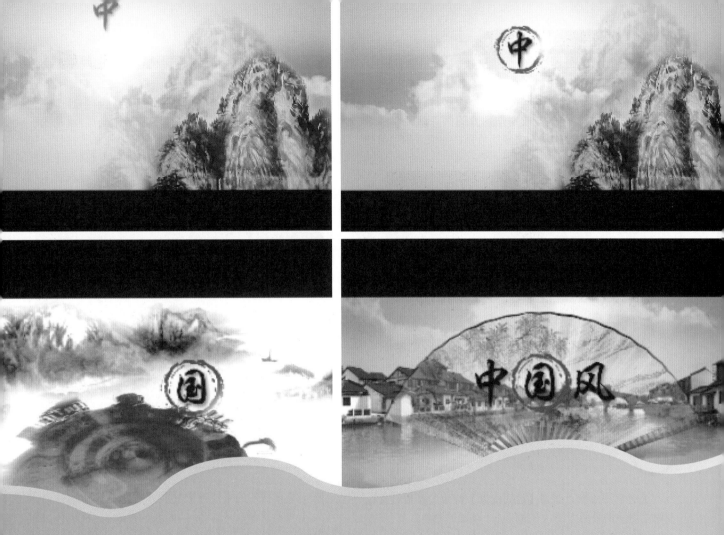

第13章
项目指导——水墨江南

本例主要通过建立基础关键帧制作素材运动画面，通过运用【径向擦除】特效制作圆圈的擦除动画，并通过轨道遮罩的使用制作动画的转场效果。完成后的效果如图13-1所示。

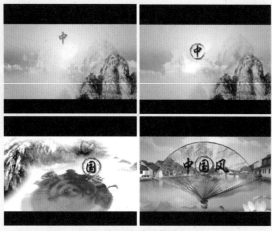

图13-1　完成后的效果

13.1 制作镜头1动画

通过制作本例，学习【径向擦除】特效的参数设置以及轨道遮罩的使用方法，掌握镜头Ⅰ动画的制作。

01　选择菜单栏中的【文件】|【导入】|【文件】命令，打开【导入文件】对话框，选择"镜头1.psd"素材文件，如图13-2所示。

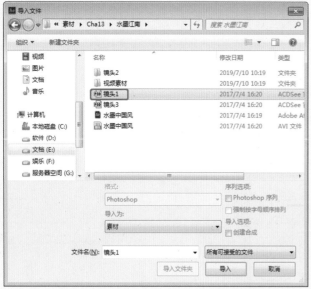

图13-2　【导入文件】对话框

02　单击【导入】按钮，将打开【镜头1.psd】对话框，在【导入种类】下拉列表框中选择【合成-保持图层大小】选项，选择【合并图层样式到素材】单选按钮，如图13-3所示，单击【确定】按钮，素材将导入【项目】面板中。使用同样的方法，将"镜头3.psd"素材导入到【项目】面板中。

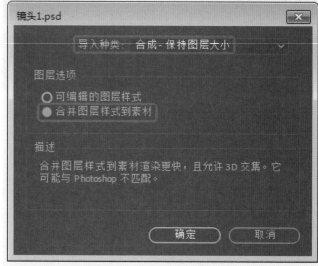

图13-3　以合成的方法导入素材

03　选择菜单栏中的【文件】|【导入】|【文件】命令，打开【导入文件】对话框，选择"镜头2"文件夹，如图13-4所示，单击【导入文件夹】按钮，"镜头2"文件夹将导入【项目】面板中。使用同样的方法，将"视频素材"文件夹导入【项目】面板中，完成后的效果如图13-5所示。

图13-4　导入文件夹

图13-5　导入文件夹后的效果

④ 在【项目】面板中双击"镜头1"合成，打开【镜头1】合成的【时间轴】面板，按住Ctrl+K组合键，打开【合成设置】对话框，设置【持续时间】为0:00:06:00，如图13-6所示单击【确定】按钮。此时合成面板中的画面效果如图13-7所示。

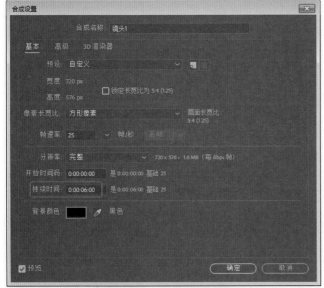

图13-6　设置持续时间为0:00:06:00

图13-7　合成面板中的画面效果

⑤ 将时间调整到0:00:00:00帧的位置，选择"群山2"层，按P键，打开该图层的【位置】选项，单击【位置】左侧的 ⊙ 按钮，在当前位置添加关键帧，并设置【位置】的参数为470、420，如图13-8所示。

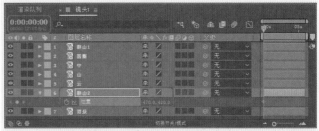

图13-8　设置【位置】的参数为470、420

⑥ 将时间调整到0:00:05:24帧的位置，将【位置】的参数设置为470、380，如图13-9所示，此时画面效果如图13-10所示。

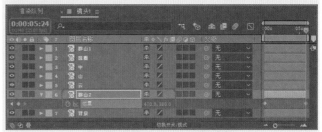

图13-9　修改【位置】的参数为470、380

图13-10　在0:00:05:24帧的画面效果

⑦ 选择"云"层，按Ctrl+D组合键，将其复制一层，在【层名称】模式下，复制层的名称将自动变为"云2"，如图13-11所示。

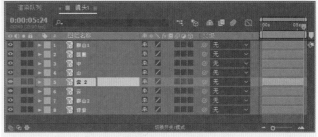

图13-11　复制"云2"层

⑧ 将时间调整到0:00:00:00帧的位置，选择"云2""云"层，按P键，打开所选层的【位置】选项，单击【位

置】左侧的按钮，在当前位置为"云2""云"层添加关键帧，然后在【时间轴】面板的空白处单击，取消选择。再设置"云2"层【位置】的值为-141、309，将"云"层【位置】的值为592、309，如图13-12所示。

图13-12 设置"云2""云"的位置

09 此时画面效果如图13-13所示。将时间调整至0:00:05:24帧的位置，修改"云2"层的【位置】的值为347、309，将"云"层【位置】的值为1102、309，如图13-14所示。

图13-13 设置"云2""云"位置后的画面

图13-14 修改"云2""云"层的位置

10 此时画面效果如图13-15所示。

图13-15 在0:00:05:24帧云的画面效果

11 选择"中"层，在"中"层右侧的【父级】属性栏中选择【2.圆圈】选项，建立父子关系。选择"圆圈"层，按P键，打开该层的【位置】选项。将时间调整到0:00:00:00帧的位置，单击【位置】左侧的按钮，在当前位置添加关键帧，并设置【位置】的值为320、180，如图13-16所示。

图13-16 新建父子关系

12 将时间调整到0:00:05:00帧的位置，修改【位置】的值为320、250，如图13-17所示。

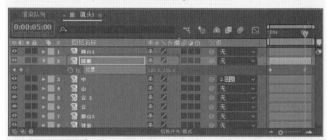

图13-17 修改【位置】的参数为320、250

13 此时的画面效果如图13-18所示。
14 为"圆圈"层添加【径向擦除】特效。在【特效】面板中展开【变换】特效组，双击【径向擦除】特效，如图13-19所示。

图13-18 在0:00:05:00帧的"圆圈"的位置 图13-19 添加【径向擦除】特效

15 将时间调整到0:00:00:20帧的位置，在【效果控件】面板中修改【径向擦除】特效的参数，单击【过渡完成】左侧的按钮，在当前位置添加关键帧，设置【过渡完成】为100%，将【起始角度】设置为45，将【羽化】设置为25，如图13-20所示。

16 将时间调整到0:00:02:00帧的位置，修改【过渡完成】为20%，如图13-21所示。

图13-20　设置参数

⑰其中一帧的画面效果如图13-22所示。

图13-21　修改【过渡完成】为20%　图13-22　其中一帧的画面效果

⑱选择"中.psd"层,按T键,打开该层的【不透明度】选项,将时间调整到0:00:00:00帧的位置,设置【不透明度】的值为50%,然后单击【不透明度】左侧的 按钮,在当前位置添加关键帧,如图13-23所示。

图13-23　设置"中.psd"层的【不透明度】的值为50%

⑲此时画面效果如图13-24所示。

图13-24　画面效果

⑳将时间调整到0:00:01:00帧的位置,修改【不透明度】为100%,系统将在当前位置自动添加关键帧。

 13.2 制作墨点效果

该案例通过将"镜头2"文件夹中的素材文件添加至【合成】面板中,然后添加【波纹】效果,制作出波动的涟漪效果,再使用钢笔工具制作墨滴效果,从而来实现荡漾的墨点效果。

①选择菜单栏中的【合成】|【新建合成】命令,打开【合成设置】对话框,设置【合成名称】为"镜头2",将【宽】设置为720 px,将【高】设置为576 px,将【帧速率】设置为25帧/秒,并设置【持续时间】为0:00:10:00,如图13-25所示。

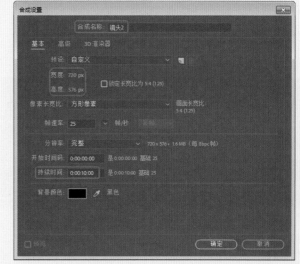

图13-25　新建"镜头2"合成

②单击【确定】按钮,打开"镜头2"合成,在【项目】面板中选择"镜头2"文件夹,将其拖动到"镜头2"合成的【时间轴】面板中,然后调整图层顺序,完成后的效果如图13-26所示。

图13-26　调整图层顺序

③在"镜头2"合成的【时间轴】面板中按Ctrl+Y组合键,打开【纯色设置】对话框,设置【名称】为"背景",将【颜色】设置为白色,如图13-27所示。

④单击【确定】按钮,在【时间轴】面板中将会创建一个名为"背景"的固态层,然后将"背景"固态层拖

动到"群山2"层的下面，如图13-28所示。

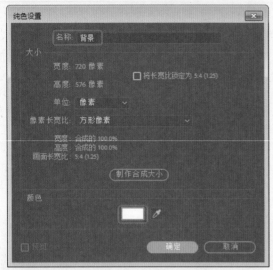

图13-27　新建固态层

图13-28　调整"背景"固态层的位置

05 将除"背景""墨点.psd"层以外的其他层隐藏，然后选择"墨点.psd"层，在【效果和预设】中搜索【扭曲】特效组，双击【波纹】特效，如图13-29所示。

06 将时间调整到0:00:03:15帧的位置，在【效果控件】面板中修改【波纹】特效的参数，单击【半径】左侧的 按钮，在当前位置添加关键帧，并设置【半径】的参数为60，在【转换类型】右侧的下拉列表框中选择【对称】选项，设置【波形速度】的值为1.9，将【波形宽度】设置为62.6，将【波形高度】设置为208，将【波纹相】设置为88，如图13-30所示。

图13-29　添加【波纹】特效　　图13-30　设置【波纹】特效的参数

07 设置完【波纹】特效的参数后，当前帧的画面效果如图13-31所示。将时间调整到0:00:07:14帧的位置，修改【半径】为40，系统将在当前位置自动添加关键帧。

图13-31　设置完成【波纹】特效后的画面效果

08 为"墨点.psd"层绘制蒙版。单击工具栏中的【椭圆工具】按钮，在"镜头2"合成面板中绘制正圆蒙版，如图13-32所示。

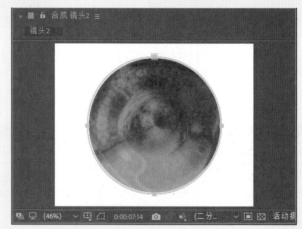

图13-32　绘制蒙版

09 将时间调整到0:00:03:15帧的位置，在【时间轴】面板中按M键，打开"墨点.psd"层的【蒙版路径】选项，然后单击【蒙版路径】左侧的 按钮，在当前位置添加关键帧，如图13-33所示。

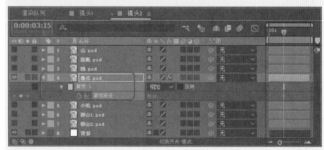

图13-33　为蒙版路径设置关键帧

10 将时间调整到0:00:05:15帧的位置，在【合成】面板中修改蒙版的大小，如图13-34所示。

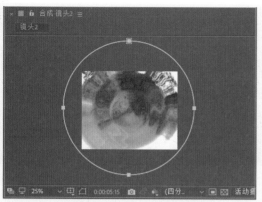

图13-34 0:00:05:15帧的蒙版形状

⑪ 在【时间轴】面板中按F键，打开【蒙版羽化】选项，设置【蒙版羽化】的值为105、105，如图13-35所示。

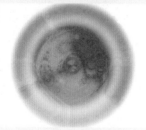

图13-35 设置蒙版羽化的参数

⑫ 其中一帧的画面效果如图13-36所示。

⑬ 打开"墨点.psd"层的三维属性开关，然后单击"墨点.psd"层左侧的灰色三角形按钮，展开【变换】选项组，将【位置】设置为390、600、1086，将【缩放】设置为165、

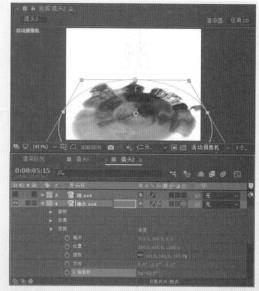

图13-37 设置"墨点.psd"层的属性值

图13-38 设置不透明度

165、165，将【X轴旋转】设置为-63，如图13-37所示。

⑭ 将时间调整到0:00:03:14帧的位置，将【不透明度】设置为0，单击【不透明度】左侧的 按钮，将时间调整到0:00:03:15帧的位置，将【不透明度】设置为100，如图13-38所示。

⑮ 在"镜头2"合成的【时间轴】面板中按Ctrl+Y组合键，打开【固态层设置】对话框，新建一个【名称】为墨滴，将【颜色】设置为黑色的固态层。

⑯ 制作"墨滴"下落效果，单击工具栏中的【钢笔工具】按钮 ，在"镜头2"合成面板中绘制墨滴，如图13-39所示。打开该层的【蒙版羽化】选项，设置【蒙版羽化】为5、5，如图13-40所示。

图13-39 绘制墨滴

图13-40 设置蒙版羽化的值

⑰ 设置【蒙版羽化】后的画面效果如图13-41所示。

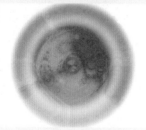

图13-36 设置羽化后其中一帧的画面效果

图13-41　设置蒙版羽化后的墨滴效果

⑱ 将"墨滴"缩小到如图13-42所示的大小。

图13-42　缩小墨滴

⑲ 将时间调整到0:00:03:04帧的位置，打开"墨滴"层的三维属性开关，然后单击"墨滴"左侧的灰色三角形按钮，展开【变换】选项组，设置【锚点】为353、150、0，将【位置】设置为367、-299、0，然后单击【位置】左侧的 按钮，在当前位置添加关键帧，如图13-43所示。将时间调整到0:00:03:16帧的位置，修改【位置】的值为367、287、0，系统将在当前位置自动添加关键帧。

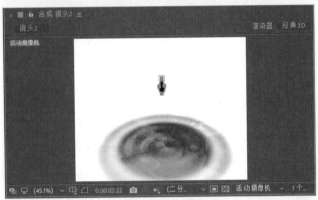

图13-43　在0:00:03:04帧设置关键帧

⑳ 将时间调整到0:00:03:14帧的位置，单击【不透明度】左侧的 按钮，在当前位置添加关键帧，如图13-44所示。将时间调整到0:00:03:16帧的位置，修改【不透明度】的值为0，系统将在当前位置自动添加关键帧。

图13-44　设置【不透明度】关键帧

13.3　制作镜头2动画

本节主要通过设置"山""小船"以及"国"图层的关键帧，然后添加摄像机，来实现运动效果，从而完成镜头2动画的制作。

① 在"镜头2"合成的【时间轴】面板中，单击"山.psd"层左侧的眼睛图标 ，将"山.psd"层显示。选择"山.psd"，按Ctrl+D组合键，将"山.psd"层复制一份，并重命名为"山2"，如图13-45所示。此时的画面效果如图13-46所示。

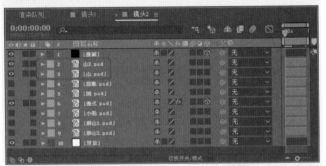

图13-45　"山2"层

图13-46　山的画面效果

② 选择"山.psd层"，单击工具栏中的【钢笔工具】按钮 ，在"镜头2"合成面板中创建蒙版，如图13-47所示。

03 在【时间轴】面板中按F键，打开"山.psd"层的【蒙版羽化】选项，设置【蒙版羽化】的值为20、20，如图13-48所示。

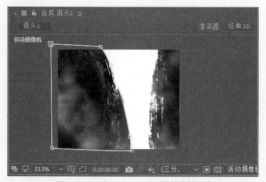

图13-47 为"山.psd"层绘制蒙版

图13-48 设置"山.psd"层蒙版羽化值为20、20

04 选择"山2"层，单击工具栏中的【钢笔工具】按钮，在"镜头2"合成面板中绘制蒙版，在【时间轴】面板中按F键，打开该层的【蒙版羽化】选项，设置【蒙版羽化】的值为20、20，如图13-49所示。

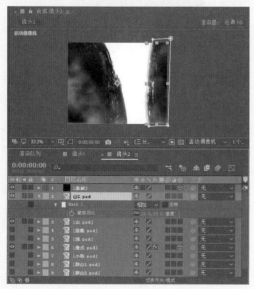

图13-49 为"山2"层绘制蒙版

05 选择"山2""山.psd"层，打开所选层的三维属性开关，按P键，打开所选层的【位置】选项。在0:00:00:00帧的位置，单击【位置】左侧的 按钮，在当前位置添加关键帧，然后再分别设置"山2"层【位置】的值为385、287、0，"山.psd"层的【位置】的值为320、287、0，如图13-50所示。

图13-50 为"山2""山.psd"层设置关键帧

06 将时间调整到0:00:04:14帧的位置，修改"山2"层【位置】的值为376、287、-210，将时间调整到0:00:05:13帧的位置，修改"山.psd"层的【位置】的值为222、287、-291，如图13-51所示。

图13-51 修改"山2""山.psd"层的位置

07 此时的画面效果如图13-52所示。

图13-52 修改位置后的画面效果

08 单击"小船.psd"层左侧的眼睛图标 ，将"小船.psd"层显示。将时间调整到0:00:00:00帧的位置，选择"小船.psd"层，单击其左侧的灰色三角形按钮，展开【变换】选项组，设置【位置】的值为409、303，将【缩放】设置为6、6，将【不透明度】设置为80%，然后单击【位置】左侧的 按钮，在当前位置添加关键帧，参

数设置为如图13-53所示。

图13-53　设置【位置】的值为409、303

09　此时的画面效果如图13-54所示。

10　将时间调整到0:00:09:24帧的位置，修改【位置】的值为543、341，然后按Ctrl+D组合键，将"小船"层复制一层，并重命名为"小船2"。单击"小船2"左侧的灰色三角形按钮，展开【变换】选项组，单击【位置】左侧的按钮，取消所有关键帧，然后设置【位置】的值为565、222，将【缩放】设置为4，4%，将【不透明度】设置为60%，如图13-55所示。

图13-54　小船的画面效果

图13-55　设置"小船2"层的参数

11　此时的画面效果如图13-56所示。

图13-56　"小船2"的画面效果

12　将"镜头2"【时间轴】面板中隐藏的其他层显示，然后选择"国"层，在"国"层右侧的【父级】属性栏中选择【4.圆圈】选项，建立父子关系，选择"圆圈"

层，按P键，打开该层的【位置】选项，将时间调整到0:00:00:00帧的位置，单击【位置】左侧的按钮，在当前位置添加关键帧，并设置【位置】的值为460、279，如图13-57所示。

图13-57　新建父子关系

13　将时间调整到0:00:09:24帧，修改【位置】的值为460、340，如图13-58所示。

图13-58　修改【位置】的值为460、340

14　此时的画面效果如图13-59所示。

图13-59　0:00:09:24帧"圆圈"的位置

15　为"圆圈"层添加【径向擦除】特效。在【效果和预设】面板中展开【过渡】特效组，双击【径向擦除】效果。

16　将时间调整到0:00:00:20的位置，在【效果控件】面板中修改【径向擦除】特效的参数，单击【过渡完成】左侧的按钮，在当前位置添加关键帧，并设置【过渡完成】的值为100%，将【起始角度】设置为45，将【羽化】设置为25，如图13-60所示。

17　将时间调整到0:00:02:00帧，修改【过渡完成】的值为20%，完成后其中一帧的画面效果如图13-61所示。

18　选择"国.psd"层，按T键，打开该层的【不透明度】选项，将时间调整到0:00:00:00帧的位置，设置【不透明度】的值为50%，然后单击【不透明度】左侧的按钮，在当前位置添加关键帧，如图13-62所示。

图13-60 修改【径向擦除】特效的参数

图13-61 其中一帧的画面效果

图13-62 设置"国.psd"层的【不透明度】的值为30%

19 此时的画面效果如图13-63所示。将时间调整到0:00:01:00帧的位置，修改【不透明度】的值为100%，系统将在当前位置自动添加关键帧。

图13-63 画面效果

20 选择菜单栏中的【图层】|【新建】|【摄像机】命令，打开【摄像机设置】对话框，设置【预设】为【自定义】，其他参数设置如图13-64所示。单击【确定】按钮，在【时间轴】面板中将会创建一个摄像机。

21 打开"镜头2"合成中除"背景"层外的其他所有图层的三维属性开关，如图13-65所示。将时间调整到

0:00:00:00帧的位置，选择"摄像机1"层，单击其左侧的灰色三角形按钮，将展开【变换】、【摄像机设置】选项组，设置【位置】的值为360、288、-427，将【缩放】设置为427，将【景深】设置为关，将【焦距】设置为427，将【光圈】设置为10，然后单击【缩放】左侧的 按钮，在当前位置添加关键帧，如图13-66所示。

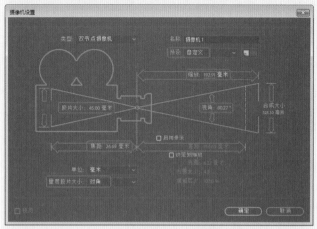

图13-64 【摄像机设置】对话框

图13-65 打开三维属性开关

图13-66 设置摄像机的参数

22 将时间调整到0:00:07:09帧的位置，修改【缩放】的值
为545，如图13-67所示。

图13-67　修改【缩放】的参数

23 此时的画面效果如图13-68所示。

图13-68　0:00:07:09帧的画面效果

13.4 制作镜头3动画

本节主要通过设置摄像机动画，来制作镜头效果，记
录摄像机动画可以使画面整体动势呈现出远近交替的纵深
感，增加画面的视觉效果，为平淡无奇增加新意。

01 在【项目】面板中双击"镜头3"合成，打开该合成的
【时间轴】面板，按Ctrl+K组合键，打开【合成设置】
对话框，将设置【持续时间】为0:00:08:00，如图13-69所
示。单击【确定】按钮。此时【合成】面板中的画面效果
如图13-70所示。

02 将时间调整到0:00:00:00帧的位置。选择"云"层，按
P键，打开该层的【位置】选项，然后单击【位置】左
侧的 按钮，在当前位置添加关键帧，并设置【位置】的
值为315、131，如图13-71所示。

03 将时间调整到0:00:07:24帧的位置，修改【位置】的值为
401、131，如图13-72所示。此时的画面效果如图13-73
所示。

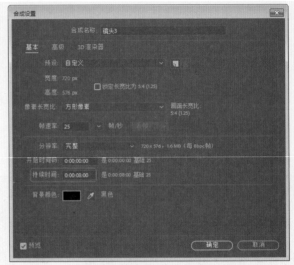

图13-69　设置持续时间为0:00:08:00

图13-70　合成面板中的画面效果

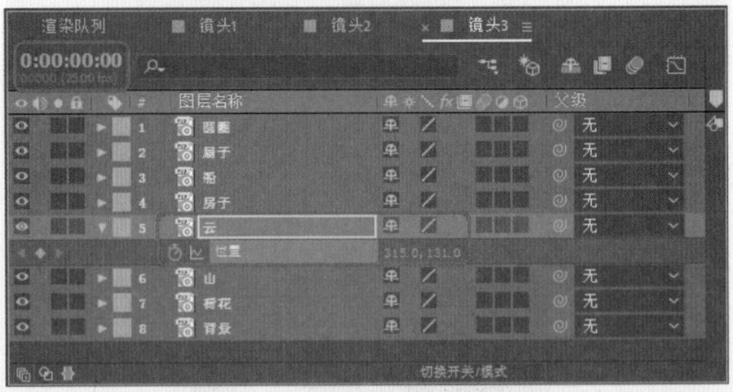

图13-71　设置【位置】参数为315、131

图13-72　修改【位置】的值为401、131

图13-73 0:00:07:24帧的画面效果

04 为"扇子"层添加【径向擦除】特效。选择"扇子"层，在【效果和预设】面板中展开【过渡】特效组，双击【径向擦除】特效。

05 将时间调整到0:00:03:19帧的位置，在【效果控件】面板中，修改【径向擦除】特效的参数，首先在【擦除】右侧的下拉列表框中选择【两者兼有】选项，然后单击【过渡完成】左侧的 按钮，在当前位置添加关键帧，并将【过渡完成】设置为100%，将【起始角度】设置为180，将【擦除中心】设置为258、301，如图13-74所示。

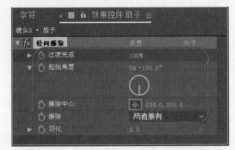

图13-74 修改【径向擦除】特效的参数

06 将时间调整到0:00:06:15帧的位置，修改【过渡完成】的值为0，完成后其中一帧的效果如图13-75所示。

图13-75 其中一帧的画面效果

07 选择"圆圈"层，在【效果和预设】面板中展开【过渡】特效组，双击【径向擦除】特效。

08 将时间调整到0:00:04:00帧的位置，在【效果控件】面板中修改【径向擦除】特效的参数，单击【过渡完成】左侧的 按钮，在当前位置添加关键帧，并设置【过渡完成】的值为100%，将【起始角度】设置为0x+45°，将【羽化】设置为25，如图13-76所示。

09 将时间调整到0:00:05:00帧的位置，修改【过渡完成】的值为0完成后其中一帧的画面效果如图13-77所示。

图13-76 设置"圆圈"层径向擦除特效的参数

图13-77 其中一帧的画面效果

10 将时间调整到0:00:00:00帧的位置，选择"船"层，单击其左侧的灰色三角形按钮，展开【变换】选项组，设置【位置】为282、319，然后分别单击【位置】、【缩放】左侧的 按钮，在当前位置添加关键帧，如图13-78所示。此时的画面效果如图13-79所示。

图13-78 为"船"层设置关键帧

图13-79 0:00:00:00帧的船的位置

为了方便观看"船"的位置变化，首先将"圆圈"和"扇子"层隐藏。将时间调整到0:00:07:24帧的位置，修改【位置】为363、289，将【缩放】设置为90、90%，如图13-80所示。

图13-80 修改船的【位置】和【缩放】值

此时的画面效果如图13-81所示。设置完成后，再将"圆圈"和"扇子"层显示。

图13-81 0:00:07:24帧船的位置和大小变化

添加摄像机，选择菜单栏中的【图层】|【新建】|【摄像机】命令，打开【摄像机设置】对话框，设置【预设】为24mm，如图13-82所示。单击【确定】按钮，在【时间轴】面板中将会创建一台摄像机。

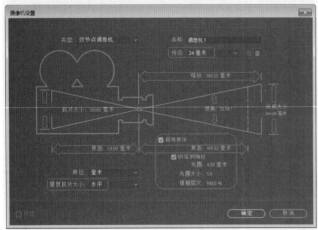

图13-82 【摄像机设置】对话框

打开"镜头3"合成中除"背景"层外的其他所有图层的三维属性开关，如图13-83所示。

图13-83 打开三维属性开关

将时间调整到0:00:00:00帧的位置，选择"摄像机 1"层，按P键，打开该层的【位置】选项，单击【位置】左侧的 按钮，在当前位置添加关键帧，如图13-84所示。

图13-84 设置摄像机的位置参数

将时间调整到0:00:05:00帧的位置，修改【位置】的值为360、288、-435，如图13-85所示。

图13-85 修改【位置】的位置参数

将"圆圈"和"扇子"图层取消隐藏，此时的画面效果如图13-86所示。

图13-86 0:00:05:00帧的画面效果

13.5 制作合成动画

制作完成后，下面将把所有的镜头合成起来，从而完成水墨特效的制作。

01 选择菜单栏中的【合成】|【新建合成】命令，打开【合成设置】对话框，新建一个【合成名称】为"最终合成"合成，将【宽】设置为720 px，将【高】设置为576 px，将【帧率】设置为25帧/秒，将【持续时间】设置为0:00:20:00。

02 打开"最终合成"合成，在【项目】面板中选择"镜头1""镜头2""镜头3"合成，将其拖动到"最终合成"的【时间轴】面板中，如图13-87所示。

图13-87 添加"镜头1""镜头2""镜头3"合成素材

03 在"最终合成"合成的【时间轴】面板中按Ctrl+Y组合键，打开【纯色设置】对话框，设置【名称】为"边幅"，将【大小】选项组中的【宽度】、【高度】设置为720、576像素，将【颜色】设置为【黑色】，如图13-88所示。

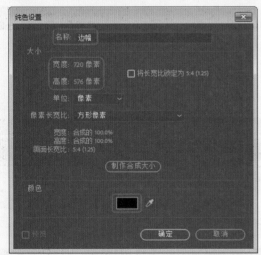

图13-88 设置纯色的名称、大小及颜色

04 单击【确定】按钮，在【时间轴】面板中创建一个名为"边幅"的图层。选择"边幅"固态层，单击工具栏中的【矩形工具】按钮，在"最终合成"合成面板中绘制矩形蒙版，如图13-89所示。

05 在【时间轴】面板中按M键，打开【蒙版1】选项，然后在【蒙版1】右侧选中【反转】复选框，如图13-90所示。

图13-89 绘制矩形蒙版

06 此时的画面效果如图13-91所示。

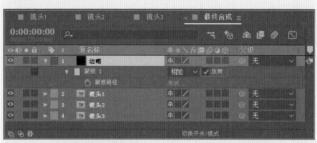

图13-90 选中【反转】复选框

图13-91 选中【反转】复选框后的画面效果

07 将时间调整到0:00:05:01帧的位置，选择"镜头2"层，按[键，将其入点设置到当前位置，用同样的方法将"镜头3"层的入点设置到0:00:12:00帧的位置，完成后的效果如图13-92所示。

图13-92 调整图层的入点

在【项目】面板中的"视频素材"文件夹中选择"云1""云2"素材，将其拖动到"最终合成"合成的【时间轴】面板中，然后调整"云1""云2"图层的顺序，如图13-93所示。

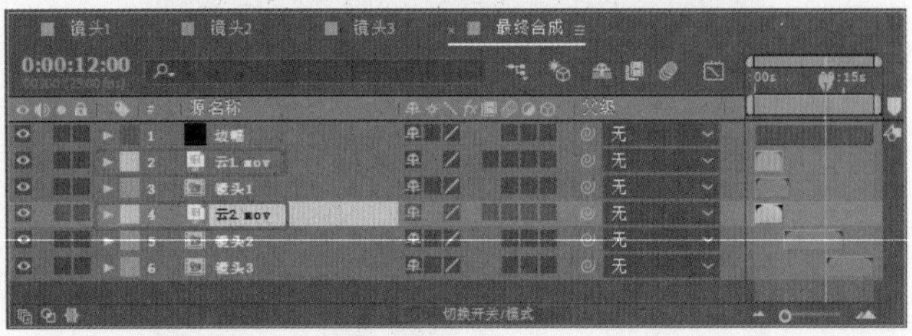

图13-93 调整"云1""云2"图层的顺序

09 在【时间轴】面板中将"云1""云2"层的入点分别调整到0:00:05:00、0:00:11:24帧的位置，在【源名称】上右击，在弹出的快捷菜单中选择【列数】【伸缩】命令分别设置"云1"的【伸缩】为50%，"云2"的【伸缩】为62%，完成后的效果如图13-94所示。

图13-94 调整【云1】、【云2】的图层顺序

10 将时间调整到0:00:05:00帧的位置，选择"镜头1"层，按Ctrl+D组合键，将其复制一层，将复制出的图层重命名为"转场1"。然后在当前位置按Alt+[组合键，为"转场1"层设置入点，选择"镜头1"层，按Alt+]组合键，为"镜头1"层设置出点。将时间调整到0:00:05:24帧的位置，选择"云1"层，在当前位置按Alt+]组合键，为"云1"层设置出点，完成后的效果如图13-95所示。

图13-95 为图层设置入点和出点

11 选择"转场1"层，在其右侧的【轨道遮罩】属性栏中选择【云1.mov】选项，如图13-96所示。

图13-96 设置轨道遮罩选项

12 将时间调整到0:00:12:00帧的位置，选择"镜头2"层，按Ctrl+D组合键，将其复制一层，并将复制出的图层重命名为"转场2"，然后在当前位置按Alt+[组合键，为"转场2"层设置入点，选择"镜头2"层，按Alt+]组合键，为"镜头2"层设置出点，然后在"转场2"层右侧的【轨道遮罩】属性栏中选择【云2.mov】选项，如图13-97所示。

图13-97 为图层设置入点和出点

13 至此，水墨特效就制作完成了，按小键盘上的0键，在合成面板中预览动画，效果如图13-98所示。

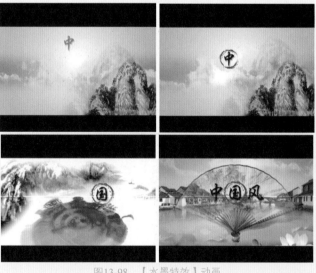

图13-98 【水墨特效】动画

第14章
项目指导——影视节目预告

节目预告，指在电视媒体播出的内容中无主持人画面，介绍或预告在电视媒体本台或电视媒体其他台将要播出的节目信息。本章将介绍如何制作节目预告，其效果如图14-1所示。

图14-1　影视节目预告

14.1　制作Logo

在制作节目预告动画之前，首先要制作电视台的台标，该案例主要通过为Logo素材文件添加【填充】、【单元格图案】、【亮度键】、【快速模糊（旧版）】等效果来制作电视台的台标。

01 新建一个项目文件，按Ctrl+N组合键，在弹出的对话框中将【合成名称】设置为"Logo 1"，将【宽度】、【高度】分别设置为1100 px、750 px，将【像素长宽比】设置为【方形像素】，将【帧速率】设置为29.97帧/秒，将【持续时间】设置为0:00:10:00，将【背景颜色】的颜色值设置为# 9C8B00，如图14-2所示。

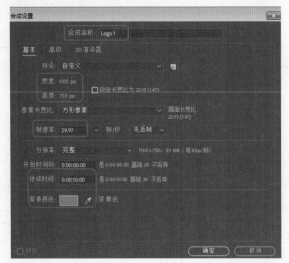

图14-2　设置合成参数

在此将背景颜色设置为深黄色是为了更好地显示要导入的素材。

02 设置完成后，单击【确定】按钮，按Ctrl+I组合键，在弹出的【导入文件】对话框中选择"logo.png"素材文件，如图14-3所示。

图14-3　选择素材文件

03 单击【导入】按钮，在【项目】面板中选择"logo.png"素材文件，按住鼠标将其拖曳至【时间轴】面板中，将【变换】组下的【位置】设置为560、377，如图14-4所示。

图14-4　添加素材文件并设置其位置

04 按Ctrl+N组合键，在弹出的对话框中将【合成名称】设置为"Logo 2"，将【预设】设置为"HDTV 1080 29.97"，其他参数保持默认即可，如图14-5所示。

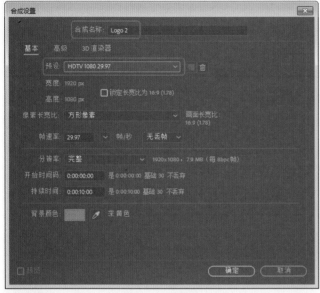

图14-5 新建合成

05 设置完成后，单击【确定】按钮，在【项目】面板中选择"Logo 1"合成文件，按住鼠标将其拖曳至【时间轴】面板中，如图14-6所示。

图14-6 嵌套合成

06 在【时间轴】面板中选中"Logo 1"图层，按Ctrl+D组合键，对该图层进行复制，并将其命名为"Logo 炫光"。选中重命名后的图层，在菜单栏中选择【效果】|【生成】|【填充】命令，如图14-7所示。

07 在【时间轴】面板中将【填充】组下的【颜色】设置为白色，效果如图14-8所示。

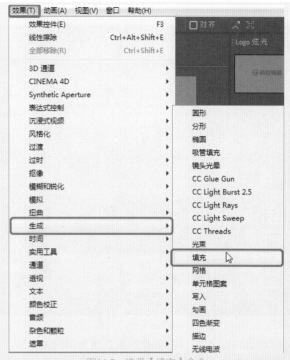

图14-7 选择【填充】命令

图14-8 设置填充颜色

08 选中该图层，将当前时间设置为0:00:02:28，在工具栏中单击【椭圆工具】，在【合成】面板中绘制一个蒙版，在【时间轴】面板中单击【蒙版路径】左侧的按钮，添加一个关键帧，如图14-9所示。

09 将当前时间设置为0:00:08:23，在工具栏中单击【选取工具】，在【合成】面板中调整蒙版的位置，效果如

图14-10所示。

图14-9 绘制蒙版并添加关键帧

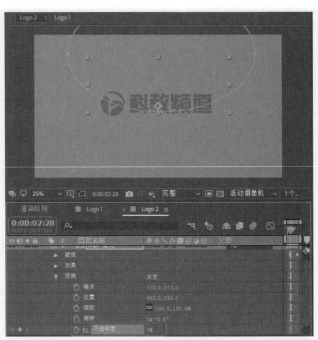

图14-11 添加【不透明度】关键帧

10 继续选中该图层，将当前时间设置为0:00:02:28，在【时间轴】面板中单击【变换】组下【不透明度】左侧的◎按钮，将【不透明度】设置为0，如图14-11所示。

13 选中修改名称后的图层，在菜单栏中选择【效果】|【生成】|【单元格图案】命令，如图14-14所示。

图14-10 调整蒙版的位置

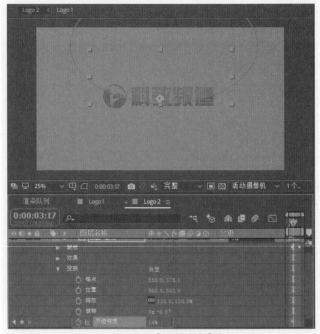

图14-12 设置【不透明度】参数

11 将当前时间设置为0:00:03:17，在【时间轴】面板中将【变换】组下的【不透明度】设置为14，如图14-12所示。

12 在【时间轴】面板中选择"Logo 1"层，按Ctrl+D组合键，对其进行复制，将其命名为"Logo 反射"，然后将其调整至"Logo 炫光"层的上方，效果如图14-13所示。

提示 单元格图案效果可根据单元格杂色生成单元格图案。使用它可创建静态或移动的背景纹理和图案。这些图案进而可用作有纹理的遮罩、过渡图或置换图的源图。

图14-13 复制图层并进行调整

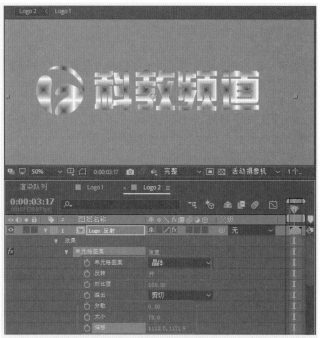

图14-15 设置单元格图案参数

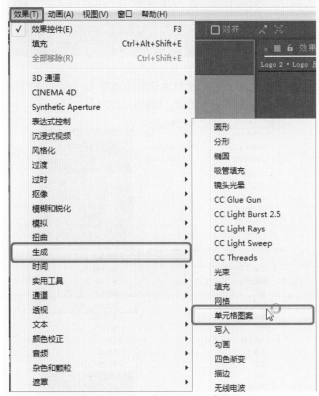

图14-14 选择【单元格图案】命令

在【时间轴】面板中将【单元格图案】组下的【单元格图案】设置为【晶体】，将【反转】设置为【开】，将【分散】、【大小】分别设置为0、78，将【偏移】设置为1112、1171.9，如图14-15所示。

知识链接 单元格图案

单元格图案各个选项的功能如下。

- 【单元格图案】：用户可以在该下拉列表框中选择要使用的单元格图案。HQ 表示高品质图案，与未标记的图案相比，这类图案使用更高的清晰度渲染。
- 【反转】：选中【反转】复选框后，黑色区域变成白色，白色区域变成黑色。
- 【对比度】：在使用气泡、晶体、枕状、混合晶体或管状单元格图案时，可以通过该选项指定单元格图案的对比度。
- 【溢出】：用于设置效果重映射超出 0~255 灰度范围的值的方式。
- 【分散】：用于设置绘制图案的随机程度。值越低，单元格图案更一致或更像网格。
- 【大小】：该选项用于设置单元格的大小。默认大小是60。
- 【偏移】：该选项用于设置图案偏移的位置。
- 【平铺选项】：选择【启用平铺】可创建针对重复拼贴构建的图案。【水平单元格】和【垂直单元格】用于确定每个拼贴的单元格宽度和单元格高度。
- 【演化】：用户可以通过该选项添加动画将图案随时间发生变化。
- 【演化选项】：该选项用于提供控件，以便在一次短循环中渲染效果，然后在修剪持续时间内循环它。使用这

些控件可预渲染循环中的单元格图案元素，因此可以缩短渲染时间。

- 【循环演化】：选中该复选框后，将会启用循环演化。
- 【循环】：可以通过该选项设置循环的旋转次数。
- 【随机植入】：该选项用于指定生成单元格图案使用的值。

15　继续选中该图层，在菜单栏中选择【效果】|【颜色校正】|【曲线】命令，如图14-16所示。

图14-16　选择【曲线】命令

16　选中该图层，再在菜单栏中选择【效果】|【过时】|【亮度键】命令，如图14-17所示。

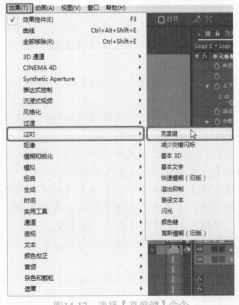

图14-17　选择【亮度键】命令

提示　【亮度键】效果可抠出图层中具有指定明亮度或亮度的所有区域。图层的品质设置不会影响亮度键效果。

17　在【时间轴】面板中将【亮度键】下的【阈值】设置为228，如图14-18所示。

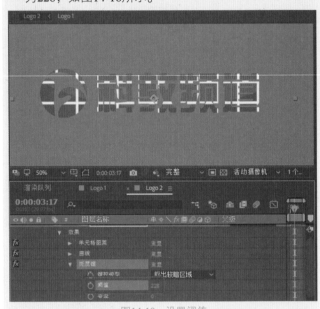

图14-18　设置阈值

18　设置完成后，在菜单栏中选择【效果】|【过时】|【快速模糊（旧版）】命令，如图14-19所示。

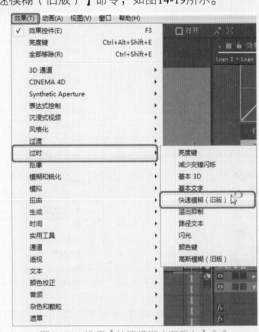

图14-19　选择【快速模糊（旧版）】命令

19　在【时间轴】面板中将【模糊度】设置为15，将【重复边缘像素】设置为【开】，将【变换】下的【不透明度】设置为29，如图14-20所示。

图14-20 设置模糊参数和不透明度

> **提示** 在为"Logo 反射"图层添加了【快速模糊】特效后，会发现在文字的周边会有白色的模糊像素，所以在此为"Logo 反射"图层添加轨道遮罩是为了将【快速模糊】所产生的重复的边缘像素去除。

20 在【时间轴】面板中选择"Logo 1"，按Ctrl+D组合键，对其进行复制，并将其命名为"Logo 遮罩"，将其调整到"Logo 反射"图层的上方，将"Logo 反射"图层的【轨道遮罩】设置为"1.Logo 遮罩"，如图14-21所示。

图14-21 复制图层并添加遮罩

21 按Ctrl+N组合键，在弹出的对话框中将【合成名称】设置为"Logo"，将【开始时间码】设置为0:00:00:01，其他参数保持默认即可，如图14-22所示。

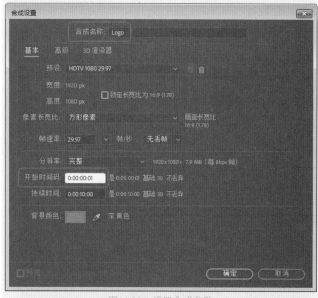

图14-22 设置合成参数

22 设置完成后，单击【确定】按钮，在【项目】面板中选择"Logo 2"，按住鼠标将其拖曳至【合成】面板中，在【时间轴】面板中打开该图层的【运动模糊】、【3D图层】模式，将【变换】下的【位置】设置为960、540、19.3，【锚点】设置为960、540、0，然后单击【为设置了"运动模糊"开关的所有图层启用运动模糊】按钮，如图14-23所示。

图14-23 设置图层模式和位置

14.2 制作背景

Logo制作完成后，接下来将制作节目预告的背景，该案例主要通过为"纯色"图层添加【梯度渐变】、【照片滤镜】、【添加颗粒】等效果来完成。

01 继续前面的操作，按Ctrl+N组合键，在弹出的对话框中将【合成名称】设置为"背景"，将【开始时间码】设置为0:00:00:00，将【背景颜色】设置为黑色，如图14-24所示。

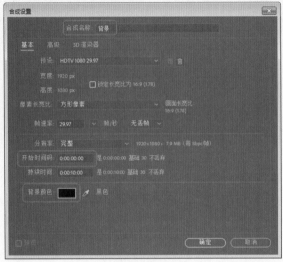

图14-24 设置合成参数

02 设置完成后，单击【确定】按钮，在【时间轴】面板中右击，在弹出的快捷菜单中选择【新建】|【纯色】命令，如图14-25所示。

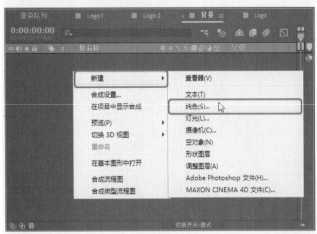

图14-25 选择【纯色】命令

03 在弹出的对话框中将【名称】设置为"背景"，将【颜色】设置为0、0、0，其他参数保持默认即可，如

图14-26所示。

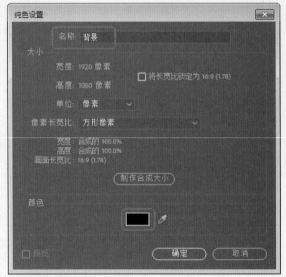

图14-26 设置纯色参数

04 设置完成后，单击【确定】按钮，选中该图层，在菜单栏中选择【效果】|【生成】|【梯度渐变】命令，在【时间轴】面板中将【梯度渐变】下的【渐变起点】设置为960、540，将【起始颜色】的颜色值设置为#F4F4F4，将【渐变终点】设置为988、1800，将【结束颜色】的颜色值设置为#A1A1A1，将【渐变形状】设置为【径向渐变】，将【渐变散射】设置为55.9，如图14-27所示。

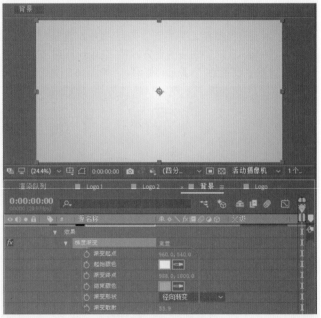

图14-27 设置梯度渐变

05 继续选中该图层，在菜单栏中选择【效果】|【颜色校正】|【照片滤镜】命令，如图14-28所示。

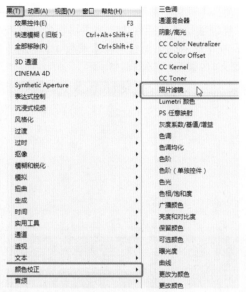

图14-28　选择【照片滤镜】命令

提示　照片滤镜效果可模拟以下技术：在摄像机镜头前面加彩色滤镜，以便调整通过镜头传输的光的颜色平衡和色温；使胶片曝光。除此之外，用户还可以选择颜色预设，将色相调整应用到图像，也可以使用拾色器或吸管指定自定义颜色。

06　在【时间轴】面板中将【照片滤镜】下的【滤镜】设置为【青】，将【密度】设置为10，如图14-29所示。

图14-29　设置【照片滤镜】参数

07　在菜单栏中选择【效果】|【杂色和颗粒】|【添加颗粒】命令，如图14-30所示。

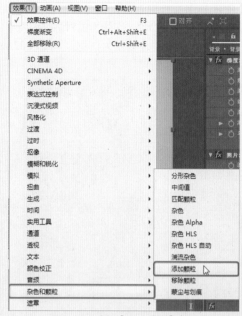

图14-30　选择【添加颗粒】命令

提示　添加颗粒效果可从头开始生成新杂色，但不能从现有杂色中采样。而不同类型的胶片的参数和预设可用于合成许多不同类型的杂色或颗粒。用户可以修改此杂色的几乎每个特性，控制其颜色。

08　在【时间轴】面板中将【添加颗粒】下的【查看模式】设置为【最终输出】，将【动画】选项组中的【动画速度】设置为0，如图14-31所示。

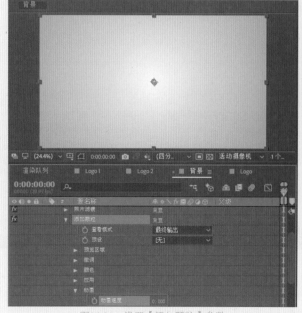

图14-31　设置【添加颗粒】参数

09 在【时间轴】面板中右击，在弹出的快捷菜单中选择【新建】|【纯色】命令，在弹出的对话框中将【名称】设置为"灯"，将【颜色】设置为白色，如图14-32所示。

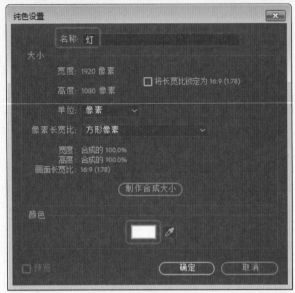

图14-32　设置纯色

10 设置完成后，单击【确定】按钮，在工具栏中单击【椭圆工具】，在【合成】面板中绘制一个正圆作为蒙版，将【蒙版 1】下的【蒙版羽化】设置为268像素，如图14-33所示。

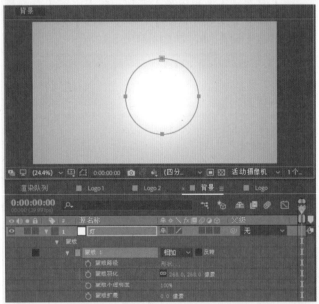

图14-33　绘制蒙版并设置蒙版羽化

11 继续选中该图层，在【时间轴】面板中将【变换】下的【锚点】设置为960、540，【位置】设置为1722、328，【缩放】设置为145，如图14-34所示。

12 在【项目】面板中选择"灯"纯色图层，按Ctrl+D组合键，复制图层，然后在【合成】面板中调整圆的位置及大小，在【时间轴】面板中将【蒙版 1】下的【蒙版羽化】设置为419像素，如图14-35所示。

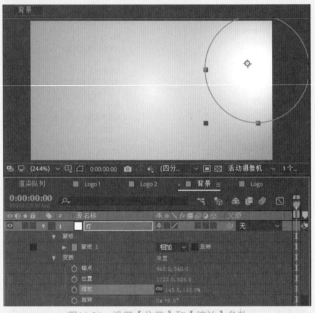

图14-34　设置【位置】和【缩放】参数

图14-35　绘制蒙版并设置其参数

14.3 制作标志动画

下面将介绍如何制作标志动画，该案例主要添加前面

所创建的背景、Logo合成文件，然后再创建其他纯色和调整图层，并为其添加不同的效果，从而完成标志动画的制作。

01 继续前面的操作，按Ctrl+N组合键，在弹出的对话框中将【合成名称】设置为"标志动画"，将【持续时间】设置为0:00:07:20，其他参数保持默认即可，如图14-36所示。

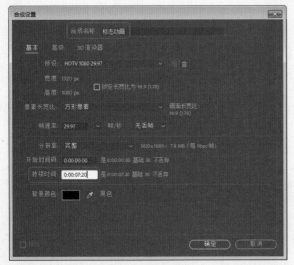

图14-36 设置合成参数

02 设置完成后，单击【确定】按钮，在【项目】面板中选择"背景"合成文件，按住鼠标将其拖曳至【合成】面板中，在菜单栏中选择【图层】|【时间】|【启用时间重映射】命令，如图14-37所示。

提示 使用时间重映射可以延长、压缩、回放或冻结图层持续时间的某个部分。

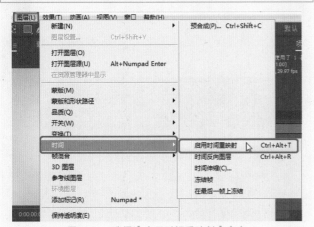

图14-37 选择【启用时间重映射】命令

03 将当前时间设置为0:00:03:03，在当前时间添加一个关键帧，如图14-38所示。

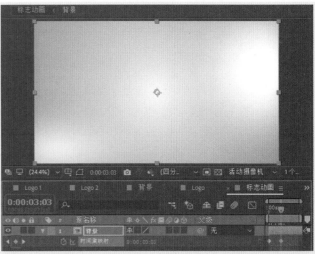

图14-38 添加关键帧

04 选中添加的关键帧，在菜单栏中选择【图层】|【时间】|【冻结帧】命令，如图14-39所示。

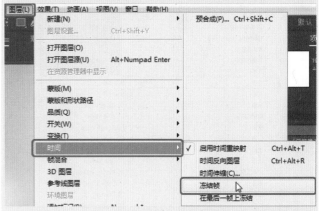

图14-39 选择【冻结帧】命令

05 即可将选中的关键帧进行冻结，效果如图14-40所示。

06 在【项目】面板中选择"Logo"合成文件，按住鼠标将其拖曳至【时间轴】面板中。选中该图层，在菜单栏中选择【效果】|【过渡】|【渐变擦除】命令，如图14-41所示。

提示 【渐变擦除】效果导致图层中的像素基于另一个图层（称为渐变图层）中相应像素的明亮度值变得透明。渐变图层中的深色像素导致对应像素以较低的过渡完成值变得透明。

07 将当前时间设置为0:00:02:01，在【时间轴】面板中将【渐变擦除】下的【过渡完成】设置为100，并单击其左侧的【时间变化秒表】按钮，将【过渡柔和度】设置为45，【反转渐变】设置为【开】，打开该图层的【运动模糊】和【3D图层】模式，如图14-42所示。

图14-40　冻结帧

图14-41　选择【渐变擦除】命令

知识链接　渐变擦除选项

　　【渐变擦除】中各个选项的功能如下。

- 【过渡完成】：用户可以通过设置该选项设置图层的过渡百分比。
- 【过渡柔和度】：每个像素渐变的程度。如果此值为0%，则应用了该效果的图层中的像素将是完全不透明或完全透明。如果此值大于0%，则在过渡的中间阶段像素是半透明的。
- 【渐变图层】：用户可以通过该选项设置渐变图层。
- 【渐变位置】：用户可以通过该选项设置渐变的位置，

其中包括【拼贴渐变】、【中心渐变】、【伸缩渐变以适合】三个选项。

- 【反转渐变】：选中该复选框后，将会反转渐变图层的影响。

图14-42　设置渐变擦除参数

08　将当前时间设置为0:00:02:14，在【时间轴】面板中将【过渡完成】设置为0，如图14-43所示。

图14-43　设置过渡完成参数

09　在【项目】面板中选择"Logo"合成文件，按住鼠标将其拖曳至【时间轴】面板中，将其命名为"Logo

阴影"，将其调整到"Logo"图层的下方。打开该图层的【运动模糊】和【3D图层】模式，将当前时间设置为0:00:02:01，将【变换】下的【锚点】设置为960、540、0，【位置】设置为960、700.2、-175，取消【缩放】的锁定，将【缩放】设置为100、-100、100，将【X轴旋转】设置为-85，将【不透明度】设置为0，并单击其左侧的【时间变化秒表】按钮，如图14-44所示。

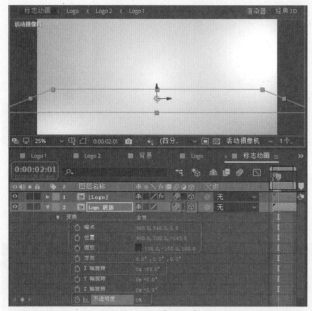

图14-44 设置【变换】参数

⑩ 将当前时间设置为0:00:02:14，将【不透明度】设置为36，如图14-45所示。

图14-45 设置不透明度

⑪ 在菜单栏中选择【效果】|【生成】|【填充】命令，在【时间轴】面板中将【颜色】的颜色值设置为#131313，将该图层的父级对象设置为"1.Logo"，如图14-46所示。

图14-46 设置填充颜色

> 提示 【父级】功能可以使一个层【子层】继承另一个层【父层】的转换属性，当父层的属性改变时，子层的属性也会产生相应的变化。

⑫ 按Ctrl+N组合键，在弹出的对话框中将【合成名称】设置为"阳光剧场"，将【宽度】、【高度】分别设置为800 px、60 px，将【持续时间】设置为0:00:10:00，如图14-47所示。

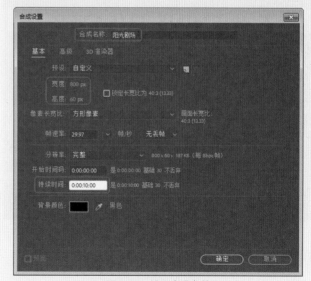

图14-47 设置合成参数

> **提示** 两个图层建立父子层关系后，当父层的【不透明度】属性发生改变时，子层的【不透明度】属性不会受到影响。这是因为【不透明度】属性不受父子层关系的影响。

⑬ 设置完成后，单击【确定】按钮，在【合成】面板中单击【切换透明网格】按钮，在工具栏中单击【横排文字工具】，在【合成】面板中单击鼠标，输入文字。选中输入的文字，在【字符】面板中将【字体】设置为【微软雅黑】，将【字体大小】设置为56像素，将【行距】设置为36，将【字符间距】设置为8，将【垂直缩放】设置为83，单击【仿粗体】和【全部大写字母】按钮，在【段落】面板中单击【居中对齐文本】按钮，如图14-48所示。

图14-48 输入文本并进行设置

⑭ 选中该图层，在【时间轴】面板中将【变换】下的【位置】设置为397.8、50.3如图14-49所示。

图14-49 设置文字的位置

⑮ 在【时间轴】面板中单击文字图层右侧的按钮，在弹出的菜单中选择【启用逐字3D化】命令，如图14-50所示。

图14-50 选择【启用逐字3D化】命令

⑯ 在【动画和预设】面板中选择【动画预设】|【Text】（文字）|Blurs（模糊）|【子弹头列车】选项，按住鼠标将其拖曳至文字图层上，为其添加该效果，如图14-51所示。

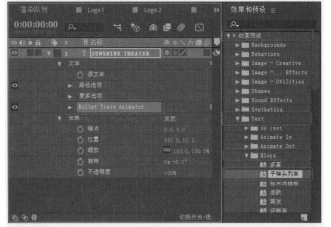

图14-51 添加动画预设效果

⑰ 将当前时间设置为0:00:00:00，在【时间轴】面板中将Range Selector 1（量程选择器1）下的【偏移】设置为100，将【高级】选项组中的【形状】设置为【下斜坡】，将【缓和高】设置为100，将【模糊】取消锁定，将【模糊】设置为48、48，如图14-52所示。

⑱ 设置完成后，将0:00:00:16位置处的关键帧调整至0:00:01:06位置处，并将【偏移】设置为-100，如图14-53所示。

⑲ 在【项目】面板中选择"阳光剧场"合成文件，按住鼠标将其拖曳至"标志动画"合成中，打开该图层的三维模式，将该图层的开始时间设置为0:00:03:18，将

【变换】下的【位置】设置为960、639、0，如图14-54
所示。

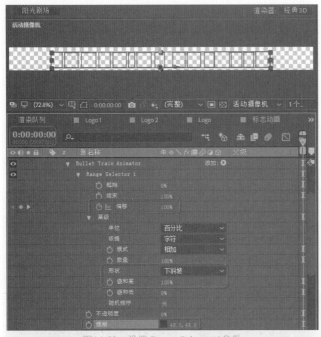

图14-52　设置 Range Selector 1参数

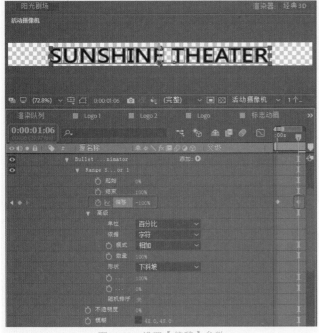

图14-53　设置【偏移】参数

20 在【时间轴】面板中右击，在弹出的快捷菜单中选择
【新建】|【纯色】命令，在弹出的对话框中将【名
称】设置为"镜头光晕"，将【颜色】设置为黑色，如
图14-55所示。

图14-54　添加合成文件并设置其参数

图14-55　设置纯色参数

21 设置完成后，单击【确定】按钮，选中该图层，在菜
单栏中选择【效果】|【生成】|【镜头光晕】命令，如
图14-56所示。

22 将当前时间设置为0:00:03:21，在【时间轴】面板中将
【镜头光晕】下的【光晕中心】设置为1474、638.5，
单击其左侧的【时间变化秒表】按钮，将【光晕亮度】
设置为0，单击其左侧的【时间变化秒表】按钮，将【镜
头类型】设置为105毫米定焦，如图14-57所示。

23 将当前时间设置为0:00:03:26，在【时间轴】面板中将
【光晕亮度】设置为57，如图14-58所示。

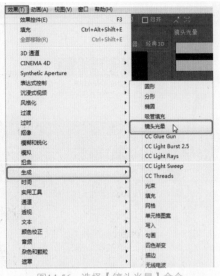

图14-56　选择【镜头光晕】命令

㉔ 将当前时间设置为0:00:04:26，在【时间轴】面板中为【光晕亮度】添加一个关键帧，如图14-59所示。

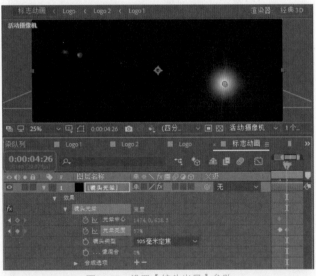

图14-57　设置【镜头光晕】参数

㉕ 将当前时间设置为0:00:05:06，在【时间轴】面板中将【光晕中心】设置为539、638.5，将【光晕亮度】设置为0，如图14-60所示。

㉖ 选中【光晕中心】右侧的第二个关键帧，按F9键将其转换为缓动，如图14-61所示。

㉗ 选中该图层，在菜单栏中选择【效果】|【颜色校正】|【色调】命令，如图14-62所示。

㉘ 添加完成后，在【时间轴】面板中将图层的混合模式设置为【相加】，如图14-63所示。

㉙ 继续选中该图层，在菜单栏中选择【效果】|【颜色校正】|【曲线】命令，在【效果控件】面板中将【曲

线】下的【通道】设置为【红色】，然后对曲线进行调整，如图14-64所示。

图14-58　设置光晕亮度

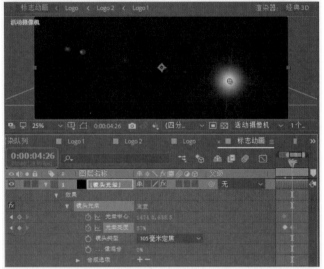

图14-59　添加关键帧

㉚ 将【曲线】下的【通道】设置为【绿色】，然后对曲线进行调整，如图14-65所示。

㉛ 将【曲线】下的【通道】设置为【蓝色】，然后对曲线进行调整，如图14-66所示。

㉜ 按Ctrl+N组合键，在弹出的对话框中将【合成名称】设置为"蓝光"，将【预设】设置为【HDTV 1080 29.97】，将【持续时间】设置为0:00:07:15，如图14-67所示。

㉝ 设置完成后，单击【确定】按钮，在【时间轴】面板中右击，在弹出的快捷菜单中选择【新建】|【纯色】命令，在弹出的对话框中将【名称】设置为"闪光"，单击【确定】按钮，如图14-68所示。

图14-60 设置光晕中心和光晕亮度

图14-63 设置图层混合模式

图14-61 将关键帧转为缓动

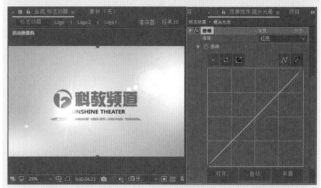

图14-64 设置红色通道曲线

图14-62 选择【色调】命令

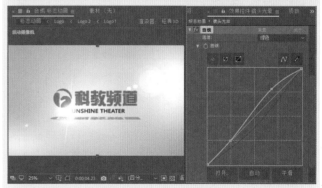

图14-65 调整绿色通道曲线

④ 选中"闪光"图层,在菜单栏中选择【效果】|【生成】|【镜头光晕】命令,在【时间轴】面板中将【镜头光晕】下的【光晕中心】设置为960、540,将【光晕亮度】设置为57,将【镜头类型】设置为【105毫米定焦】,如图14-69所示。

⑤ 继续选中该图层,在菜单栏中选择【效果】|【颜色校正】|【色调】命令,为选中的图层添加色调效果,将

该图层的混合模式设置为【相加】，如图14-70所示。

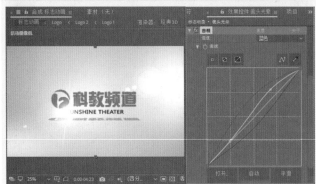

图14-66　调整蓝色通道曲线

图14-67　设置合成参数

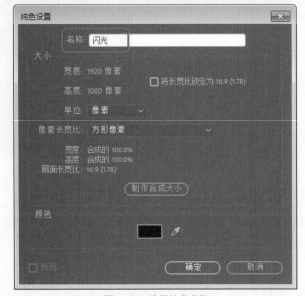

图14-68　设置纯色名称

图14-69　设置【镜头光晕】参数

图14-70　添加色调并设置混合模式

36 在菜单栏中选择【效果】|【颜色校正】|【曲线】命令，在【效果控件】面板中将【曲线】下的【通道】设置为【红色】，然后对曲线进行调整，如图14-71所示。

37 将【曲线】下的【通道】设置为【绿色】，然后对曲线进行调整，如图14-72所示。

38 将【曲线】下的【通道】设置为【蓝色】，然后对曲线进行调整，如图14-73所示。

39 在"标志动画"合成的【时间轴】面板中右击，在弹出的快捷菜单中选择【新建】|【纯色】命令，在弹出的对话框

中将【名称】设置为"路径",将【宽度】、【高度】都设置为100像素,将【颜色】设置为白色,如图14-74所示。

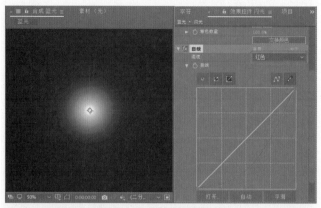

图14-71 调整红色通道曲线

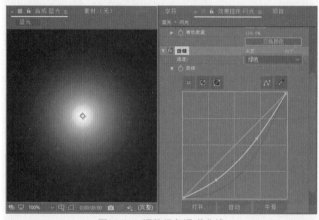

图14-72 调整绿色通道曲线

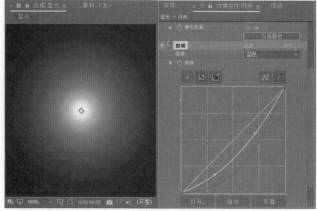

图14-73 调整蓝色通道曲线

40 设置完成后,单击【确定】按钮,在【时间轴】面板中将该图层的入设置为-0:00:00:16,将【持续时间】设置为0:00:08:01,如图14-75所示。

41 继续选中该图层,将当前时间设置为0:00:00:16,打开该图层的三维模式,将【变换】下的【锚点】设

置为11、137.8、0,将【位置】设置为-1259.9、598.9、1941.1,并单击其左侧的【时间变化秒表】按钮,将【Y轴旋转】设置为2x+86°,将【不透明度】设置为0,如图14-76所示。

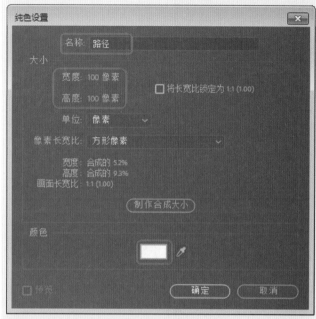

图14-74 设置纯色参数

图14-75 设置入和出以及持续时间的参数

提示 在将当前时间设置为负数时,无法通过拖动时间线来将当前时间设置为负数,需要在时间轴中直接输入负数时间。

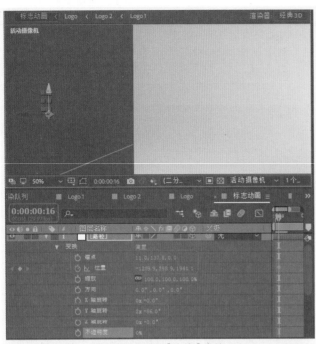

图14-76 设置【变换】参数

42 将当前时间设置为0:00:00:00，将【变换】下的【位置】设置为-944.7、437.5、1772.5，如图14-77所示。

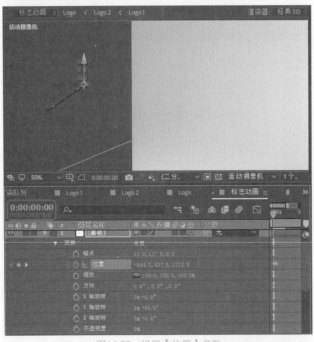

图14-77 设置【位置】参数

43 将当前时间设置为0:00:02:00，将【变换】下的【位置】设置为960、540、-1348，如图14-78所示。

44 将当前时间设置为0:00:03:26，将【变换】下的【位置】设置为1460、298、-1038，如图14-79所示。

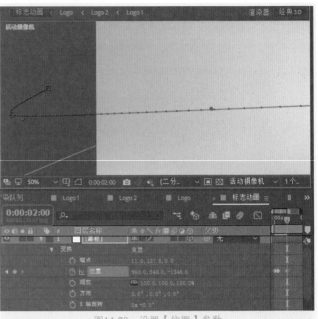

图14-78 设置【位置】参数

图14-79 再次添加【位置】关键帧

45 在时间轴中选中添加的四个关键帧，按F9键将选中的关键帧转换为缓动，如图14-80所示。

46 设置完成后，继续选中该图层，在【合成】面板中调整运动曲线的平滑度，调整后的效果如图14-81所示。

提示 在对运动曲线进行调整后，前面所设置的【位置】参数将会发生相应的变化。

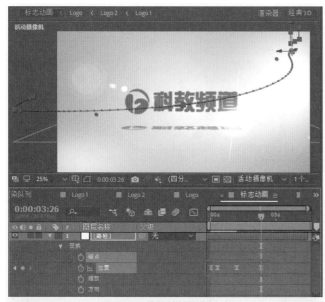

图14-80 将关键帧转为缓动

图14-82 设置图层模式并添加表达式

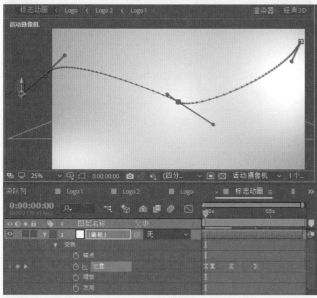

图14-81 调整运动曲线后的效果

图14-83 设置【纯色】参数

47 在【项目】面板中将"蓝光"合成文件拖曳至"标志动画"合成中，在【时间轴】面板中打开该图层的三维模式，将该图层的混合模式设置为【相加】，按住Alt键单击【位置】左侧的【时间变化秒表】按钮🕐，添加表达式，输入"thisComp.layer（"路径"）.transform.position"，将【缩放】设置为23，如图14-82所示。

48 在【时间轴】面板中右击，在弹出的快捷菜单中选择【新建】|【纯色】命令，在弹出的对话框中将【名称】设置为"粒子"，将【宽度】、【高度】分别设置为1920像素、1080像素，将【颜色】设置为白色，如图14-83所示。

49 设置完成后，单击【确定】按钮，在【时间轴】面板中将该图层的开始时间设置为-0:00:03:18，将持续时间设置为0:00:11:03，如图14-84所示。

50 继续选中该图层，在菜单栏中选择【效果】|【模拟】|CC Particle World（粒子世界）命令，如图14-85所示。

51 在【时间轴】面板中将Grid&Guides选项组中的Radius复选框取消选中，将Birth Rate（出生率）设置为

289

6.4，将Longevity（sec）（寿命）设置为1.78，如图14-86
所示。

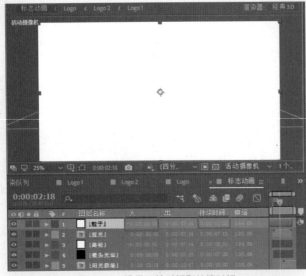

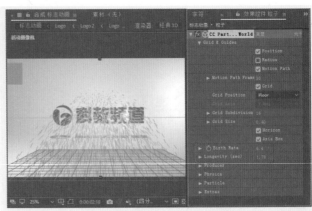

图14-86 设置CC Particle World参数

图14-84 设置开始时间和持续时间

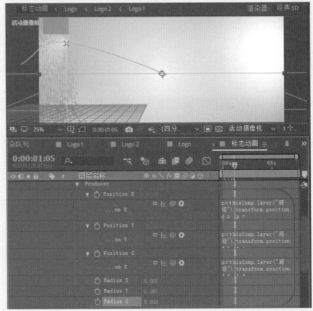

图14-87 设置Producer参数

图14-85 选择CC Particle World命令

52 在【时间轴】面板中按住Alt键单击Producer（生产者）选项组中PositionX（位置X）左侧的【时间变化秒表】按钮，输入表达式，并为PositionY（位置Y）、PositionZ（位置Z）添加表达式，将RadiusX（半径X）、RadiusY（半径Y）、RadiusZ（半径Z）分别设置为0.007、0.007、0.01，如图14-87所示。

提示 在此输入的表达式分别如下。

PositionX表达式：

p = thisComp.layer（"路径"）.transform.position：

d = （p - [thisComp.width/2，thisComp.height/2，0]）/
thisComp.width：

d[0]

PositionY表达式：

p = thisComp.layer（"路径"）.transform.position：

d = （p - [thisComp.width/2，thisComp.height/2，0]）/
thisComp.width：

d[1]

PositionZ表达式：

p = thisComp.layer（"路径"）.transform.position：

53 将Physics（物理）选项组中的Animation（动画）设置为Fractal Omni（分形泛光灯），将Velocity（速度）、Gravity（重力）、Resistance（电阻）、Extra分别设置为0.04、0、0、2.35，如图14-88所示。

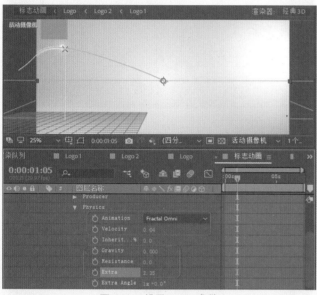

图14-88　设置Physics参数

54 将Particle（粒子）选项组中的Particle Type（粒子类型）设置为Lens Convex（凸面镜），将Birth Size（出生大小）、Death Size（死亡大小）、Size Variation（大小变化）、Max Opacity（Max 不透明度）分别设置为0.03、0.02、100、75，将Transfer Mode（传输模式）设置为Add（添加），如图14-89所示。

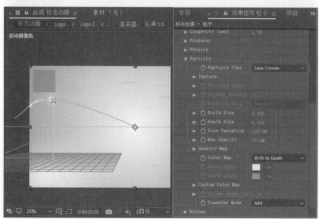

图14-89　设置Particle参数

55 继续选中该图层，将当前时间设置为0:00:03:26，将【变换】下的【不透明度】设置为100，并单击其左侧的【时间变化秒表】按钮🕐，如图14-90所示。

图14-90　添加【不透明度】关键帧

56 将当前时间设置为0:00:04:10，将【变换】下的【不透明度】设置为0，将图层的混合模式设置为【相加】，如图14-91所示。

图14-91　设置【不透明度】参数

57 使用同样的方法创建其他粒子效果，并为其添加表达式。将"蓝光"图层调整至最上方，效果如图14-92所示。

58 按Ctrl+I组合键，在弹出的对话框中选择"光.avi"素材文件，如图14-93所示。

图14-92 创建其他粒子效果并调整图层后的效果

图14-93 选择素材文件

59 单击【导入】按钮，在【项目】面板中选中该素材文件，按住鼠标将其拖曳至【合成】面板中，在【时间轴】面板中将图层的混合模式设置为【相加】，将该图层的开始时间设置为0:00:01:29，如图14-94所示。

60 在【时间轴】面板中右击，在弹出的快捷菜单中选择【新建】|【摄像机】命令，如图14-95所示。

61 在弹出的对话框中单击【确定】按钮，在【时间轴】面板中将【变换】下的【目标点】设置为960、540、272.3，将【位置】设置为960、540、-1594.4，如图14-96所示。

图14-94 设置图层的混合模式和开始时间

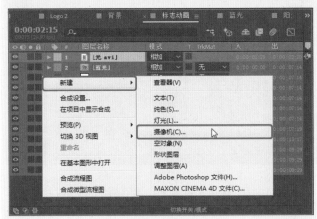

图14-95 选择【摄像机】命令

图14-96 设置【变换】参数

62 在【时间轴】面板中将【摄像机选项】下的【缩放】设置为1866.7，将【景深】设置为【开】，将【焦距】、【光圈】、【模糊层次】分别设置为1866.9、590、79，如图14-97所示。

图14-97 设置摄像机的参数

63 在【项目】面板中对"路径"纯色图层进行复制，选中复制后的图层，按住鼠标将其拖曳至【时间轴】面板中，将其持续时间设置为0:00:07:15，如图14-98所示。

图14-98 设置图层的持续时间

64 打开该图层的三维图层模式，将当前时间设置为0:00:00:00，将【变换】下的【锚点】设置为0、0、0，单击【位置】左侧的【时间变化秒表】按钮，将【不透明度】设置为0，如图14-99所示。

图14-99 设置【变换】参数

65 将当前时间设置为0:00:07:10，将【变换】下的【位置】设置为960、540、288，在【时间轴】面板中选择"摄像机1"图层，将其【父级】设置为【1.路径2】，如图14-100所示。

图14-100 设置【位置】参数

66 根据前面所介绍的方法制作其他效果，如图14-101所示。

图14-101 制作其他效果

14.4 制作结尾字幕

下面将介绍如何制作结尾字幕，该案例主要通过为纯色图层添加不同的效果并添加关键帧动画，然后再输入文字，从而完成结尾字幕。

01 继续上面的操作，按Ctrl+N组合键，在弹出的对话框中将【合成名称】设置为"结尾字幕"，将【持续时间】设置为0:00:02:00，如图14-102所示。

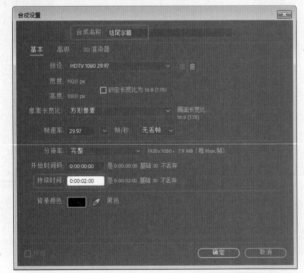

图14-102 设置合成参数

02 设置完成后，单击【确定】按钮，新建一个1024×768的"形状"纯色图层。选中该图层，在菜单栏中选择

【效果】|【生成】|【梯度渐变】命令，将【渐变起点】设置为0、384，将【起始颜色】的颜色值设置为#A70000，将【渐变终点】设置为1024、384，将【结束颜色】的颜色值设置为#F32E00，如图14-103所示。

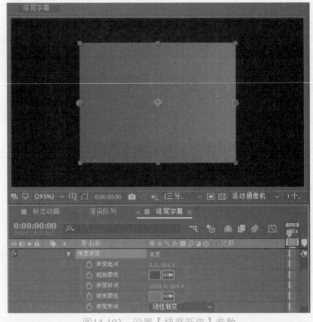

图14-103 设置【梯度渐变】参数

03 继续选中该图层，在菜单栏中选择【效果】|【透视】|【投影】命令，将【投影】选项组中的【不透明度】设置为35，将【方向】、【柔和度】分别设置为308、10，如图14-104所示。

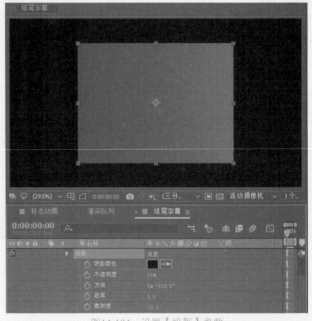

图14-104 设置【投影】参数

04 在工具栏中单击【钢笔工具】，在【合成】面板中绘制一个蒙版，如图14-105所示。

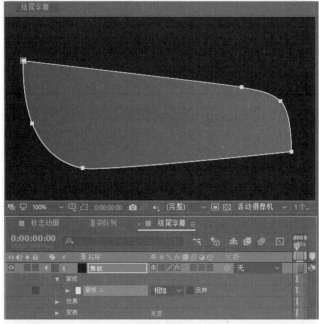

图14-105 绘制蒙版

05 继续选中该图层，将当前时间设置为0:00:00:00，将【变换】下的【锚点】设置为998、484，将【位置】设置为2571、626，将【缩放】设置为300，将【旋转】设置为48，并单击其左侧的【时间变化秒表】按钮 ⌚ ，如图14-106所示。

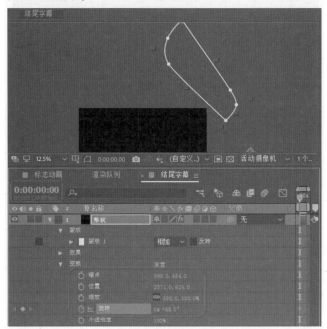

图14-106 设置【变换】参数

06 将当前时间设置为0:00:00:10，将【变换】下的【旋转】设置为-6，如图14-107所示。

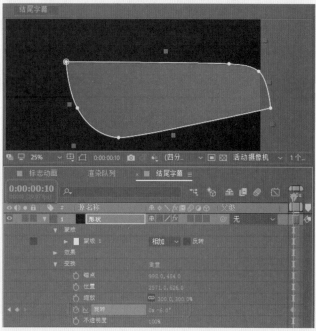

图14-107 设置【旋转】参数

07 将当前时间设置为0:00:01:10，在【时间轴】面板中为【旋转】添加一个关键帧，如图14-108所示。

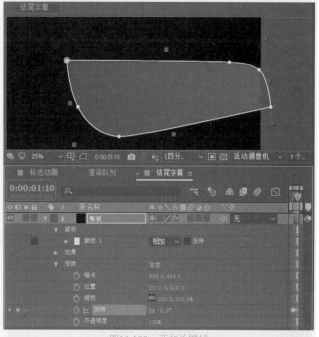

图14-108 添加关键帧

08 将当前时间设置为0:00:01:20，在【时间轴】面板中将【变换】下的【旋转】设置为-68，如图14-109所示。

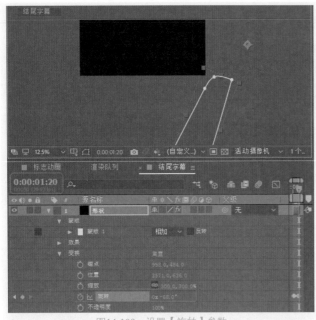

图14-109　设置【旋转】参数

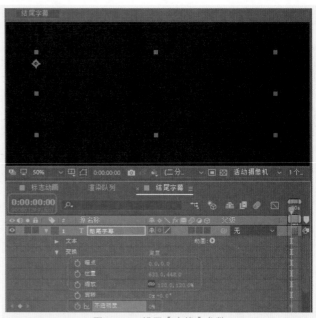

图14-111　设置【变换】参数

09 在工具栏中单击【横排文字工具】，在【合成】面板中单击，输入文字。选中输入的文字，在【字符】面板中将【字体】设置为【微软雅黑】，设置文字大小，将【字符间距】设置为0，将【垂直缩放】设置为94，将【字体颜色】设置为白色。在【段落】面板中单击【左对齐文本】按钮，在【时间轴】面板中将该图层的名称设置为"结尾字幕"，如图14-110所示。

> 提示　将数字的文字大小设置为35，将文字的文字大小设置为45。

10 将当前时间设置为0:00:00:00，将【变换】下的【锚点】设置为0、0，将【位置】设置为633、448，将【缩放】设置为120，将【不透明度】设置为0，并单击其左侧的【时间变化秒表】按钮，如图14-111所示。

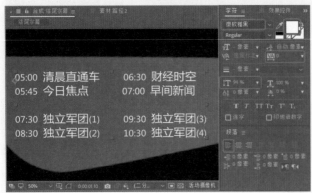

图14-110　输入文字并进行设置

11 将当前时间设置为0:00:00:15，将【变换】下的【不透明度】设置为100，如图14-112所示。

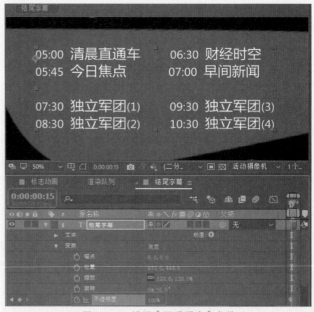

图14-112　设置【不透明度】参数

12 将当前时间设置为0:00:01:10，在【时间轴】面板中为【变换】下的【不透明度】添加一个关键帧，如图14-113所示。

13 将当前时间设置为0:00:01:15，将【变换】下的【不透明度】设置为0，如图14-114所示。

14 使用同样的方法再创建另外两个结尾字幕，效果如图14-115所示。

图14-113 添加关键帧

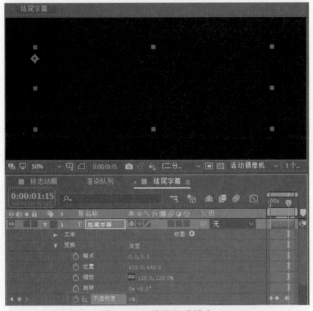

图14-114 设置不透明度

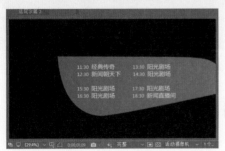

图14-115 制作其他字幕后的效果

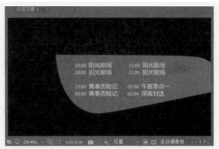

图14-115 （续）

14.5 嵌套序列

下面将介绍如何嵌套序列，主要通过调整合成的开始时间来制作影视节目预告的先后效果。

01 继续上面的操作，按Ctrl+N组合键，在弹出的对话框中将【合成名称】设置为"影视节目预告"，将【持续时间】设置为0:00:15:00，如图14-116所示。

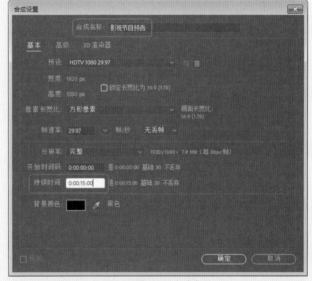

图14-116 设置合成参数

02 设置完成后，单击【确定】按钮。在【项目】面板中选择"背景"合成文件，按住鼠标将其拖曳至【时间轴】面板中，在【时间轴】面板中将该图层的持续时间设置为0:00:15:00，如图14-117所示。

03 在【项目】面板中选择"标志动画"合成文件，按住鼠标将其拖曳至【时间轴】面板中，在【时间轴】面板中将该图层的开始时间设置为0:00:01:00，如图14-118所示。

04 在【项目】面板中选择"结尾字幕"合成文件，按住鼠标将其拖曳至【时间轴】面板中，在【时间轴】面板中将该图层的开始时间设置为0:00:08:19，如图14-119所示。

图14-117　设置背景图层的持续时间

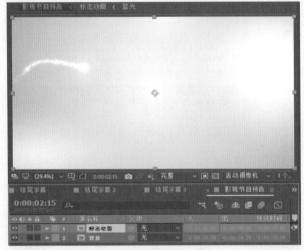

图14-118　设置"标志动画"的开始时间

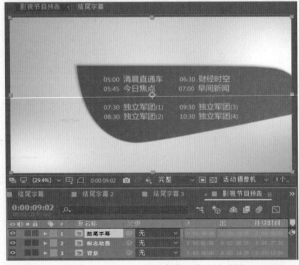

图14-119　设置"结尾字幕"的开始时间

05　在【项目】面板中选择"结尾字幕2"合成文件，按住鼠标将其拖曳至【时间轴】面板中，在【时间轴】面板中将该图层的开始时间设置为0:00:10:00，如图14-120所示。

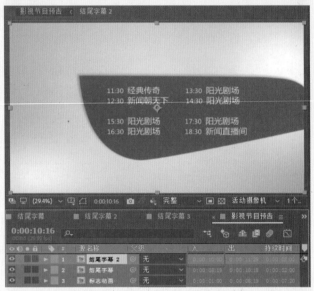

图14-120　设置"结尾字幕2"的开始时间

06　在【项目】面板中选择"结尾字幕3"合成文件，按住鼠标将其拖曳至【时间轴】面板中，在【时间轴】面板中将该图层的开始时间设置为0:00:11:11，如图14-121所示。

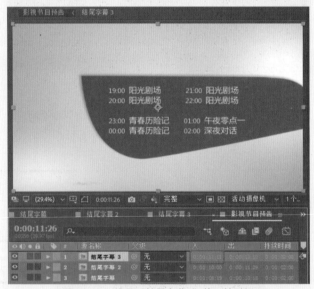

图14-121　设置"结尾字幕3"的开始时间

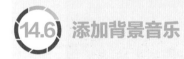
14.6　添加背景音乐

在制作完成节目预告后，接下来就要为节目预告添加

背景音乐，然后为添加的背景音乐添加淡入、淡出效果。

01 按Ctrl+I组合键，在弹出的对话框中选择"背景音乐.mp3"音频文件，如图14-122所示。

图14-122 选择音频文件

02 单击【导入】按钮，按住鼠标将其拖曳至【时间轴】面板中，将当前时间设置为0:00:00:00，将【音频】下的【音频电平】设置为-40，并单击其左侧的【时间变化秒表】按钮，如图14-123所示。

图14-143 设置音频电平

03 将当前时间设置为0:00:01:00，将【音频】下的【音频电平】设置为0，如图14-124所示。

04 使用同样的方法设置淡出效果，效果如图14-125所示。

图14-124 将【音频电平】设置为0

图14-125 设置淡出效果

14.7 输出影片

下面将介绍如何对制作完成的节目预告进行输出。

01 继续上面的操作，按Ctrl+M组合键，在弹出的面板中单击"影视节目预告.avi"，如图14-126所示。

02 在弹出的对话框中指定保存路径和名称，如图14-127所示，单击【保存】按钮，在【渲染队列】面板中单击【渲染】按钮即可。

图14-126　单击"影视节目预告.avi"图层

图14-127　指定保存路径和名称

附录 参考答案

第1章 思考与练习

1. 在传统的线性编辑不能满足视频编辑需要的情况下，非线性编辑应运而生。

非线性编辑是相对于线性编辑而言的；非线性编辑是直接从计算机的硬盘中以帧或文件的方式迅速、准确地存取素材，进行编辑的方式。它是以计算机为平台的专用设备，可以实现多种传统电视制作设备的功能。编辑时，素材的长短和顺序可以不按照制作的长短和顺序的先后进行。

非线性编辑不再向线性编辑那样在录像带上做文章，而是将各种模拟量素材进行A/D（模/数）转换，并将其存储于计算机的硬盘中，再使用非线性编辑软件（如After Effects、Premiere）进行后期的视音频剪辑、特效合成等工作，最后进行输出得到所要的影视效果。

2. 分辨率，图像的像素尺寸，以ppi（像素/英寸）作为单位，它能够影响图像的细节程度。通常尺寸相同的两幅图像，分辨率高的图像所包含的像素比分辨率低的图像要多，而且分辨率高的图像细节质量上要好一些。

3. 如果要启动After Effects CC 2018，可单击【开始】|【所有程序】|Adobe After Effects CC 2018选项，除此之外，用户还可在桌面上双击该程序的图标，或双击与After Effects CC 2018相关的文档。

第2章 思考与练习

1. 会使该素材在【合成】面板中缺失。

2. （1）首先设置好自己需要的工作界面布局。

（2）在菜单栏中选择【窗口】|【工作区】|【另存为新建工作区】命令。

（3）弹出【新建工作区】对话框，在该对话框中的【名称】文本框中输入名称。

（4）选择【另存为新建工作区】命令。

（5）设置完成后单击【确定】按钮，在工具栏中单击右侧的 按钮，将显示新建的工作区类型。

3. （1）在菜单栏中选择【文件】|【导入】|【文件】命令，打开【导入文件】对话框。

（2）在该对话框中打开需要导入的序列图片的文件夹，在该文件夹中选择一个序列图片，然后勾选【Importer

JPEG序列】复选框。

（3）单击【导入】按钮，即可导入序列图片。

第3章 思考与练习

1. 可在【时间轴】面板中单击该图层前面的【视频】按钮 ，该图标消失，在【合成】面板中该图层不会显示

2. 【父级】功能可以使一个子级层继承另一个父级层的属性，当父级层的属性改变时，子级层的属性也会产生相应的变化。

3. 矩形绘制完成后，单击面板上方【填充】按钮可选择渐变的方式和颜色。

第4章 思考与练习

1. 【本地轴模式】、【世界轴模式】、【视图轴模式】

2. 【材质选项】属性主要用于控制光线与阴影的关系，当场景中设置灯光后，场景中的层怎样接受照明，又怎样设置阴影，这都是需要在【材质选项】属性中进行设置的。

3. （1）单击【合成】面板底部的【3D视图弹出式菜单】按钮，在弹出的下拉列表中可以选择一种视图模式。

（2）在菜单栏中选择【视图】|【切换3D视图】命令，在弹出的子菜单中可以选择一种视图模式。

（3）在【合成】面板或【时间轴】面板中单击鼠标右键，在弹出的快捷菜单中选择【切换3D视图】命令，在弹出的子菜单中选择一种视图模式。

第5章 思考与练习

1. 关键帧助理可以优化关键帧，对关键帧动画的过渡进行控制，以减缓关键帧进入或离开的速度，使动画更加平滑、自然。

2. 选择一个图层的关键帧，在菜单栏中选择【编辑】|【复制】命令，对关键帧进行复制。然后选择目标层，在菜单栏中选择【编辑】|【粘贴】命令，粘贴关键帧。在对关键帧进行复制、粘贴时，可使用快捷键Ctrl+C【复制】和Ctrl+V【粘贴】来执行。

3. 该功能根据关键帧属性及指定的选项，通过对属性

增加关键帧或在已有的关键帧中进行随机插值，对原来的属性值产生一定的偏差，使图像产生更为自然的运动。

第6章　思考与练习

1.（1）选择文字工具后，在【合成】面板中单击鼠标，即可在【合成】面板中插入光标，在【时间轴】面板中将新建一个文本图层。输入文字，文字输入完成后，在【时间轴】面板中单击文字层，文字层的名称将由输入的文字代替。

（2）使用层创建文本时，在【时间轴】面板空白区域单击鼠标右键，在弹出的快捷菜单中选择【新建】|【文本】命令。此时在【合成】面板中自动弹出输入光标，可以直接输入需要的文字，确定文字输入完成，该图层名将由输入文字替代。

2.（1）在工具栏中单击【横排文本工具】，在合成面板中单击鼠标，并输入文字。

（2）然后使用【钢笔工具】绘制一条路径。

（3）在【时间轴】面板中展开文字层的【文字】属性，在【路径选项】参数项下将【路径】指定为遮罩。

3. 文本类控制器用于控制文本字符的行间距和空间位置以及字符属性的变换效果。

第7章　思考与练习

1. 一般来说，蒙版需要有两个层，而在After Effects中，蒙版绘制在图层中，虽然是一个层，但可以将其理解为两个层：一个是轮廓层，即蒙版层；另一个是被遮挡层，即蒙版下面的层。蒙版层的轮廓形状决定看到的图像形状，而被蒙版层决定显示的内容。

2. 用户可以在菜单栏中选择【图层】|【蒙版】|【蒙版羽化】命令，或在图层的【蒙版】|【蒙版1】|【蒙版羽化】参数上单击鼠标右键，在弹出的快捷菜单中选择【编辑值】命令，弹出【蒙版羽化】对话框，在该对话框中设置羽化参数即可。

第8章　思考与练习

1.【CC Color Offset（CC色彩偏移）】特效可以对图像中的色彩信息进行调整，可以通过设置各个通道中的颜色相位偏移来获得不同的色彩效果。

2.【颜色稳定器】特效可以根据周围的环境改变素材的颜色，用户可以通过设置采样颜色来改变画面色彩的效果。

3.【溢出抑制】特效可以去除键控后图像残留的键控痕迹，可以将素材的颜色替换成另外一种颜色。

第9章　思考与练习

1. CC Snowfall（CC下雪特效）下雪特效可以模仿真实世界中下雪效果，用户可以根据调整其参数控制下雪的大小以及雪花的大小。

2. CC Bubbles（CC 气泡特效）可以产生泡沫或泡泡的特效。

第10章　思考与练习

1. 在【时间轴】面板中，将光标放置在【工作区域开头】位置处，当光标变为双向箭头时按住鼠标左键不放拖动鼠标至合适位置后松开鼠标，结尾处也依照此方法。

2. 在【项目】面板中选择多个合成文件，然后执行【合成】|【添加到渲染队列】命令。

3. 在渲染组中选择一个或多个合成项目，按住鼠标左键的同时拖动鼠标至合适位置，当出现一条蓝线时松开鼠标，即可调整合成位置。